"十三五"高等职业教育计算机类专业规划教材

基于 Packet Tracer 的园区网络构建

陈小中　冒志建　编著

中国铁道出版社有限公司
CHINA RAILWAY PUBLISHING HOUSE CO., LTD.

内 容 简 介

本书主要包括网络基础平台构建和网络服务系统部署两大部分。第 1~9 章主要讲述网络基础平台构建，第 10~13 章讲述网络服务系统部署内容。第 1 章简要介绍网络实践平台，重点展示 Packet Tracer 软件界面与主要功能。第 2 章讲解以太网构建与网络基础知识，为后续章节内容学习打下基础。第 3 章介绍网络设备访问与管理方法。第 4 章主要讲解虚拟局域网技术与部署方法。第 5 章介绍生成树冗余网络的部署与实践，并讲解链路聚合技术。第 6 章讲解 IP 地址与路由原理基础。第 7 章介绍静态路由和动态 OSPF 路由部署方法。第 8 章介绍访问控制列表原理及其部署。第 9 章讲解外网接入中 PPP 认证和地址转换技术部署技术。第 10~13 章分别介绍园区网典型业务系统部署方法，即 Web、FTP、DNS 和 DHCP 系统部署。全书首尾呼应，从引入到总结，着重讲述了园区网建设的全过程和关键技术。

本书适合作为高等职业院校计算机类专业相关课程的配套教材，也可以供网络工程师参考使用。

图书在版编目（CIP）数据

基于 Packet Tracer 的园区网络构建/陈小中，冒志建编著. —北京：中国铁道出版社有限公司，2020.1（2022.12重印）

"十三五"高等职业教育计算机类专业规划教材

ISBN 978-7-113-26485-7

Ⅰ.①基… Ⅱ.①陈… ②冒… Ⅲ.①计算机网络-网络设备-教学软件-高等职业教育-教材 Ⅳ.①TP393

中国版本图书馆 CIP 数据核字(2020)第 013046 号

书　　名：基于 Packet Tracer 的园区网络构建	
作　　者：陈小中　冒志建	
策　　划：翟玉峰	编辑部电话：(010)83517321
责任编辑：翟玉峰　包　宁	
封面设计：付　巍	
封面制作：刘　颖	
责任校对：张玉华	
责任印制：樊启鹏	

出版发行：中国铁道出版社有限公司（100054，北京市西城区右安门西街 8 号）

网　　址：http://www.tdpress.com/51eds/

印　　刷：国铁印务有限公司

版　　次：2020 年 1 月第 1 版　2022 年 12 月第 3 次印刷

开　　本：787 mm×1 092 mm 1/16　印张：18　字数：450 千

书　　号：ISBN 978-7-113-26485-7

定　　价：48.00 元

　　"互联网+"时代，计算机网络通信已成为云计算、物联网、大数据、移动互联网等新兴 ICT 领域发展的重要支撑，为此，国内外众多高校都已开设相关课程。纵观国内计算机网络基础相关教材和精品课程，教材定位和体例格式差异较大，许多精品教材往往是世界名著翻译而成，部分精品课程中尚存在项目缺乏有机集成性等不足。贴合工程应用型和技术技能型人才培养特色的"项目化"体系教材备受高职教育教学研究者关注，然而，如何基于项目贯穿理念编写出一本优秀的教材，不仅仅需要考虑体例格式问题，更重要的是注重教材内涵建设。能帮助读者在阅读中快速提升技能、加深理论理解的书才是好书。

编写思想

　　近二十年计算机网络项目实践与教学中，编者深切体会到学生在学完后，对相关原理和技能的掌握过于片面，缺乏网络全局构建与管理思想，难以解决实际网络项目中方案设计、平台构建与应用管理中的典型问题。究其原因有三：一是教材内容缺乏集成性，知识点之间关联性弱；二是内容过于理论化，缺乏系统化实践资源与之配套；三是实践条件资源缺乏。借助于教学模拟软件和实践项目资源，是解决上述问题的有效方法之一。本书基于思科公司Packet Tracer 6.2 软件平台，以"园区网"项目建设为主线，提炼并细化各个阶段典型任务，依据学习认知和项目建设规范，重点介绍园区网络平台构建与典型应用服务系统部署，有机融入常规网络技术于项目建设的整个过程中，旨在帮助读者提升计算机网络构建与服务部署能力。

　　本书在出版前以校内讲义的形式在教学中进行检验，学生学习效果提升明显。本次出版在对部分环节进行了优化的同时，重点强化项目的可操作性，希望高职高专学生能看懂、能掌握。

本书特色

- 项目贯穿全书。以"典型园区网建设项目建设"贯穿全书，主要包括网络平台构建、网络服务部署两个关键环节，采用"滚雪球"方式，基于"由局部到全局、由简单到复杂"的思想，明确项目建设阶段性任务与成果，帮助读者逐步学会园区网系统集成知识和技能。
- 实战任务丰富。针对园区网建设过程与规范，书中设计大量典型实战案例，按照实战描述、所需资源、操作步骤、提示等组织。在操作步骤中，采用流程分析、问题提出，帮助读者直观分析相关基本原理、通信流程，进而深入理解不同阶段典型需求和网络状态。
- 实战操作便捷。本书结合实际网络应用和模拟仿真软件，依据项目建设和认知特征，开发整体项目和任务。共设计开发实践配套仿真资源 30 余套，主要包括项目初始化文档、配置脚本、实战结果文档，为读者独立实践操作提供有效模拟环境和资源。

致谢

编者由衷地感谢思科、H3C 等厂商工程师对本书编写提供的指导与支持。编者还要感谢中国铁道出版社有限公司编辑们的鼎力相助。本书由常州工程职业技术学院云计算教学团队组织编写，由陈小中、冒志建编著。其中，陈小中负责整体设计、执笔，冒志建负责部分实验设计，蒋熹、黄晋、邵姣等参与编写；参与本书编写的还有思科、H3C 等厂商工程师，他们丰富的工程项目经验和精湛的技术为本书内容增色不少，再次感谢各位老师和专家的辛勤付出。感谢江苏省"青蓝工程"项目资助。最后，编者还要对在编写本书过程中所参考的国内外文献的诸多作者一并表示感谢。

由于编者水平所限，书中难免有疏漏和不足之处，恳请读者不吝赐教。

编著者
2019 年 12 月

目 录

第一部分

网络基础平台构建

本部分重点讲解网络平台构建技术，共分九章内容。第 1 章主要介绍仿真软件的使用方法；第 2、3 章分别讲解简单网络构建与设备管理技术；第 4、5 章分别阐述虚拟局域网、生成树和链路聚合等交换技术；第 6、7 章分别讨论路由原理和路由部署技术；第 8 章介绍网络访问控制技术；第 9 章讲解外网接入相关技术。学习完本部分，读者可以独立完成企业园区网络平台的构建，并为第二部分网络服务提供基础平台。

第1章 Packet Tracer 软件简介

Packet Tracer 是思科公司为全球思科网院项目开发的一款网络仿真学习工具软件，利用模拟网络设备和协议模型、通信过程与报文分析等功能，可为普通用户提供一个集逻辑与物理视图、实时与仿真配置于一体的实践训练环境。相比现有同类软件系统，Packet Tracer 的关键优势在于：

（1）支持多协议模型：支持 HTTP、DNS、FTP、TFTP、Telnet、TCP/UDP、RIP、OSPF、DTP、VTP、STP、VRRP、IP、Ethernet、ARP、Wireless、CDP、FR、PPP、HDLC、ICMP 等多种典型网络协议。

（2）支持路由器、交换机、无线、服务器、线缆、终端仿真，提供图形化和命令行两种配置方法。

（3）支持逻辑空间和物理空间两种设计模式：逻辑空间用于逻辑拓扑结构实现，物理空间支持城市、楼宇、办公室和配线间等物理设施管理。

（4）数据包传输支持实时和仿真模式：实时模式和实际传输过程一致，仿真模式通过可视化方式显示数据包传输过程，将对抽象的数据传输过程可视化呈现。

（5）资源开销较小，相对于同类型其他网络仿真软件，硬件配置要求较低。

1.1 软 件 界 面

本书以 Packet Tracer 6.2 软件为实践平台，软件界面如图 1-1 所示，主要由标题栏、菜单栏、主要工具栏、逻辑/物理切换、工作区、命令工具栏、状态工具、设备类型库、设备选型库、数据包窗口、实时/模拟切换等部分组成，具体功能见表 1-1。

表 1-1 Packet Tracer 系统界面功能表

序号	名 称	功 能
1	标题栏	显示仿真系统版本和当前文档名称
2	菜单栏	包括文件、编辑、选项、视图、工具、扩展和帮助菜单
3	主要工具栏	提供文件和编辑菜单中命令的相应按钮
4	逻辑/物理切换	在逻辑和物理两种工作区间切换。在逻辑工作区中，可以创建、编辑网络组件；在物理工作区中，可以创建和管理园区（City）、楼宇（Building）和设备间（Closet）等层次的物理对象
5	工作区	创建网络互联拓扑结构，在此区域可以添加、删除设备，使用线缆连接设备
6	命令工具栏	包括选中、移动、备注、删除、检查、重置大小、添加简单 PDU 和复杂 PDU
7	状态工具	记录时间，支持设备重新加点以及数据包仿真状态切换

续表

序号	名　称	功　能
8	设备类型库	提供路由器、交换机、终端以及线缆等设备类型
9	设备选型库	提供各类特定型号或者功能的设备
10	数据包窗口	显示数据包分析场景和仿真数据包
11	实时/模拟切换	在实时和仿真两种模式间切换

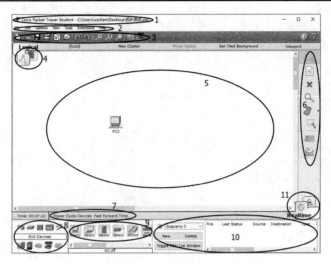

图 1-1　Packet Tracer 6.2 软件系统界面

1.2　逻辑拓扑构建

1.2.1　设备添加

在 Packet Tracer 逻辑视图下，网络拓扑构建的首要任务是选择各种类型设备，即添加到工作区中的所需设备。现以 2811 路由器为例，介绍添加设备的方法：首先，在"设备类型库"中单击"路由器"图标（见图 1-2）；然后，在"设备选型库"型号列表中单击 2811 型号路由器对应图标；最后，在工作区任意位置单击即可创建一个 2811 路由器。此外，也可以选中"设备选型库"中具体型号路由器，直接拖动至工作区。图 1-3 展示了路由器（Router0）、交换机（Switch4）和终端（PC0 和 PC1）等设备创建效果。

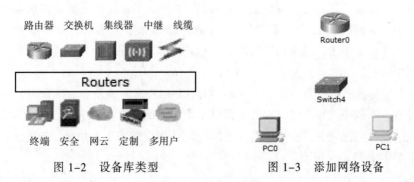

图 1-2　设备库类型　　　　　　　　图 1-3　添加网络设备

1.2.2　线缆连接

在图 1-4 所示位置，选择合适线缆，手工选定网络设备具体端口（见图 1-5）或者选择自动连接方式完成设备互联，如图 1-6 所示。通过选择 Preference→Interface 命令，可显示设备、端口标记以及端口颜色等信息，便于用户直观地了解网络结构和链路状态信息，如图 1-7 所示。此外，线缆两端颜色所表示端口属性各不相同，最常见的为红色和绿色，各种颜色和状态对应链路含义如表 1-2 所示。

| 自动连接 | 控制线 | 直通线 | 交叉线 | 光缆 | 电话线 | 同轴电缆 | 串口DCE | 串口DTE |

图 1-4　主要线缆类型

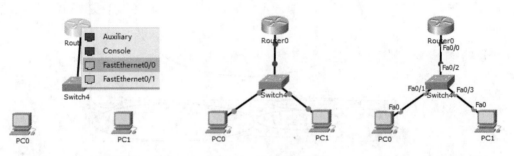

图 1-5　手工选择端口　　　　图 1-6　设备互联结果　　　　图 1-7　显示端口标记

表 1-2　线缆两端圆点状态

圆点状态	链路意义	典型原因
绿色长亮	物理连接正常，无数据通信	/
绿色闪烁	物理连接正常，正有数据通信	/
橘色长亮	端口生成树"阻塞"	/
橘色闪烁	端口生成树正在运算	生成树协议正在协商
红色长亮	物理连接故障，无信号	线缆错误，端口或设备为开启

1.2.3　模块扩展

一般网络设备包含多个标配固化接口，当原有接口类型或者数量无法满足实际互联需求时，需要通过购置或选用特定模块扩展设备端口。Packet Tracer 软件支持路由器等网络设备的模块扩展功能。下面以 2811 路由器为例，介绍路由器模块扩展方法。具体步骤如下：

（1）在工作区中单击"路由器"图标，显示路由器 physical 物理标签中路由器外观和模块界面，如图 1-8 所示。

（2）选中左侧选型中所需模块（如 NM-1FE-TX），查看左下角和右下角分别出现的端口信息和模块外观，本例中 NM-1FE-TX 模块提供 1 个 10/100M 自适应 RJ-45 以太网接口。

（3）关闭设备电源开关，将所选模块添加至设备相应插槽中，并对设备重新加电，即完成设备模块扩展，如图 1-9 所示。

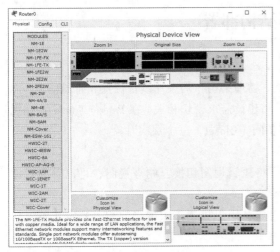

图 1-8　2811 路由器及模块

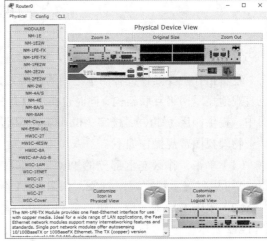

图 1-9　2811 路由器添加模块

 提示

- 设备正常通电时，无法添加和更换模块，即模块不支持热插拔。
- 更换或拔出现有模块，需要将模块拖动至左侧模块列表中，否则无法移除。
- 添加或更换模块后，需要开启设备，否则端口圆点为红色。
- 路由器接口采用"从右至左，从下至上"的顺序编号，如图 1-10 中 2811 路由器的两个槽位，端口扩展结果如表 1-3 所示。模块命名中主要采用 NM、WIC 和 HWIC 开头，其中，以 NM 开头的为增强网络模块，插槽尺寸较大；以 HWIC 开头的为带增强功能的高性能 WIC 插槽，其支持和 WIC 模块类似，通常较小。

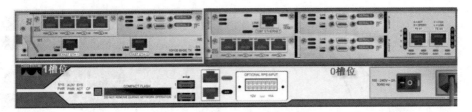

图 1-10　路由器模块槽位编号

表 1-3　槽位模块与端口编号

槽　位	模　块	端口编号信息
0	固定模块	F0/0、F0/1
	Slot0：WIC-2T	S0/0/0、S0/0/1
	Slot1：WIC-4ESW	F0/1/0、F0/1/1、F0/1/2、F0/1/3
	Slot2：WIC-2T	S0/2/0、S0/2/1
	Slot3：WIC-1ENET	E0/3/0
1	NM 固定模块	F1/0、F1/1
	Slot0：WIC-2T	S1/0/0、S1/0/1
	Slot1：WIC-4ESW	F1/1/0、F1/1/1、F1/1/2、F1/1/3

1.3 物理结构部署

1.3.1 物理视图

逻辑拓扑主要描述设备图标之间的连接方式，物理结构布局关注设备位置和布局信息，能更直观地显示网络互联架构，同时也与项目背景和建设需求密切相关。在 Packet Tracer 物理视图中，提供园区（City）、楼宇（Building）和设备间（Closet）三个层次对象。

物理视图常规操作如下：

（1）单击工作区左上部分的 Physical 标签，将逻辑视图切换至物理视图；可以看到对象 City，可用以表示特定园区对象，如图 1-11 所示。

（2）单击 City 对象后，可以看到 Building 对象，用以描述接入网络的相关楼宇建筑，如图 1-12 所示。

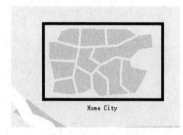

图 1-11　City 对象

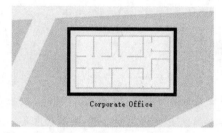

图 1-12　Building 对象

（3）单击 Building 对象，显示设备间 Closet 对象以及楼层房间和 PC 布局信息，如图 1-13 所示。

（4）单击 Closet 对象，则显示机柜中设备的连线与状态，如图 1-14 所示。

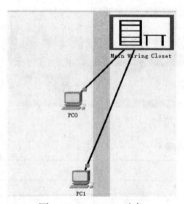

图 1-13　Closet 对象

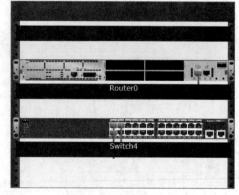

图 1-14　机柜与设备

1.3.2 物理布局

对于大型复杂网络，通常包含多个园区、楼宇和设备间。图 1-15 展示了某园区网物理结构与布局信息。读者可以在物理视图下，在相应层次中创建新对象，并将网络设备"移动"到具体楼宇的设备间。如图 1-16 所示，可以将交换机移动到"信息中心"机柜。

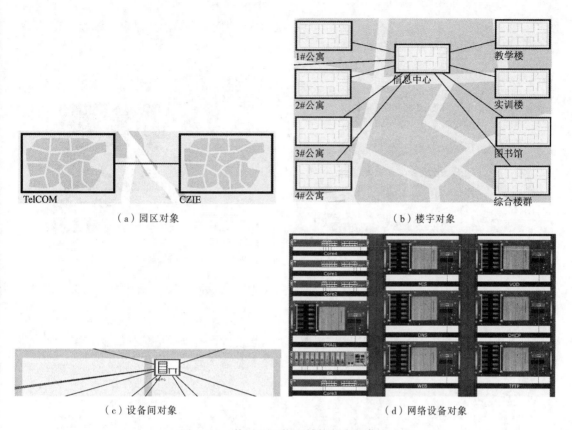

（a）园区对象　　　　　　　　　　　　　　（b）楼宇对象

（c）设备间对象　　　　　　　　　　　　　　（d）网络设备对象

图 1-15　某园区网物理结构与布局信息

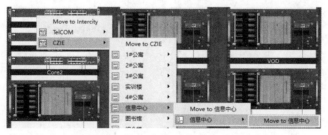

图 1-16　设备移动至信息中心机柜

1.4　网络设备配置

1.4.1　终端设备配置

Packet Tracer 6.2 中支持 PC、Laptop、Server 等一系列典型终端设备。考虑到 PC 和 Server 设备在网络拓扑构建中应用较多，本书重点关注这两类设备的配置与管理，其他类型设备读者可自行尝试配置。

1. 物理硬件配置

在逻辑视图工作区中单击 PC 或者 Server 图标，默认进入 Physical（物理）标签，如图 1-17 所示，在此标签下可配置设备通信接口。默认情况下，PC 和 Server 都配置为 100M 以太网电口网卡（NM-1CFE），如图 1-17 所示。因此，可以针对实际网络端口连接需求，参考 1.2.3 节设备模块扩展方法，更换设备网络接口模块。

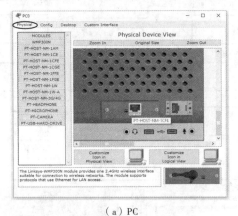

（a）PC

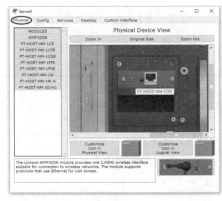

（b）Server

图 1-17　PC 和 Server 物理面板界面

2. 网络参数配置

单击 Config（配置）标签，如图 1-18 所示，可以配置设备全局信息，如显示名、IPv4 和 IPv6 协议所对应 gateway（网关）和 DNS（域名系统服务器）地址。

（a）全局参数

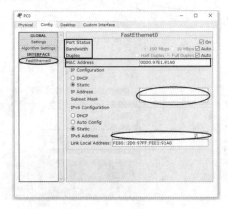

（b）端口参数

图 1-18　PC 终端交互配置界面

📝 提示

在同一个拓扑结构中，设备显示名必须具有唯一性，即禁止两个设备的设备显示名相同。

单击 INTERFACE（接口）下的 FastEthernet0，右侧窗口中显示网卡端口配置信息：

- Port Status（网卡状态，勾选 On 表示启用，否则表示禁用状态）；
- Bandwidth（带宽，默认为 Auto，表示 10/100 Mbit/s 自适应，可以手工定义带宽值）；
- Duplex（双工，默认为 Auto，半双工/全双工自适应，也可以手工修改）；
- MAC Address（MAC 地址，采用 12 位十六进制数表示网卡数据链路层身份信息，具有唯一性）；

- IP Configuration（IPv4 地址和掩码配置）；
- IPv6 Configuration（IPv6 地址和掩码配置）。

单击 Desktop（桌面）标签，显示 PC 的桌面图形化或命令行工具，主要包括 IP Configuration（IP 配置）、Terminal（终端）、Command Prompt（命令行）、Web Browser（Web 浏览器）、VPN（虚拟私有网络）、Traffic Generator（流量生成器）等对象，如图 1-19（a）所示。

在 IP 配置工具中，也可以快速配置端口 IP 地址、掩码、网关、DNS 等信息，如图 1-19（b）所示，其配置界面与真实 PC 中界面基本一致，效果与图 1-18 相同。

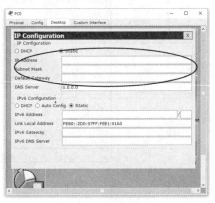

（a）桌面工具　　　　　　　　　　　　　　　（b）IP 配置工具

图 1-19　PC 终端交互配置界面

1.4.2　网络设备配置

交换机（Switch）和路由器（Router）是当前网络通信中的两种常见设备，Packet Tracer 中提供了两类配置方式：交互（Config 标签对应）和命令行（CLI 标签对应）。

图 1-20（a）所示为全局信息交互配置窗口，不但支持配置显示名（Display Name）、设备名（Hostname）配置，而且能交互管理 NVRAM（存储）和 Startup Config（启动配置）和 Running Config（运行配置）。此外，对于路由（Routing）、交换（Switching）和接口（Interface）也提供了相应分项配置窗口，如图 1-20（b）所示，具体内容读者可自行操作，本章不再赘述。

（a）全局配置　　　　　　　　　　　　　　　（b）分项配置

图 1-20　交换机交互配置界面

对于初学者而言，上述交互配置方法为交换机参数配置提供了直观的配置界面，然而，实际设备配置管理中，很少采用图形化交互方式界面进行设备配置与管理，而是采用命令行（CLI）方式，如图 1-21 所示。因此，对于专业人员而言，OSI 系统和常规配置命令要求熟练掌握。

图 1-21　交换机命令行配置界面

1.5　网络通信测试

1.5.1　逻辑模式测试

由于多种类型应用通信，网络中存在大量不同类型的协议数据报文。ICMP 协议通过消息反馈方式告知用户或管理员网络连通性。基于简单 ICMP 协议，可以测试终端间和网络设备间网络的连通性。图 1-22（a）所示网络中，单击"简单报文"按钮，依次单击通信源端和目标端（PC0 和 PC1），在下端场景栏中即可显示通信结果（通信成功），如图 1-22（b）所示。

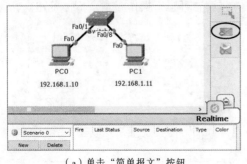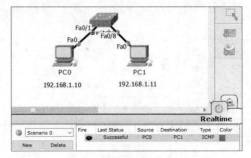

（a）单击"简单报文"按钮　　　　　　　　　　（b）测试结果

图 1-22　简单报文测试

此外，对于复杂协议和通信分析，可以使用复杂报文工具，如图 1-23（a）所示；单击源端（PC0）后，可进一步设置通信协议、源地址、目标地址、TTL、TOS、序列数、大小、时间和周期等具体参数，如图 1-23（b）所示。

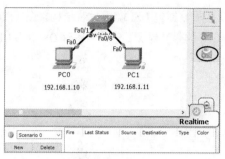
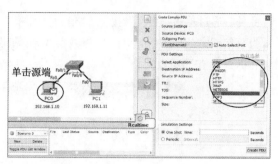

（a）单击"复杂报文"按钮　　　　　　　　　　（b）报文设置

图 1-23　复杂报文测试

1.5.2　仿真模式测试

逻辑模式测试可以告知用户网络通信结果。对于初学者而言，数据包的传输过程对于网络协议和应用服务的理解具有重要指导意义。幸运的是，Packet Tracer 软件提供了数据报文通信过程中发送跟踪和分析功能。

将工作区窗口右下角的逻辑（logical）视图切换为仿真（simulation）视图，通过协议过滤选中特定协议（如 ICMP），此时通信过程准备发包。用户可以使用自动播放和手工播放两种方式查看数据包通信过程，如图 1-24 所示。通过手工播放，可以观察数据包通信顺序的各个阶段报文，如图 1-25 所示。

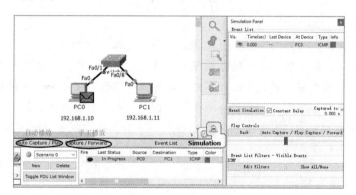

图 1-24　仿真模式下通信准备

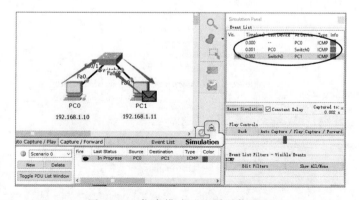

图 1-25　仿真模式下查看通信过程

　　此外，通过单击"报文"按钮（"信封"图标），可以显示数据包 OSI 模型封装结构。图 1-26 所示为通信双方的源 IP 和目标 IP，以及源 MAC 和目标 MAC 的封装结果，这对于理解 OSI 的 PDU 封装和拆封具有重要意义。

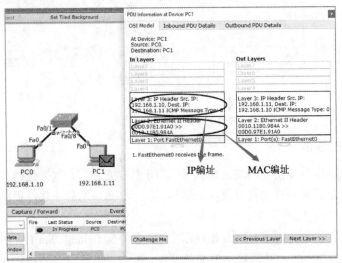

图 1-26　查看数据报文 OSI 模型

小　结

　　Packet Tracer 提供了良好的交互和仿真界面，不仅可以帮助初学者了解网络拓扑、物理布局、设备管理等内容，更重要的是提供了大规模网络集成环境，用户可以在不同模式和视图下配置、分析通信协议和数据封装，为深入理解网络原理、网络服务系统工作过程提供了仿真环境，也为故障排查提供了直观的可视化分析工具。因此，掌握本章所介绍的 Packet Tracer 软件的基本功能，是本书实践学习的重要前提，同时，对于深入学习网络技术大有裨益。

第2章 构建简单以太网络

2.1 认识网络组成

采用不同类型通信方式，可以将分布在不同地理位置的终端设备互联起来，实现资源共享和信息传递的目的。图 2-1 展示了一个简单交换网络拓扑结构，其中，主要包含通信终端设备（PC 和 Server）、网络设备（交换机）和传输介质（双绞线）；以交换机为中心实现网络互联，是典型的星状拓扑结构。本节将介绍上述三类网络组件的概念和原理。

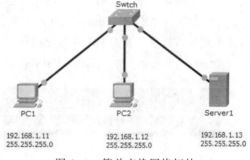

图 2-1 简单交换网络拓扑

2.1.1 终端设备

终端是指通过传输介质在一个方向接收和发送信号，此类设备除连接上行网络外，一般不再连接其他设备，不具备网络数据转发功能。终端设备主要采用有线和无线两类传输介质连接。最常见的终端包括：个人计算机（PC）、服务器（Server）、网络打印机（Printer）、智能手机（Phone）和平板电脑（Pad）等。

终端设备基于网络适配器（网卡）通过网络传输介质（有线或无线）连通网络通信设备（如交换机、路由器）等。依据外形结构，网卡可以集成在主板中，也可以是独立配件；依据网卡收发信号类型不同，分为电口和光口两种类型，分别连接双绞线和光纤；依据传输介质方式，可以分为有线和无线两种类型；此外，通过特定配件或线缆可以方便地将 USB 接口转换为无线或者有线网卡，如图 2-2 所示。

（a）主板集成电口网卡 　　　（b）独立电口网卡 　　　（c）独立光口网卡

图 2-2 常见终端网卡结构

（d）独立无线网卡 （e）USB 无线网卡 （f）USB 转电口线缆

图 2-2 常见终端网卡结构（续）

2.1.2 网络设备

在简单局域网中，最常见的网络设备是交换机（Switch），其功能有二：一是利用一定数量端口将多个终端设备接入网络；二是与其他交换机之间级联或堆叠，进一步扩大网络规模。图 2-3 所示为思科 2950T、2960 和 3560 交换机外观。普通二层交换机的技术指标主要包括：端口速率和端口数量。图 2-3 中三款交换机均配置 24 个快速以太网口（FastEthernet，100 Mbit/s，编号为 F0/1～F0/24）和 2 口 GigabitEthernet（千兆以太网，1 Gbit/s，编号为 G0/1-0/2）。

（a）2950T

（b）2960

（c）3560

图 2-3 思科典型交换机外观

交换机基于终端设备 MAC 地址和本地端口映射关系转发数据帧，因此，在 OSI 互连参考模型中，交换机与网卡都位于 OSI 互连参考模型第二层（数据链路层）。

此外，在大规模网络中，网络传输设备还包括路由器、防火墙、入侵检测等多种设备，此类设备的功能将在后续章节中做进一步介绍。

2.1.3 传输介质

传输介质为用户将信息从源端发送至目标端设备提供物理通道。当前主流介质主要包括金属线缆（电介质）、玻璃或塑料纤维（光纤）和无线传输三大类。电介质主要传输特定模式的电子脉冲；光纤传输依赖于红外线或可见光频率范围内的光脉冲；无线传输则采用电磁波波形表示不同比特值。

当前网络综合布线系统中，有线介质由于可靠性强，应用较为广泛。短距离传输可以选用双绞线（非屏蔽 UTP 或者屏蔽 STP）；而长距离通信，主要依赖于光缆。无线使用非常方便，可以作为有线的补充，解决部分场合难以布线的问题；但其可靠性受网络环境影响较大。图 2-4 所示为主流传输介质、接头及其相关组件。

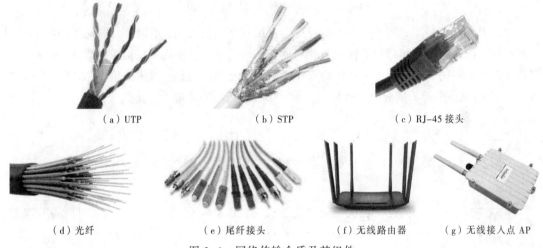

（a）UTP　　　　　　（b）STP　　　　　　（c）RJ-45 接头

（d）光纤　　　（e）尾纤接头　　　（f）无线路由器　　　（g）无线接入点 AP

图 2-4　网络传输介质及其组件

不同类型的网络介质有不同特性和优点。在实际网络介质选择中，不仅需要考虑信号最大传输距离和传输速率，而且需要关注介质安装环境和成本等因素。

2.2　网络模型简介

为解决多种不同网络体系网络设备的兼容性和互操作性等问题，实现跨平台的互联互通，国际标准化组织（International Organization for Standardization，ISO）提出了开放系统互连参考模型（Open System Interconnection Reference Model，OSI RM），简称 OSI 模型。

依据各个组件的功能，OSI 模型将整个网络架构定义为 7 个层次：物理层（Physical layer）、数据链路层（Data link layer）、网络层（Network layer）、传输层（Transport layer）、会话层（Session layer）、表示层（Presentation layer）、应用层（Application layer），如图 2-5 所示。

高3层：面向应用

L7应用层
L6表示层
L5会话层
L4传输层
L3网络层
L2数据链路层
L1物理层

低3层：面向传输

图 2-5　OSI 参考模型

对于用户应用发送端而言，高 3 层负责处理用户数据，如邮件等具体数据；低 4 层负责数据可靠传输。因此，当数据进入传输层、网络层、数据链路层，会在原有数据封装格式基础上添加相应层次报头，便于本层次的识别和传输。各层次的数据封装格式称为协议数据单元（Protocol Data Unit，PDU），各层 PDU 的定义如图 2-6 所示。

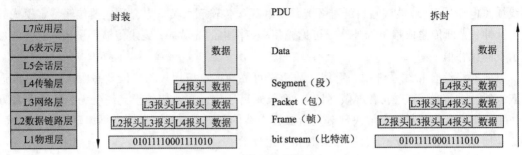

图 2-6　OSI 模型数据封装与 PDU

按照 OSI 参考模型，网络中同类型设备节点都有相同的层次，不同节点的同等层次具有相同的功能，同一节点内相邻层之间通过接口通信；每一层可以使用下层提供的服务，并向其上层提供服务；不同节点的同等层按照协议实现对等层之间的通信（虚拟通信）。如图 2-7 所示，PC、交换机和路由器分别对应 OSI 模型 7 层、2 层和 3 层的功能。

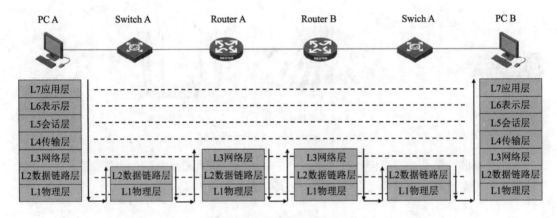

图 2-7　分层模型中数据通信

物理层是 OSI 参考模型的最低层，主要负责传输二进制位流，为上层（数据链路层）提供一个物理连接，以便在相邻节点之间无差错地传送二进制位流。

数据链路层负责在两个相邻节点之间建立、维持和释放数据链路的连接，无差错地传送"数据帧"。每一帧包括一定数量的数据和若干控制信息。在传送数据时，如果接收节点发现数据有错，将发送通知要求发送方重发该帧，直到正确接收到该帧数据。因此，数据链路层就把一条可能出错的链路，转变成让网络层看起来就像是一条不出错的理想链路。

网络层的主要功能是为处在不同网络系统中的两个节点设备通信提供一条逻辑通路。其基本任务包括路由选择、拥塞控制与网络互联等功能，也是跨网段互联的重要功能分层所在。

传输层的主要任务是向用户提供可靠的端到端（end-to-end）服务，透明地传送报文，面向高层应用，屏蔽低层数据通信的细节，是计算机通信体系结构中最关键的一层。该层重点处理建立、维护和中断虚电路、传输差错校验和恢复以及信息流量控制机制等核心问题。

会话层负责通信双方在正式开始传输前的沟通，目的在于建立传输时所遵循的规则，以便传输更顺畅、有效率。设计全双工模式或半双工模式、传输的发起和终止等一系列规则。

表示层负责处理两个应用实体之间的数据交换，解决数据交换中存在的数据格式不一致以及数据表示方法不同等问题。同时提供数据加密与解密、数据压缩与恢复等服务。

应用层是 OSI 参考模型中最靠近用户的一层，它直接提供文件传输、电子邮件、网页浏览等服务给用户。在实际操作上，大多是化身为成套的应用程序，如：Internet Explorer、QQ 等，而且有些功能强大的应用程序，甚至涵盖了会话层和表示层的功能。因此，OSI 模型上 3 层的分界已经模糊，往往很难精确地将产品归类于哪一层。

2.3　以太网技术

2.3.1　以太网标准

以太网（Ethernet）由 Xerox、Intel 和 DEC 公司合作推出，并已成为当前局域网组建中最常用的通信标准。IEEE 先后定义了 802.3x 以太网标准，端口速率从最初的 10 Mbit/s，已发展至当前 100 Gbit/s 甚至更高。以太网常见标准和规范如表 2-1 所示。

表 2-1　以太网常见标准和规范

标　准	说　明	应　用
IEEE 802.3	以太网标准	10Base-5、10Base-2、10Base-T 和 10Base-F
IEEE 802.3u	百兆快速以太网标准	100Base-TX 和 100Base-FX
IEEE 802.3z	光纤千兆以太网标准	1000Base-LX、1000Base-SX、1000Base-LH、1000Base-ZX 和 1000Base-CX
IEEE 802.3ab	双绞线千兆以太网标准	1000Base-T
IEEE 802.3ae	万兆以太网标准	10GBase-SR、10GBase-LR、10GBase-ER、10GBase-SW、10GBase-LW 和 10GBase-EW
IEEE 802.3ba	百万兆以太网标准	—

2.3.2　MAC 地址

在 OSI 网络模型中，网卡位于模型第二层（数据链路层）。对于以太网数据通信，终端设备的标识和区分主要依赖于所采用网卡的介质访问控制（Media Access Control Address，MAC）地址，MAC 地址在计算机存储空间中占用 48 位（6 B），使用破折号、冒号或句点分隔的 6 组十六进制数字表示，通常采用 3 种不同表示方法的同一 MAC 地址，如 00-05-9A-3C-78-00、00:05:9A:3C:78:00、0005.9A3C.7800。其中，前 6 位为厂商标识，又称组织唯一标识符（Organization Unique Identifier，OUI），由 IEEE 组织分配给网络接口的供应商；后 6 位为供应商对网卡的唯一编号；每张网卡（Network Interface Card，NIC）的 ROM 中都烧录有一个 MAC 地址。可以通过 OUI 查询工具查看特定网卡的供应商。

在 Windows 操作系统中，执行命令行（cmd.exe）下 ipconfig/all 命令可以查看本机网卡的 MAC 地址信息，如图 2-8 所示。

在 Packet Tracer 软件中，双击终端设备，在 Config 标签中单击 Interface 下的接口，可查看网卡 MAC 地址信息，如图 2-9 所示。

图 2-8　Windows 系统查看网卡 MAC 地址　　　图 2-9　在 Packet Tracer 中查看网卡 MAC 地址

2.3.3　以太网卡管理

主机参与网络通信过程中，需要保证网卡是开启状态，而非禁用状态（图标通常为灰色），图 2-14 显示了 Windows 系统中网卡正常"开启"和"禁用（关闭）"的状态对比；在 Packet Tracer 中，通过 Port Status 复选框可开启或关闭网卡，如图 2-10 所示。

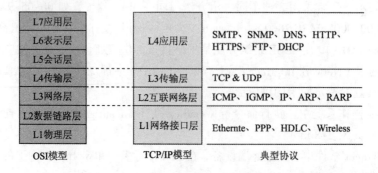

图 2-10　Windows 系统中网卡启用与禁用对比

当前主流网卡都支持 10 Mbit/s、100 Mbit/s、1 Gbit/s 自适应切换速率，也支持手工更改方式。

提示

一条链路上两端接口速率必须一致，而且与介质支持速率匹配。若一端为 10 Mbit/s，另一端为 100 Mbit/s，则导致网络无法正常通信。

2.4　TCP/IP 协议

TCP/IP 协议（Transmission Control Protocol / Internet Protocol，控制传输协议/互联网协议）是 ARPANET 的开发通信标准，现已成为互联网的重要通信标准。TCP/IP 协议模型更关注于通信协议，具体结构如图 2-11 所示。

OSI模型	TCP/IP模型	典型协议
L7应用层		
L6表示层	L4应用层	SMTP、SNMP、DNS、HTTP、HTTPS、FTP、DHCP
L5会话层		
L4传输层	L3传输层	TCP & UDP
L3网络层	L2互联网络层	ICMP、IGMP、IP、ARP、RARP
L2数据链路层	L1网络接口层	Ethernte、PPP、HDLC、Wireless
L1物理层		

图 2-11　TCP/IP 协议模型

L1 网络接口层，一方面定义接口与线缆，为数据传输提供物理通道；另一方面控制介质访问，为相邻节点间提供数据传输服务，包括局域网 Ethernet 和广域网 PPP、HDLC 等。

L2 互联网络层，负责寻址与路由，提供主机到主机的传输服务，涉及 IP（编制和路由）、ICMP（控制信息）和 ARP（IP 和 MAC 间映射）等协议。

L3 传输层，提供端到端的连接，主要采用 TCP（可靠）和 UDP（高效）两种典型协议，通过端口号与 L4 层应用对应，如表 2-2 所示。在通信过程中，源端口号通常随机产生（系统中未使用，且大于 1023），目标端口号标识目标服务器端的进程。可以使用 netstat 命令查看网络端口状态，如图 2-12 中第 1 行连接所示，本地主机（192.168.1.103）的 59698 端口号与目标主机（125.88.200.179）的 80 号端口（http 协议）建立 TCP 连接。

表 2-2　常见服务器端口号与应用层协议对应关系

传输层协议	端　口　号	应用层协议
TCP	20	FTP 文件传输服务（数据）
TCP	21	FTP 文件传输服务（控制）
TCP	23	TELNET 终端仿真服务
TCP	25	SMTP 简单邮件传输服务
TCP	37	TIME 时间服务
TCP/UDP	53	DNS 域名解析服务
UDP	69	TFTP 简单文件传输服务
TCP	80	HTTP 超文本传输服务
TCP	110	POP3 邮局协议 v3
UDP	162	SNMP 网络管理协议
TCP	443	HTTPS 加密超文本传输服务

```
C:\Users\xzchen80>netstat

活动连接

  协议      本地地址              外部地址                状态
  TCP    192.168.1.103:59698    125.88.200.179:http      ESTABLISHED
  TCP    192.168.1.103:59753    52.230.84.217:https      ESTABLISHED
  TCP    192.168.1.103:60157    180.163.235.137:https    ESTABLISHED
  TCP    192.168.1.103:60159    a23-45-158-74:http       TIME_WAIT
  TCP    192.168.1.103:60160    a23-45-158-74:http       TIME_WAIT
```

图 2-12　netstat 命令

L4 层提供应用程序与网络接口，包括 HTTP、FTP、SMTP、DNS 等协议。其模型具体结构见图 2-11。

TCP/IP 协议作为目前最流行商业化网络协议，已经受到业界公认。TCP/IP 协议适应和满足世界范围内数据通信需求，为推动互联网的快速发展做出了重要贡献。TCP/IP 协议具有以下四方面特点：

（1）开放的协议标准，与计算机硬件和操作系统无关。

（2）独立于特定的网络硬件，运行在局域网、广域网，尤其是互联网中。

（3）统一的网络地址分配方案，TCP/IP 设备地址在网络中唯一。

（4）标准化的高层协议，可以提供多种可靠的用户服务。

2.4.1 TCP 与 UDP

传输控制协议（Transfer Control Protocol，TCP）是基于连接的协议。在正式收发数据前，必须和对方建立可靠的连接。一个 TCP 连接必须经过三次"对话"才能建立起来。

用户数据报协议（User Data Protocol，UDP）是与 TCP 相对应的协议。它是面向非连接的协议，无须与对方建立连接，而是直接把数据包发送过去。UDP 适用于一次只传送少量数据、对可靠性要求不高的应用环境。由于 UDP 协议没有连接的过程，所以它的通信效率高；但也正因为如此，其可靠性不如 TCP 协议高。TCP 与 UDP 协议的比较如表 2-3 所示。

表 2-3　TCP 与 UDP 协议对比

比　较　项	TCP	UDP
是否连接	面向连接	面向非连接
传输可靠性	可靠	不可靠
应用场合	传输大量数据	少量数据
速度	慢	快

2.4.2 IPv4 编址

IPv4 是互联网协议的第四版。IPv4 地址是网络层地址（L3 层），又称逻辑地址，类似于日常生活中的电话号码，IPv4 用于标识网络中的每个节点。一般将 IPv4 地址分为 4 组，中间用小数点隔开。每段范围从 0 开始到 255 结束，如 192.168.0.1。

网络中的 IP 地址数量非常庞大，为了便于管理，将 IP 地址划分为网络位和主机位两部分，就像电话号码由区号和号码组成一样，如 021-88888888，其中，021 表示区号，88888888 表示区内特定号码。例如，IP 地址 192.168.1.2/24，其网络位为 192.168.1，主机位为 2。如何将 IP 地址的 4 段划分为网络位和主机位，下面将重点阐述。

1．IPv4 地址分类

为了便于网络规模设计，按照 IP 地址第 1 段的值，将网络划分为 A、B、C、D、E 五类，前三类结构如图 2-13 所示。

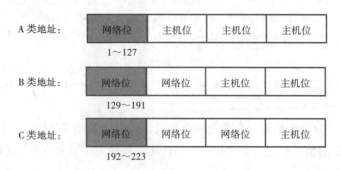

图 2-13　IPv4 地址分类及组成

A 类 IP 地址：第 1 段的范围为 1～127（0 为保留，不使用），使用固定的"/8"前缀，第 1 段为网络位，其余 3 段为主机位。如 10.10.1.1（其中 10 为网络位，10.1.1 为主机位）。A 类地址块提供 1 600 万以上的主机地址，用于支持规模非常大的网络。

B 类 IP 地址：第 1 段的范围为 128～191，前 2 段为网络位，后 2 段为主机位，二进制 8 位数的最高两位是 10，地址限定于 128.0.0.0/16 和 191.255.0.0/16 之间。如 172.18.1.1（其中 172.18 为网络位，1.1 为主机位）。

C 类 IP 地址：第 1 段的范围为 192～223，前 3 段为网络位，最后 1 段为主机位，每个网段最多拥有 254 台主机的小型网络。如 192.168.10.10（其中 192.168.10 为网络位，10 为主机位）。

D 类 IP 地址：第 1 段的范围为 224～239，用于组播。

E 类地址：第 1 段的范围为 240～255，目前未使用。

2．子网掩码

子网掩码表示方式类似 IP 地址，由 4 段十进制数构成，每段取值为 0～255，同样使用小数点隔开。其作用是区分 IP 地址的网络位和主机位。子网掩码和 IP 地址相对应，用二进制中 1 位对应 IP 地址中网络位，用二进制 0 位表示对应 IP 地址中主机位。例如：IP 地址 10.1.1.2 对应掩码 255.0.0.0，其中，10 表示网络位，其余部分 1.1.2 是主机位。

如何确定网络部分有多少位、主机部分有多少位非常重要。IPv4 网络编址中，可以在 IP 地址后添加一个前缀长度。前缀长度指示地址的网络部分的比特位数。例如，在 192.168.1.0/24 中，"/24"就是前缀长度，表示 IP 地址中前 24 位是网络地址，剩下的 8 位则为主机位。因此，192.168.10.0　255.255.255.0 和 192.168.10.0/24 两种表达方式含义相同。

3．网络与广播地址

如果两个 IP 地址具有相同的网络位，则称两个地址属于同一个网络或同网段。需要注意的是：在任一网段中，编号最小的地址（主机位二进制全 0）和编号最大的地址（主机位二进制全 1）均具有特殊含义。前者表示当前主机所在的网络地址，描述网段信息，用于大规模网络中的路由表示和寻址，如 IP 为"192.168.1.*"的主机所在网络为 192.168.1.0；后者称为该网段的广播地址，用于与该网络中的所有主机通信。要向某个网络中的所有主机发送数据，主机只需以该网络广播地址为目的地址发送一个数据包即可，如 192.168.1.0 网络的广播地址为 192.168.1.255。因此，上述两个地址通常不能分配给特定主机或者接口使用。

4．公有与私有地址

依据能否在公网上传输，可以将 IPv4 地址分为公有（公网）地址和私有（私网）地址。公有地址类似于注册的电话号码，可以直接连通任何一个号码；而私有地址类似于内网短号，其有效性限于特定内网。公有地址需要向专业机构申请、付费使用，而私有地址可以随意免费使用。

私有地址共分 3 段。A 类：10.0.0.0～10.255.255.255（10.0.0.0/8）；B 类：172.16.0.0～172.31.255.255（172.16.0.0/12）；C 类：192.168.0.0～192.168.255.255（192.168.0.0/16）。除私有地址和环回地址外，其余地址均为公网地址。借助将私有地址转换为公有地址的服务，在内部采用私有编址方案的网络中的主机就可以访问 Internet 上的资源。此类服务称为网络地址转换（NAT），可以在位于私有网络边缘的设备上实施。

概括地说：私有地址用于园区网内部主机部署中，公有地址主要用于面向外网服务的服务器和私有地址 NAT 转换中。NAT 转换技术将在第 9 章重点介绍。

5．其他特殊地址

在 IPv4 地址空间中，一些地址因为特殊功能无法分配给主机；另一些特殊地址可以分配给主机，但这些主机在网络内通信方式却受到限制。

（1）默认路由地址。0.0.0.0 表示 IPv4 默认路由。在没有更具体的路由可用时，将默认路由作为"网关"方式使用。此地址的使用还保留 0.0.0.0～0.255.255.255 （0.0.0.0 /8）地址块中的所有地址。

（2）环回地址。环回地址 127.0.0.1 是主机用于向自身发送通信的一个特殊地址。通过 Ping 环回地址，可以测试本地主机上的 TCP/IP 配置，成功安装 TCP/IP 协议的主机即使未连接任何网络，也能 Ping 通 127.0.0.1，使用该段地址也无法参与网络通信。

（3）链路本地地址。169.254.0.0～169.254.255.255（169.254.0.0 /16）段的 IPv4 地址，指定为链路本地地址。在没有手工配置 IP，或者无法从动态主机配置协议（DHCP）服务器自动获取地址时，操作系统将自动分配链路地址给本地主机，使用该段地址也无法参与网络通信。

2.4.3 IPv4 地址配置

1. Windows 系统配置 IP 地址

（1）单击"桌面"右下角的"电脑"图标，在弹出的窗口中选择"打开网络和共享中心"命令，如图 2-14（a）所示；

（2）单击左侧的"更改适配器设置"超链接，如图 2-14（b）所示。

（a）打开网络和共享中心 （b）更改适配器设置

图 2-14 网络和共享中心

（3）右击"本地连接"图标，在弹出的快捷菜单中选择"属性"命令，如图 2-15 所示。

（4）在弹出的"本地连接 属性"对话框中选中"Internet 协议版本 4（TCP/IPv4）"复选框，单击"属性"按钮，如图 2-16 所示。

（5）在 Internet 协议版本的属性对话框中选中"使用下面的 IP 地址"单选按钮，然后输入相应的 IP 地址。注意：根据局域网内的 IP 地址段填写 IP 地址、网关、DNS 等，子网掩码为自动补齐。IP 地址：172.18.1.×（×该网段内规划给主机的特定值，通常是 2～254 间未被占用的数字，本例为 88），如图 2-17 所示。

图 2-15 更改适配器设置　　　图 2-16 配置 TCP/IP　　　图 2-17 配置静态 IP

2．Windows 系统查看 IP 地址

（1）依次单击"控制面板"→"网络和 Internet 连接"→"网络连接"超链接，右击"本地连接"图标，在弹出的快捷菜单中选择"状态"命令，可以查看该主机 IP 的相关信息，如图 2-18 所示。

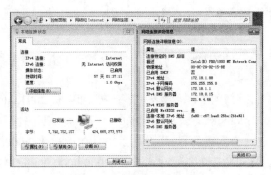

图 2-18　查看网卡 IP 信息

（2）也可以使用命令行方式查看。单击桌面左下角的"开始"按钮（或按【Windows+R】组合键），在"搜索程序和文件"文本框中输入 cmd 命令后按【Enter】键，进入命令行界面，如图 2-19 所示；输入 ipconfig 命令后按【Enter】键，即可看到 IP 配置信息，如图 2-20 所示。输入 ipconfig/all 命令后按【Enter】键，即可看到网卡更多详细信息，如图 2-21 所示。

图 2-19　命令行界面

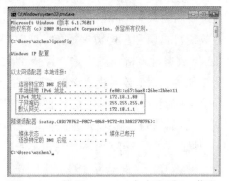

图 2-20　使用 ipconfig 命令查看 IP 信息

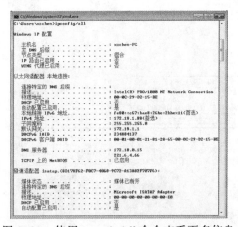

图 2-21　使用 ipconfig/all 命令查看更多信息

2.4.4　IPv6 编址

IPv4 标准仅支持约 40 亿（4×10^9）的网络地址，随着网络接入设备和应用服务的增加，即使使用 NAT 方式，也很难满足 IP 地址不足的问题。因此，提出了 IPv6 协议。IPv6 作为互联网协议的第六版，已成为继 IPv4 后被正式广泛使用的互联网协议。IPv6 支持 3.4×10^{38} 个地址，这相当于地球每平方英寸平均有 4.3×10^{20} 个地址，因此，通过扩大地址编制范围，有效解决了地址缺乏问题。

IPv6 地址的长度为 128 位，但通常写作 8 组，每组为 4 个十六进制数的形式，如 2001:0db8:85a3:08d3:1319:8a2e:0370:7344。

如果存在全零分组，可以使用两个冒号表示零压缩。例如，2001:0db8:85a3:0000:1319:8a2e:0370:7344 可以简写为 2001:0db8:85a3::1319:8a2e:0370:7344。但这种零压缩在地址中只能出现一次，即在简写中不能出现两个连续的冒号。例如，2001:0DB8:0000:0000:0000:0000:1428:57ab，如果将最后一组 0 压缩，则可以简写为 2001:0DB8:0000:0000:0000::1428:57ab；也可将多组 0 同时压缩，简写为 2001:0DB8::1428:57ab。但是不能简写为 2001::25de::cade，其原因在于难以确定每个压缩中包含多少个全零的分组。此外，每组前导 0 可以省略，例如 2001:0DB8:02de::0e13 可简写为 2001:DB8:2de::e13。

2.4.5　ARP 协议

MAC 地址用于同 IP 网段的局域网中主机间的二层通信。跨网段通信时，则需要使用 IP 地址。地址解析协议（Address Resolution Protocol，ARP）的功能是将主机 IP 地址解析为 MAC 地址，有效衔接二层和三层数据通信。就数据封装角度而言，欲在以太网链路上传输 IP 数据包，原有 L3 层数据封装格式需要重新封装 MAC 报头信息，构建 L2 层数据帧。因此，有三层通信转换为二层通信时，必须获取该 IP 地址对应的 MAC 地址信息，从而实现交换层面的数据传输。

ARP 的典型应用是源主机和目标主机在同一个网段，目标 MAC 地址是目的主机的 MAC 地址。如图 2-22 所示，当 PC1 要与 PC3 进行通信时，需要获取 192.168.1.30 所对应 MAC 地址。

同网段 ARP 解析过程如图 2-23 所示，主要包括如下步骤。

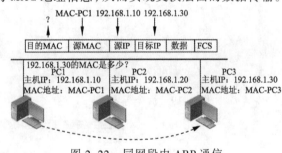

图 2-22　同网段内 ARP 通信

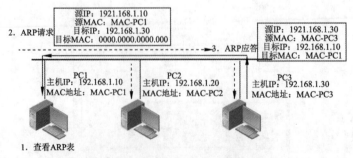

图 2-23　同网段内 ARP 解析过程

（1）查看 ARP 表。如果 ARP 表中没有目标主机对应的表项，则发送 ARP 请求。ARP 请求的目标 MAC 是全 F 的广播地址。

（2）同一个广播域中的所有主机都能收到 ARP 请求。只有被请求的主机才会发送 ARP 应答，ARP 应答的目标 MAC 是请求主机的 MAC-单播。

（3）PC1 收到来自 PC3 的 ARP 应答数据包，IP-MAC 映射信息加载到本地 ARP 缓存表中。ARP 缓存失效时间为 300 s，不同操作系统略有不同。

ARP 缓存一般为动态表项，通过 ARP 协议学习，能被更新，默认老化时间为 120 s。在 Windows 系统中，在命令行下使用 arp –a 命令可以查看主机当前 ARP 缓存，如图 2-24 所示。

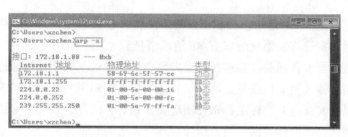

图 2-24　在 Windows 中查看 ARP 缓存

2.4.6　DHCP 协议

动态主机配置协议（Dynamic Host Configuration Protocol，DHCP）是 RFC1541（由 RFC2131 替代）定义的标准协议，该协议允许服务器向客户端动态分配 IP 地址和配置信息。简单而言，通过 DHCP 服务器可以给客户端主机动态分配 IP 信息，避免了手工配置的烦琐操作量。因此，被应用于各种网络接入服务系统中。例如，对于普通用户而言，无须知道如何配置 IP 地址，手机连上无线网络即可访问网络，其中，DHCP 发挥了重要作用。

DHCP 服务器至少给客户端提供以下基本信息：IP 地址、子网掩码、默认网关；还可以提供其他信息，如域名服务（DNS）服务器地址和 Windows Internet 命名服务（WINS）服务器地址。系统管理员配置 DHCP 服务器分配给客户端的选项。

DHCP 通信过程中，主要涉及 4 种典型报文，其流程结构如图 2-25 所示。DHCP Discover 报文，为 PC 第一次发出用来发现 DHCP 服务器的广播请求，由于 PC 并不知道 DHCP 的 IP 地址，因此目的 MAC 和目的 IP 地址都为广播地址。DHCP Offer 报文，为 DHCP 服务器首次返回的报文，当网络中存在多台 DHCP 服务器时，PC 只会保留

图 2-25　DHCP 交互报文类型

首先收到的 DHCP Offer；DHCP Offer 中包含 DHCP 服务器可以为 PC 分配的 IP 地址、网关 IP、DNS 参数等配置信息。DHCP Request 报文，为 PC 第二次发出的请求报文，PC 根据服务器返回的 Offer 中的信息，发起正式申请。DHCP ACK 报文，为服务器收到 PC 的 Request 请求报文后，从地址池中分配相应的 IP 地址返回给 PC。

DHCP 的主要优点在于：减少客户机的 IP 地址配置复杂度和手工配置 IP 地址导致的错误，通过集中管理，进而减少网络管理的工作量。

2.4.7 ICMP 协议

网际控制信息协议（Internet Control Message Protocol，ICMP）是 IPv4 协议族中的一个子协议，其目的是弥补 IP 协议自身差错控制、拥塞控制等错误信息处理机制的缺失，传达主机、路由器间网络是否通畅、主机是否可达、网络性能等消息。ICMP 无法直接被网络应用程序调用，需要使用 Ping、Tracert 等诊断工具。

1. ICMP 消息类型

ICMP 通过通信测试结果消息，帮助管理用户了解网络数据传输中存在的不同问题，最常见 ICMP 消息包括：

- 请求：通过发送 ICMP 请求消息，检查特定节点的 IPv4 连接以排查网络问题。
- 应答：目标端发送答复消息响应 ICMP 请求消息。
- 重定向：路由器或者网关设备通过重定向消息告诉发送主机到目标地址的路由。
- 源抑制：路由器或网关设备发送消息给发送主机，告知因拥塞而丢弃数据报。
- 超时：在规定时间内，目标主机未发回应答消息时，向发送系统发出错误信息。
- 目标无法到达：路由器或网关设备通知源端所发送的数据无法传送。

2. Ping 命令使用

Ping 命令是 Windows 和 Linux 系统中最常使用的网络诊断工具，用于确定本地主机是否能与另一台主机交换数据报。根据返回的信息，用户可以推断 TCP/IP 参数设置是否正确以及运行是否正常。下面以 Windows 系统为例，介绍 Ping 命令的基本使用方法。

按【Windows+R】组合键，弹出"运行"对话框，输入 cmd 后单击"确定"按钮，进入命令行窗口。Ping 命令的应用格式为：ping　目标 IP 地址或域名。

默认情况下，发送 4 个数据包。在反馈信息中：默认发送 32 B 的数据包；时间表示从发出数据包到接收到返回数据包所用的时间；TTL 表示生存时间值，该字段指定 IP 包被路由器丢弃之前允许通过的最大网段数，如图 2-26 所示，表示当前主机能 Ping 通主机 172.18.1.1，发送 4 个请求数据包后，收到 4 个回复包。

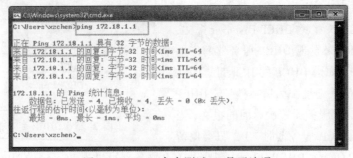

图 2-26　Ping 命令测试 IP 是否连通

Ping 后面使用目标主机域名时，在结果中通常会反馈目标域名主机对应的 IP 地址，如图 2-27 所示，www.baidu.com 对应的 IP 地址为 180.97.33.108。

此外，用户可以尝试对全球不同位置的地区性互联网注册机构（RIR）网站执行 Ping 操作：非洲（www.afrinic.net）、澳洲（www.apnic.net）、欧洲（www.ripe.net）、南美（www.lacnic.net），实验对比结果表明，反馈时间跟目标服务器地理位置有一定关系。

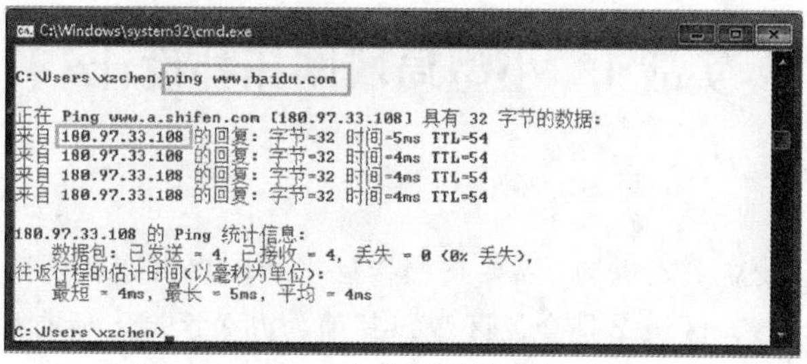

图 2-27　Ping 命令测试域名是否连通

当目标主机无法到达、主机防火墙过滤 ICMP 协议或者 IP 地址错误时，目标主机无法及时反馈信息，Ping 测试结果则显示为"请求超时"，如图 2-28 所示。本例网络中，因没有 IP 地址为 172.17.17.17 的主机，显然，无法到达。

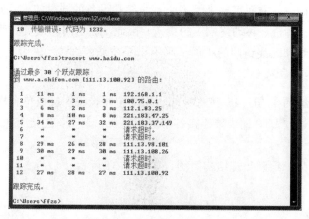

图 2-28　Ping 命令测试主机超时

默认情况下，Ping 操作会收到 4 个 ICMP 回包，包大小为 32 B，TTL 等于 64。为满足特定测试需求，可以通过扩展参数，自定义测试效果。主要扩展参数包括：

- – t：　长 Ping。一般在主备链路切换、网络割接或者网络稳定性测试等场景下分析网络连通性，按【Ctrl+C】组合键可中断 ICMP 回包。
- – n：　指定发包数量。指定单次 Ping 包的发送数量，可测试丢包率。
- – l：　设置 Ping 包大小。修改 Ping 包大小，默认为 32 B。可用于测试接口 MTU 值设置是否合理等场景，如视频监控系统中需要 30 000～50 000 B 大包。

3. Tracert 命令使用

Tracert 命令的主要作用是测试源到目标的路径过程，即路径跟踪。图 2-29 所示为测试主机到达 www.baidu.com 的路径。需要说明的是：ISP 核心骨干网及 IDC 数据中心为安全起见，通常通过相应措施隐藏核心路径，导致部分路径显示为超时。

图 2-29　Tracert 命令案例

实战 1　小型局域网拓扑设计

实战描述

A 公司在新建楼层设立下属机构，需要按照楼层平面图提供物理拓扑。规划分布如图 2-30 所示：区域⑩是接待区域，区域②是会议区域，其他为办公区域。所有房间均部署 6 类 UTP 线缆（长度小于 100 m）作为基本网络传输介质，每个房间必须至少有两个有线网络连接，以满足用户或者中间设备的接入需求。

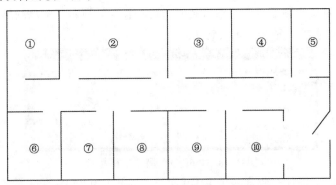

图 2-30　新建楼层平面图

所需资源

Packet Tracer 6.2 软件，Visio 或者 AutoCAD 等其他工程绘图软件。

操作步骤

1. 主配电设施定位

选择图中房间⑤作为设备间，主要原因在于：（a）占用面积最小；（b）远离管道，电磁干扰（EMI）弱，能确保电介质通信质量；（c）相对安全，远离大多数其他办公室/房间。

2. 中间设备部署

房间⑤作为会议间，一方面需要满足多个有线终端设备的同时接入，另一方面，需要满足无线设备（如笔记本计算机、移动终端）的接入。因此，在房间⑤放置一两台有线无线一体化交换机，以便实现有线和无线访问的扩展。

3. 介质类型选择

每个房间应至少有两个 RJ-45 接入模块，用于中间设备连接或单个用户。设备间需要多个网络端口：其一，通过 UTP 配线架连接各个房间模块；其二，连接 ISP 外网（WAN），部署光纤接入。

基于以上分析结果，绘制物理结构简图，如图 2-31 所示。

提示

● 在网络接入层设计和连接网络时，需要考虑网络安全、布线类型和各种技术因素。

● 建议提供不同方案供用户选择，满足网络接入层数据流量传输的不同需求。

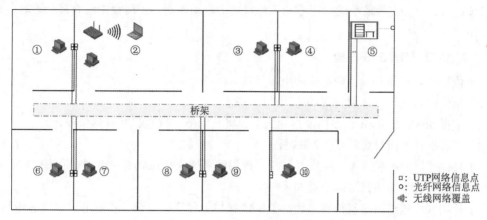

图 2-31　新建楼层网络物理拓扑设计

实战 2　以太网 UTP 直通线缆制作

实战描述

A 公司新增楼宇中局域网采用星状拓扑结构，通过交换机连接各个房间终端设备或者中间设备，要求采用 Cat 6 UTP 制作网络连接线缆，确保介质传输正常。

所需资源

6 类 UTP 电缆、网络压线钳、RJ-45 接头、网线测试仪。

操作步骤

1. 学习 EIA/TIA 568 规范

EIA/TIA 提出的 568A 和 568B 布线方式，如图 2-32 所示，已成为 UTP 布线通用标准。UTP 线缆主要分为直通线和交叉线两类：对于直通线，两端 RJ-45 接口的线序相同，均为 568A 或 568B，一端发送，另一端接收，主要用于不同类型网络接口间通信，如 PC 和交换机；对于交叉线，两端 RJ-45 接口的线序不同，分别为 568A 和 568B，发送和接收线对正好相反，主要用于同类型网络接口间通信，如 PC 间、交换机间、PC 和路由器间互联。

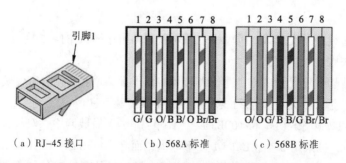

（a）RJ-45 接口　　　（b）568A 标准　　　（c）568B 标准

图 2-32　RJ-45 接口及其接线标准

近年来，很多网络设备具备自动感应（Auto MDI/MDIX）功能，不仅能感应并自动切换发送和接收线对，而且支持最小端口速率和工作模式的自动匹配。在两台主机直接相连时，通常建议使用交叉电缆。

2. 制作 EIA/TIA 568 电缆

（1）依据终端实际布局，确定所需电缆长度。

（2）使用网络压线钳分别将两端剪除 5 cm 表皮。

（3）依据 568A 或 568B 线序标准排列线芯，将其压平、拉直，并排列整齐；

（4）修剪平行的四对线芯成 1.2 cm 长。

（5）将排列好的线芯插入 RJ-45 接口中，确保线芯插入接口底部；否则，取出线芯、重新排列导线，并将其重新插回 RJ-45 接口；

（6）使用网线压线钳压制带有电缆的 RJ-45 接口，使得接口金手指部分穿过线芯绝缘层，连通传导路径，如图 2-33（a）所示。

（7）重复上述步骤，完成另一端接头压制。

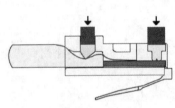 

（a）压制 RJ-45 接头　　　　　　　　（b）使用测线器测试连通性

图 2-33　RJ-45 接口制作与线缆测试

3. 测试 UTP 线缆

（1）测线器测试法：把网线的两头分别插到双绞线测线器上，打开开关测试指示灯亮起来，如图 2-8（b）所示。对于正常直通线，两排指示灯都是同步亮的，如果某一线芯对应的指示灯未能同步亮起，表明该线芯连接有问题，应重新制作。

（2）命令工具测试法：使用网线将 PC 接入现有局域网，并配置同网段 IP，如果在一台 PC 中能 Ping 通另一台 PC，则表示通信成功。需要注意的是：必须暂时禁用目标端 PC 的 Windows 防火墙，或者在防火墙设置中允许通过 ICMP 协议。

（提示）

- 无论是直通线还是交叉线，两段线芯必须以正确顺序插入 RJ-45 接口，否则将导致整个网线制作失败。
- 平行芯线剪切长度尤为关键，过长线芯间相互干扰会增强，影响通信效率；过短，RJ-45 接口的金手指无法完全接触到线芯，容易导致接触不良。
- 在 10Base-T（10 Mbit/s）和 100Base-T（100 Mbit/s）局域网中，双绞线中仅使用两对线芯（4 根），可采用 5 类（Cat 5）以下电缆；而在 1000Base-T（1 Gbit/s）的局域网中，则使用 4 对线芯，而且必须采用 Cat 6 以上电缆，具体参数对比如表 2-4 所示。

表 2-4　RJ-45 接口 EIA/TIA 568A 线序

引　　脚	线　对	线　芯	10Base-T	100Base-T	1000Base-T
1	2	绿白	发射	发射	BI_DA+
2	2	绿	发射	发射	BI_DA-
3	3	橙白	接收	接收	BI_DB+
4	1	蓝	/	/	BI_DC+
5	1	蓝白	/	/	BI_DC-
6	3	橙	接收	接收	BI_DB-
7	4	棕白	/	/	BI_DD+
8	4	棕	/	/	BI_DD-

实战 3　构建小型办公局域网

实战描述

按照网络设计拓扑，构建 A 公司办公室局域网，确保内网主机正常通信，并测试 WWW Server 中默认 Web 网站。

所需资源

2960 交换机 1 台（或同层次其他产品）、PC 主机 2
台、服务器 1 台。

操作步骤

1．设计规划网络

网络拓扑结构如图 2-34 所示，地址规划如表 2-5 所示。

图 2-34　A 公司新增办公室网络

表 2-5　新增办公室地址规划

设　　备	本 地 端 口	对 端 端 口	IP 地　址	子 网 掩 码
PC111	Fa0	Switch:Fa0/1	192.168.1.11	255.255.255.0
PC112	Fa0	Switch:Fa0/2	192.168.1.12	255.255.255.0
WWW1	Fa0	Switch:Fa0/3	192.168.1.13	255.255.255.0

2．连接网络设备

（1）给主机、服务器和交换机供电，确保设备运行正常。

（2）参考图 2-34，采用直通双绞线连接交换机和终端设备（PC 和 Server），构建星状结构
网络。

（3）检查设备端口状态。交换机所连接端口和 PC 网卡接口指示灯应为闪烁状态，如图 2-35
所示；检查并排除所有故障。

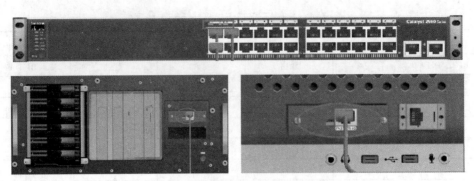

图 2-35　通过指示灯检查物理连接

（4）在 Packet Tracer 中，端口正常状态时，线缆两端圆点图标为绿色；故障时，则为红色。

3. 配置终端 IP 地址

采用真实设备实验，按照 IP 地址规划表配置主机 IP 地址信息，可参考上文相关方法，不再赘述。在 Packet Tracer 软件（以下简称 PT）中部署，主要步骤如下：

（1）配置 PC111 地址：单击 PC1 图标，依次单击 Desktop、IP Configuration，配置静态 IP 地址（192.168.1.11）和掩码（255.255.255.0），如图 2-36 所示。

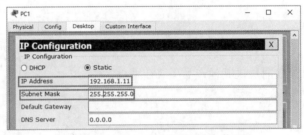

图 2-36　在 PT 中配置静态 IP 信息

（2）参考 PC111，配置 PC112 和 Server 对应 IP 信息。

4. 测试网络连通性

（1）在 PC111 上使用 Ping 命令测试与 PC112 或 Server 间的连通性。单击 PC1 图标，依次单击 Desktop、Command Prompt，输入 ping 192.168.1.12 命令，如图 2-37 所示。

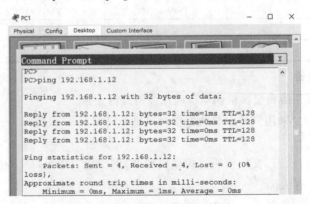

图 2-37　PT 中 Ping 测试结果

（2）采用上述方法，测试 PC 和 Server 间的连通性，确保两两之间能 Ping 通。

5．测试 WWW 服务器

（1）检查 WWW Server 中 HTTP 服务是否开启，在 WWW1 Server 中，依次单击 Server、HTTP，确认 HTTP 状态为 On，如图 2-38 所示。

图 2-38　在 PT 中开启 HTTP 服务

（2）在客户机（PC111 或 PC112）中，依次单击 Desktop、Web Brower，在地址栏中输入 Server 服务器的 IP 地址（192.168.1.13），访问默认页面，如图 2-39 所示。

图 2-39　在 PT 中访问页面测试结果

提示

- 接口指示灯不亮，则表明物理通信故障，需要检查两方面问题：
  - 设备是否供电；
  - 线缆和端口是否正常，可以通过更换方式排查。
- 在真实 PC 上测试 Ping 通性，务必在目标主机上关闭防火墙，或者在防火墙中运行 ICMP 协议通过；否则，将导致丢包（请求超时）问题。

实战 4　基于 DHCP 部署主机地址

实战描述

A 公司新建办公室，由于人员扩招，PC 数量增加。为解决大量 PC 静态地址配置烦琐以及内网主机 IP 地址冲突问题，现新增一台服务器，用于部署 DHCP 系统，提高 IP 地址部署与管理效率。拓扑结构如图 2-40 所示；地址规划如表 2-6 所示。

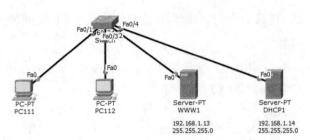

图 2-40   A 公司办公网络拓扑结构

表 2-6   地址规划

设备	本地端口	对端端口	IP 地址	子网掩码	地址获取方式
PC111	Fa0	Fa0/1			DHCP
PC112	Fa0	Fa0/2			DHCP
WWW1	Fa0	Fa0/3	192.168.1.13	255.255.255.0	静态
DHCP1	Fa0	Fa0/4	192.168.1.14	255.255.255.0	静态
	地址池 ServerPool：192.168.1.101～200 掩码：255.255.255.0				

所需资源

2960 交换机 1 台（或同层次其他产品）、PC 主机 2 台、服务器 2 台。

操作步骤

1．连接网络设备

（1）参考图 2-40，采用直通双绞线连接交换机和终端设备（PC 和 Server），构建星状结构网络。

（2）检查设备端口状态。交换机所连接端口和 PC 网卡接口指示灯应为闪烁状态；检查并排除所有故障。

2．配置服务器 IP 地址

（1）按照 IP 地址规划表配置服务器 IP 地址信息；

（2）确保服务器间正常通信（使用 Ping 命令测试）。

3．部署 DHCP 服务器

（1）开启 DHCP 功能。在 DHCP Server 中，依次单击 Servers、DHCP，确认 DHCP 状态为 On。

（2）命名地址池。在 Pool Name 文本框中输入 serverPool。

（3）设置地址池中的地址范围。在 Strart IP Address 文本框中输入 192.168.1.101，在 Maximum number of Users" 文本框中输入 100；单击 Save 按钮，如图 2-41 所示。

4．测试客户端

（1）在 PC111 获取 IP 地址。依次单击 Desktop、IP Configuration，将 IP 配置方式修改为 DHCP。

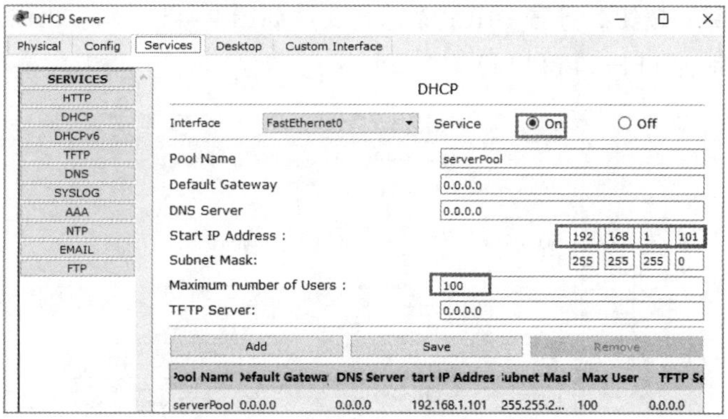

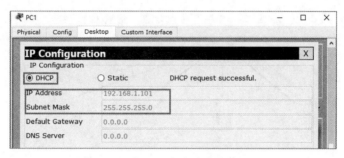

图 2-41　DHCP 服务配置界面

（2）片刻后，在 IP 地址和掩码表项中自动填充 IP 地址信息（192.168.1.101），如图 2-42 所示。

图 2-42　在 PC1 中成功获取 IP 地址

（3）采用同样方法，在 PC112 中获取 IP 地址（192.168.1.102）。

5. DHCP 通信分析

为便于读者直观地理解 DHCP 通信原理，使用 Packet Tracer 中的仿真模式，进一步分析数据报文传输的详细过程：

（1）单击 Packet Tracer 软件右下角的 Simulation 标签，进入仿真模式，单击 Edit Filters 按钮，仅选中 DHCP 报文，如图 2-43 所示。

图 2-43　仿真模式下选中 DHCP 报文

（2）在 PC111 中获取 IP 地址。依次单击 Desktop 和 IP Configuration，将 IP 配置方式修改为 DHCP，则在 PC1 上发出 DHCP 请求报文，如图 2-44 所示。

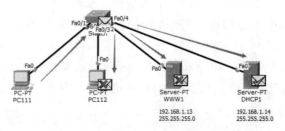

图 2-44　DHCP 请求流程

（3）单击"信封"按钮，查看 DHCP 请求报文，如图 2-45 所示。可以发现 DHCP 请求为广播方式，广播地址为 FFFFFFFFFFFF。

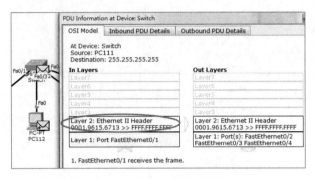

图 2-45 DHCP 请求报文

（4）继续查看数据包流程，DHCP 服务器以单播方式发送信息给 PC，给予 DHCP 请求回应，如图 2-46 所示。

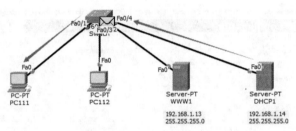

图 2-46 DHCP 请求回应

（5）继续查看数据包流程，PC 发送单播请求至 DHCP 申请 IP 地址，并成功租用 IP 地址，数据封装格式如图 2-47 所示。

提示

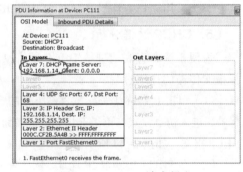

图 2-47 DHCP 请求报文

- 上述实训步骤主要基于 PT 软件实现，若在真实环境下部署，需要在服务器中安装部署 DHCP 服务系统。
- 客户端（PC）采用租用方式申请 IP 地址时，若一个地址已被租用，则下一个 PC 在申请时获取后续地址。
- 当地址池中地址已被租空，则后续 PC 无法申请地址。
- 客户端 IP 地址是临时分配的，下一次申请时，若原有地址已被其他 PC 占用，则重新获取新的 IP 地址。
- 服务器系统一般需要固定 IP 地址，因此，一般不采用 DHCP 方式获取，而是使用静态方式部署，而且服务器系统数量相比 PC 端通常要少得多。

实战 5　分析局域网 ARP 协议

实战描述

分析主机 MAC 与 IP 映射，防止局域网内 ARP 病毒和攻击发生，提高网络安全性。拓扑结构如图 2-48 所示；地址规划如表 2-7 所示。

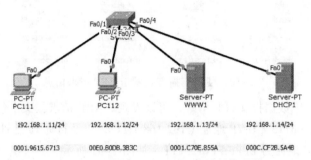

图 2-48　局域网 MAC 和 IP 编址拓扑结构

表 2-7　地址规划

设　　备	本 地 端 口	IP 地 址	MAC 地 址
PC111	Fa0	192.168.1.11	0001.9615.6713
PC112	Fa0	192.168.1.12	00E0.B0DB.3B3C
WWW1	Fa0	192.168.1.13	0001.C70E.855A
DHCP1	Fa0	192.168.1.14	000C.CF2B.5A4B

所需资源

2960 交换机 1 台（或同层次其他产品）、PC 主机 2 台、服务器 2 台。

操作步骤

1. 分析 ARP 通信过程

（1）参考图 2-49，在 PC111 命令行中输入 arp -a 命令，可以发现与其他主机通信前，PC 的 ARP 列表通常为空。

（a）Windows 系统中查看结果

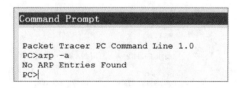

（b）Packet Tracer 中查看结果

图 2-49　空 ARP 表项

（2）将 Packet Tracer 切换至仿真模式（具体方法参考前述章节），并仅选中 ARP 协议。

（3）在 PC111 中执行 ping 192.168.1.12。此时，ARP 表项中因缺乏 192.168.1.12 所对应主

机的 MAC 地址，无法封装二层数据帧。因此，PC111 采用广播方式发送 ARP 请求报文至所有
主机，如图 2-50 所示。

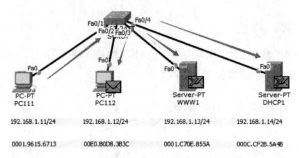

图 2-50　使用广播方式发送 ARP 请求信息

（4）单击 PC112 中数据报文封装格式，可以发现，ARP 请求报文中包括源主机 PC111 的
MAC 地址（0001.9615.6713）和 IP 地址（192.168.1.11），以及目标 IP 地址 192.168.1.12，在二
层广播中，目标 MAC 地址为 FFFF.FFFF.FFFF，如图 2-51 所示。

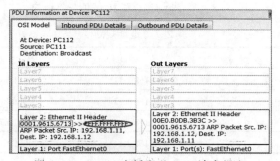

图 2-51　PC111 广播发送 ARP 请求报文

（5）当主机获取 ARP 请求报文后，则将 192.168.1.12 与其 IP 地址对比，如果不同，则丢
弃数据包，如图 2-51 所示；如果相同，则采用单播方式给 PC111 反馈相应 ARP 应答报文，如
图 2-52 所示。数据封装格式如图 2-53 所示。

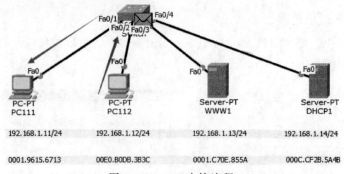

图 2-52　ARP 应答流程

（6）再次在 PC111 中采用 arp -a 命令查看 ARP 表项，则增加 PC112 的 IP 和 MAC 的映射
关系，如图 2-54 所示。

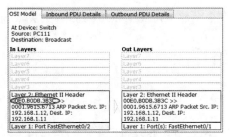

图 2-53　PC112 单播回复 ARP 应答报文

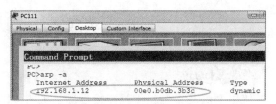

图 2-54　ARP 表项记录增加

2．ARP 常规命令操作

（1）在 Windows 7 系统中，当在命令行中直接输入 arp 命令后，可以查看 ARP 命令的使用方法，如图 2-55 所示。

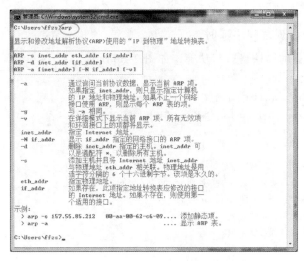

图 2-55　ARP 详细命令

（2）按照表 2-8 中命令，练习 ARP 常用命令的功能。

表 2-8　ARP 常用命令

命　令	解　释
arp –a 或 arp g	查看高速缓存中的所有项目。UNIX 平台上采用-g 来显示 ARP 高速缓存中所有项目的选项；而 Windows 采用 arp –a（–a 可被视为 all），同时也可用-g 选项
arp –a IP	当主机有多张网卡时，使用 arp –a 加上特定网卡接口 IP，则仅显示与该接口相关的 ARP 缓存
arp –s IP MAC	向 ARP 高速缓存中人工输入一个静态项目，常用于在 PC 中绑定网关信息，防止 ARP 欺骗或者攻击
arp –d IP	人工删除一个静态项目

提示

- 在主机中第一次 Ping 目标主机时，通常第一个包会超时，主要原因是 ARP 和 ICMP 报文同时发出，第一个包反馈时，尚未能成功获取目标主机的 ARP 条目。通常第二个 Ping 包会显示正常，因为 ARP 条目已建立。
- ARP 基于二层方式进行通信，即 ARP 无法获得不同网段 IP 及其对应 MAC 的关系，通常是目标 IP 和网关 MAC 映射关系。

● PT 的命令行中 ARP 命令有限，如需学习多个命令功能，请在 Windows 系统中实验。

实战 6　测试网络性能

实战描述

使用 Ping 命令测试主机连接目标主机的网络延迟时间，对比和分析网络延迟变化情况。

所需资源

1 台 PC（采用 Windows 7 或 10 系统，且可访问互联网）。

操作步骤

1. 使用 Ping 命令测试网络延时

（1）了解 Ping 命令的语法格式与功能，如图 2-56 所示。

```
C:\Users\ffzs>ping
用法: ping [-t] [-a] [-n count] [-l size] [-f] [-i TTL] [-v TOS]
            [-r count] [-s count] [[-j host-list] | [-k host-list]]
            [-w timeout] [-R] [-S srcaddr] [-4] [-6] target_name
选项:
    -t              Ping 指定的主机，直到停止。
                    若要查看统计信息并继续操作——请键入 Control-Break；
                    若要停止——请键入 Control-C。
    -a              将地址解析成主机名。
    -n count        要发送的回显请求数。
    -l size         发送缓冲区大小。
    -f              在数据包中设置"不分段"标志（仅适用于 IPv4）。
    -i TTL          生存时间。
    -v TOS          服务类型（仅适用于 IPv4，该设置已不赞成使用，且对 IP 标头中的服务字段类型没有任何影响）。
    -r count        记录计数跃点的路由（仅适用于 IPv4）。
    -s count        计数跃点的时间戳（仅适用于 IPv4）。
    -j host-list    与主机列表一起的松散源路由（仅适用于 IPv4）。
    -k host-list    与主机列表一起的严格源路由（仅适用于 IPv4）。
    -w timeout      等待每次回复的超时时间（毫秒）。
    -R              同样使用路由标头测试反向路由（仅适用于 IPv6）。
    -S srcaddr      要使用的源地址。
    -4              强制使用 IPv4。
    -6              强制使用 IPv6。
```

图 2-56　Ping 命令参数

（2）了解 Ping 命令语法格式与功能。使用 Ping 命令以及计数选项，向目的地发送 25 个响应请求。将在当前目录中使用文件名 czie.txt 创建一个文本文件。该文本文件将包含响应请求的结果。

C:\Users\ffzs> ping –n 25 www.czie.net > czie.txt

注意

终端将保持空白直到命令完成，因为输出已重定向到文本文件（czie.txt）。"＞"符号用于将屏幕输出重定向到文件中，并且如果文件已存在，则覆盖。

（3）Ping 不同目标主机。分别 ping www.baidu.com、www.afrinic.net、www.apnic.net 和 www.lacnic.net，观察不同地区服务器的网络延时。

2．使用 Tracert 命令测试网络路径

分别 tracer www.baidu.com、www.afrinic.net、www.apnic.net 和 www.lacnic.net，观察不同地区服务器访问路径。

提示

- 在测试网络稳定性时，可以用 ping –t。
- 在测试网络性能时，可以使用 ping -l 测试大包新功能。

小　　结

本章主要介绍了小型局域网络组成、构建与配置的基本方法，涉及概念和术语较多。建议结合实战进行训练，通过 Packet Tracer 软件的直观网络拓扑和通信方式，加深对局域网架构、DHCP 和 ARP 协议等内容的认识和理解。

第 3 章 网络设备访问与管理

3.1 网络设备访问

网络设备的结构组成类似于计算机，主要负责学习和处理 MAC 和 IP 信息，并对数据信息做出相应处理。网络设备主要包含硬件系统和软件系统两大部分。其中，硬件系统主要包括：主板、CPU、内存、闪存和接口等组件；软件系统为设备操作系统（OS），由于设备厂商版权和开发体系的差异，各大厂商设备操作系统也存在较大差异。如思科（Cisco）公司的 IOS 系统、瞻博（Juniper）公司的 JUNOS 系统，以及华三（H3C）公司的 Comware 等系统。因此，基于操作系统 OS 平台，用户可以实现对设备的配置，进而实现网络的管理与优化。

一般而言，网络设备出厂时，系统中通常为空配置或者少量基本配置。为实现网络设备的访问与管理，需要使用 Console 口对设备进行本地配置，进而支持后续 telnet 方式的远程管理。因此，本节从本地 Console 控制终端（CTY）和远程虚拟终端（VTY）两方面介绍设备管理方法。

3.1.1 认识网络设备

不同厂商设备与产品外观存在一定差异，但结构基本一致。为配合 Packet Tracer 软件的使用，以下主要介绍思科产品。路由器除电源模块外，主要包括 Console 口、扩展槽、网络接口和 USB 接口等，图 3-1 所示为思科集成多业务路由器（ISR）1941 外观；交换机主要包括以太网端口和 Console 口，图 3-2 所示为思科 3560 交换机外观。

图 3-1　思科 1941 路由器外观

图 3-2　思科 3560 交换机外观

3.1.2 本地 CTY 管理

Console 连接作为网络设备管理的最主要方式之一，主要用于设备初始化配置以及系统维护等场景。由于网络设备没有键盘和显示器，无法像 PC 一样直接输入/输出，因此，对设备配置输入/输出通常借助于终端。PC 连接设备 Console 口的方式如图 3-2（a）所示。对于台式机而言，其主板通常支持 1～2 个 Com 接口，因此，直接使用标准 Console 线［见图 3-3（b）］即可完成 PC 和设备间连接；对于现有很多笔记本计算机，通常都不具备 Com 口，其连接设备的方法主要包括两种：其一，借助转接线缆将 USB 口转换为 Com 口，如图 3-3（c）所示，再连接标准 Console 线；其二，使用 USB 转 Console 线缆，如图 3-3（d）所示，直接连接 PC 和网络设备 Console 口。

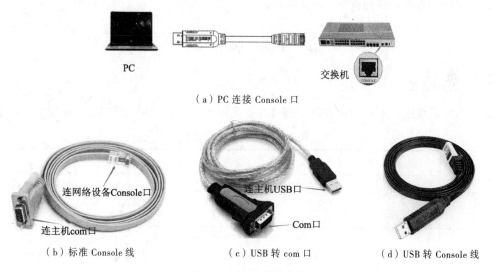

（a）PC 连接 Console 口

（b）标准 Console 线　　　　　（c）USB 转 com 口　　　　　（d）USB 转 Console 线

图 3-3　设备配置连接

PC 和网络设备 Console 口物理连接后，需要通过 Windows 系统中的"超级终端"、Putty、Tera Term 或 Secure CRT 等程序对设备进行管控。图 3-4 所示为"超级终端"中默认端口设置参数和配置界面。

（a）端口参数设置　　　　　　　（b）超级终端配置界面

图 3-4　超级终端控制台

提示

自 Windows 7 操作系统后，不再自带"超级终端"程序，需要自行安装。

3.1.3 远程 VTY 管理

VTY 管理指虚拟终端管理，远程主机利用网络连通至网络设备，通过 Telnet 或者 SSH 等方式远程登录网络，进而实现设备访问，主要用于网络设备初始化后的设备远程运维等场景。

为实现设备的远程原理，需要在 CTY 中完成以下任务：

- 配置设备 IP 地址，确保远程管理 PC 能 Ping 通设备 IP 地址；
- 配置设备 VTY 线路数量和登录密码；
- 配置设备 IOS 操作的特权（enable）密码。

3.2 IOS 基本命令

3.2.1 IOS 模式

思科 IOS 系统中，不同的配置命令需要在特定模式下进行。IOS 模式汇总如表 3-1 所示。

表 3-1 IOS 模式汇总

模 式	提 示 符	说 明
设置模式	Setup	对于新设备，控制台将进入设置模式。系统提示用户选择是否进入配置向导，输入 no，则跳过设置模式，进入用户模式；若输入 yes，则逐步完成路由器配置
用户模式	>	用户模式下，管理员通过操作路由器可查看路由器的少量信息，但无法配置修改路由器设置，也无法查看路由器核心配置信息。该模式下支持 ping、telnet、show、version 等命令
特权模式	#	特权模式支持时钟管理、错误检测、配置查看与保存
全局配置模式	(config)#	该模式下，可以配置全局信息，如主机名、口令、路由、访问控制等
VLAN 模式	(config-vlan)#	在交换机特权模式下，输入"vlan **"命令，创建特定 VLAN，支持 VLAN 的命名和删除等操作
接口配置模式	(config-if)#	在特权模式下，输入"interface **"命令，进入接口配置模式，配置特定接口属性
线路模式	（config-line）#	在特权模式下，输入"line **"命令，进入线路配置模式，配置 console 和 vty 等线路参数
路由模式	（config-router）#	在路由器或者三层交换机特权模式下，输入"router **"命令，进入路由配置模式，配置不同路由协议，如 rip、ospf 等
维护模式	BOOT	当密码丢失需要重置时，进入 RXBOOT 模式

IOS 模式间的切换命令及其流程如图 3-5 所示。设备连接如图 3-6 所示。

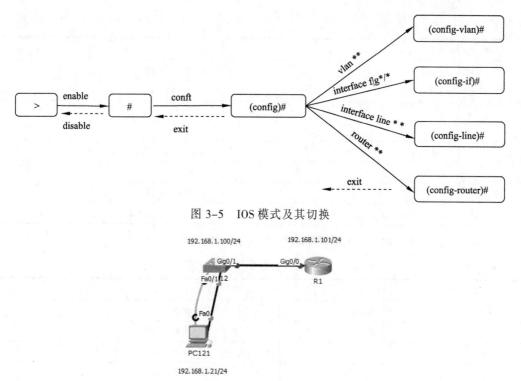

图 3-5 IOS 模式及其切换

图 3-6 设备连接图

3.2.2 交换机基本命令

常见模式下交换机命令如表 3-2 所示。

表 3-2 交换机常见命令

命令模式	命 令	说 明
特权模式	copy running-config startup-config	保存配置文件
	write	保存配置文件
	delete flash:config.text	删除配置文件
	erase startup-config	删除配置文件
	show ***	查看相关配置结果（详见表 3-3）
	ping|telnet|tracert #.#.#.#	ping | telnet | tracert 至 IP 为 #.#.#.# 的设备
	reload	重启设备
全局配置	banner motd # *message* #	配置登录标语 *message*
	hostname *hostname*	配置主机名为 *hostname*
	enable password *pwd1*	配置特权口令，在用户访问特权模式前验证身份。Password 设置明文密码为 *pwd1*
	enable secret *pwd2*	配置特权口令，secret 设置密码为 *pwd2*，password 自动密码失效
	service password-encryption	设置口令加密
	ip default-gateway #.#.#.#	配置网关地址为 #.#.#.#

续表

命 令 模 式	命 令	说 明
全局配置	vlan *ID*	创建 VLAN *ID*
	interface vlan *ID*	进入 VLAN *ID*
	line console 0	进入 console 或 5 个（0～4）vty 线路
	line vty *0 4*	
接口模式	ip address #.#.#.# *.*.*.*	配置 IP 地址为#.#.#.#；掩码为*.*.*.*
	no shutdown	开启端口
线路模式	login	配置线路登录
	password *pwd*	配置线路登录密码为 *pwd*

常见 show 命令及其对应简写方式如表 3-3 所示。

表 3-3　常见 show 命令及其对应简写方式

命 令	简写方式	说 明
show running-config	sh run	查看设备当前配置信息
show startup-config	sh start	查看设备启动配置文件
show interfaces	sh int	查看当前设备所有接口的详细信息
show interface *Port ID*	sh int *Port ID*	查看当前设备指定接口的详细信息
show ip interface *Port ID*	sh ip int *Port ID*	查看当前设备指定三层接口的详细信息
show ip interface brief	sh ip int b	查看当前设备所有三层接口的简要信息
show flash	sh flash	查看 flash，如 IOS、启动配置文件、数据库等文件
show version	sh ver	查看 IOS 的版本信息，包括内存、闪存、接口等

3.2.3　路由器基本命令

表 3-4 中列出了常见模式下路由器命令，部分命令与交换机类似。

表 3-4　常见模式路由器命令

命 令 模 式	命 令	说 明
特权模式	copy running-config startup-config	同交换机基本配置
	write	
	delete flash:config.text	
	erase startup-config	
	show ***	
	ping | telnet | tracert #.#.#.#	
	reload	
全局配置	banner motd # *message* #	
	hostname *hostname*	
	enable password *pwd1*	
	enable secret *pwd2*	
	service password-encryption	

续表

命 令 模 式	命 令	说 明
全局配置	interface Port *ID*	进入 *ID* 端口
	line console 0 line vty *0 4*	同交换机基本配置
接口模式	ip address #.#.#.# *.*.*.*	配置接口 IP 地址为#.#.#.#；掩码为*.*.*.*
	no shutdown	
线路模式	login	同交换机基本配置
	password *pwd*	

3.3 配置文件管理

在 IOS 管理设备过程中，涉及两个典型配置文件：running-config 和 startup-config；前者存放设备当前运行配置，后者存放启动配置文件。在 IOS 中成功执行任意一条命令，都立即写入 running-config 中，所对应功能立即生效。当设备重启，成功读取 IOS 后，系统会自动检查 flash 存储中是否存在 startup-config 文件。如果不存在，则以出厂初始化方式启动，即 IOS 中无任何配置信息；若存在，则加载 startup-config 文件中的配置信息，启用相关配置功能。

因此，在正确配置相关参数后，通常需要保存运行配置，通常在特权模式下，使用命令 copy running-config startup-config 进行保存，或者使用 write 命令直接保存。反之，当设备需要恢复至启动配置时，可以读取启动配置文件，命令即为 copy startup-config running-config。此外，还可以将配置文件备份或者存放于外部 TFTP 服务器中。配置文件管理结构如图 3-7 所示。

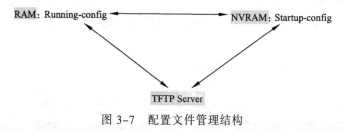

图 3-7 配置文件管理结构

实战 7 本地登录设备

实战描述

A 公司网络项目建设中，新增的交换机和路由器已经到货，要求对设备进行初步验收，测试设备是否能正常启动，检查设备功能特性。

所需资源

1 台 PC、1 台 2911 路由器、1 台 2960 交换机，如图 3-8 所示。

图 3-8 设备登录前结构

操作步骤

1. 连接 Console 端口

（1）在线缆工具栏中选中 Console 线缆，单击 PC，选中 RS232 端口，如图 3-9（a）所示。

（2）将 Console 线连接至设备 Console 口，如图 3-9（b）所示。

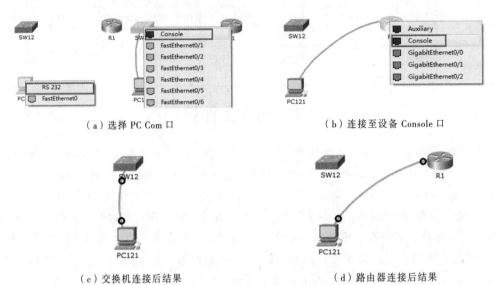

（a）选择 PC Com 口　　　　　　　　　　　　　（b）连接至设备 Console 口

　　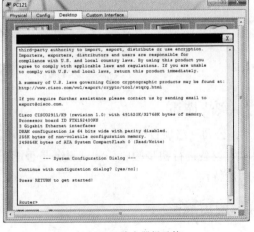

（c）交换机连接后结果　　　　　　　　　　　　（d）路由器连接后结果

图 3-9　Console 设备连接流程

2. 配置终端参数

（1）在 PC 的 Desktop 标签下，单击 Terminal 按钮，配置串口通信参数，如图 3-10（a）所示。

（2）单击"OK"按钮或按【Enter】键，显示设备管理提示符，如图 3-10（b）所示。

（a）2960 交换机提示符　　　　　　　　　　　　（b）2911 路由器提示符

图 3-10　控制台管理提示符界面

3. 查看 OS 特征信息

（1）以 2960 交换机为例，输入 enable 命令，进入特权模式；

```
Switch>enable
Switch#
```

（2）使用 show version 命令查看交换机 IOS 版本信息：

① 查看设备型号与 IOS 版本（C2960-LANBASE-M）：

```
Switch#show version
Cisco IOS Software, C2960 Software (C2960-LANBASE-M), Version 12.2 (25) FX,
RELEASE SOFTWARE (fc1)
<省略部分输出>
```

② 查看交换机端口（24 口百兆口、2 口千兆口）：

```
24 FastEthernet/IEEE 802.3 interface (s)
2 Gigabit Ethernet/IEEE 802.3 interface (s)
<省略部分输出>
```

（3）使用 show flash 命令查看交换机 flash 信息，包括总空间和可用空间大小：

```
Switch#show flash
Directory of flash:/
    1    -rw-    4414921          <no date>  c2960-lanbase-mz.122-25.FX.bin
64016384 bytes total (59601463 bytes free)
```

（4）使用 show interfaces gigabitEthernet 0/1 命令检查 gigabitEthernet 0/1 以太网接口信息。包括端口状态（down）、物理地址（0001.641a.1019）、工作模式（Half-duplex）和网络带宽（1 000Mbit/s）。

```
Switch#show interfaces gigabitEthernet 0/1
GigabitEthernet0/1 is down, line protocol is down (disabled)
  Hardware is Lance, address is 0001.641a.1019 (bia 0001.641a.1019)
  BW 1000000 Kbit, DLY 1000 usec,
     reliability 255/255, txload 1/255, rxload 1/255
  <省略部分输出>
  Half-duplex, 1000Mbit/s
```

（5）以 2911 路由器为例，使用 show version 命令查看路由器 IOS 版本信息。文件名为：flash0:c2900-universalk9-mz.SPA.151-1.M4.bin。

```
System image file is "flash0:c2900-universalk9-mz.SPA.151-1.M4.bin"
<省略部分输出>
```

① 使用 show ip interface brief 命令查看路由器端口状态及 IP 地址信息。

```
Router#show ip interface brief
Interface          IP-Address      OK? Method  Status         Protocol
GigabitEthernet0/0 unassigned      YES unset   administratively down down
GigabitEthernet0/1 unassigned      YES unset   administratively down down
GigabitEthernet0/2 unassigned      YES unset   administratively down down
Vlan1              unassigned      YES unset   administratively down down
```

② 使用 show ip interface gigabitEthernet 0/0 命令查看 gigabitEthernet 0/0 接口属性，包括 MAC 地址（0001.97e4.8501）、带宽（BW 1 000 000 Kbit/s）、最大传输单元 MTU（1 500 B）、工作模式（Full-duplex）：

```
Router#show interface gigabitEthernet 0/0
GigabitEthernet0/0 is administratively down, line protocol is down (disabled)
```

```
Hardware is CN Gigabit Ethernet, address is 0001.97e4.8501 (bia 0001.97e4.8501)
MTU 1500 bytes, BW 1000000 Kbit, DLY 10 usec,
```
<省略部分输出>
```
Full-duplex, 100Mb/s, media type is RJ-45
```
<省略部分输出>

提示

在实际网络连接中，如果使用笔记本计算机，通常不支持 Com 口，需要使用 USB 进行转换。

实战 8　配置 Telnet 登录

实战描述

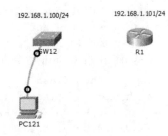

A 公司网络项目建设中，新增的交换机和路由器已完成初步验收，现需要通过 VTY 方式配置设备，实现 PC 端的 Telnet 远程登录管理。

所需资源

1 台 PC、1 台 2911 路由器、1 台 2960 交换机。拓扑结构和地址规划如图 3–11 和表 3–5 所示。

图 3–11　远程登录配置前设备布局

表 3-5　地址规划

设　　备	本 地 端 口	对 端 端 口	IP 地 址	子 网 掩 码
PC121	RS232	Console	192.168.1.21	255.255.255.0
PC121	Fa0	SW12: F0/1		
SW12	G0/1	R1: G0/0	192.168.1.100	255.255.255.0
R1	G0/0	SW12: G0/1	192.168.1.101	255.255.255.0

操作步骤

1. 连接网络

依据地址分配和端口规划，使用直通线连接 PC121、SW12 和 R1 设备，如图 3–12 所示。

2. 设备基础配置

（1）配置交换机 SW12 主机名：

① 通过超级终端登录交换机（在 Packet Tracer 中，可以直接单击设备，进入 CLI 标签），执行 enable 命令，进入特权模式。

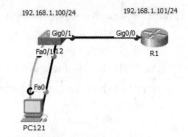

图 3–12　设备连接图

② 在特权模式下，执行 configure terminal 命令，进入全局配置模式。

③ 采用 hostname 命令，将交换机主机名（默认为 Switch）修改为 SW12：

```
Switch#configure terminal
Enter configuration commands, one per line.  End with CNTL/Z.
```

```
Switch(config)#hostname SW12
SW12(config)#
```
（2）设备端口配置：

① 进入交换机，并开启 VLAN1：
```
SW12(config)#int vlan 1                      //进入 VLAN1
SW12(config-if)#no shutdown                  //端口开启
SW12(config-if)#
%LINK-5-CHANGED: Interface Vlan1, changed state to up
%LINEPROTO-5-UPDOWN: Line protocol on Interface Vlan1, changed state to up
// 以上两行为端口的物理（state）和协议（protocol）开启提示信息
```
② 配置交换机 VLAN1 的 IP 地址（192.168.1.100）：
```
SW12(config-if)# ip add 192.168.1.100 255.255.255.0
//配置 IP 地址和相应掩码地址
```
（3）配置路由器 R1 主机名：
```
Router(config)# hostname R1
R1(config)#
```
（4）配置路由器端口：
```
R1(config)#int gigabitEthernet 0/0       //进入 g0/0 口
R1(config-if)#no sh
R1(config-if)#
%LINK-5-CHANGED: Interface GigabitEthernet0/0, changed state to up
%LINEPROTO-5-UPDOWN: Line protocol on Interface GigabitEthernet0/0, changed
state to up
R1(config-if)#ip add 192.168.1.101 255.255.255.0
```
（5）配置 PC 的 IP，并测试与交换机和路由器间的连通性：
```
PC>ping 192.168.1.100
Pinging 192.168.1.100 with 32 bytes of data:
Reply from 192.168.1.100: bytes=32 time=0ms TTL=255
Reply from 192.168.1.100: bytes=32 time=0ms TTL=255
Reply from 192.168.1.100: bytes=32 time=0ms TTL=255
Reply from 192.168.1.100: bytes=32 time=0ms TTL=255
<省略部分输出>
PC>ping 192.168.1.101
Pinging 192.168.1.101 with 32 bytes of data:
Reply from 192.168.1.101: bytes=32 time=12ms TTL=255
Reply from 192.168.1.101: bytes=32 time=0ms TTL=255
Reply from 192.168.1.101: bytes=32 time=0ms TTL=255
Reply from 192.168.1.101: bytes=32 time=0ms TTL=255
<省略部分输出>
```

3．远程登录配置

（1）交换机配置，远程密码为 123sw：
```
SW12(config)#line vty 0 4              //设置 5 个虚拟终端线路
SW12(config-line)#login               // 配置登录功能
% Login disabled on line 1, until 'password' is set
% Login disabled on line 2, until 'password' is set
% Login disabled on line 3, until 'password' is set
% Login disabled on line 4, until 'password' is set
```

```
% Login disabled on line 5, until 'password' is set
// 上述 5 行为提示信息: 必须设置 password，line 才能生效
SW121(config-line)#password 123sw    //配置远程登录密码为 123sw
```
（2）使用 show run 命令查看配置：
```
SW12#sh run                          //使用 show run 命令查看当前运行配置
<省略部分输出>
line vty 0 4
 password 123sw
 login
<省略部分输出>
```
（3）路由器配置，远程登录密码为 123r：
```
R1(config)#line vty 0 4              //设置 5 个虚拟终端线路
R1(config-line)#login               // 配置登录功能
R1(config-line)#password 123r       //设置远程登录密码为 123r
```

4. 远程登录测试

（1）在 PC121 中，使用 telent 命令远程登录到交换机，提示输入密码：
```
PC>telnet 192.168.1.100             //登录到交换机
Trying 192.168.1.100 ...Open
User Access Verification
Password:
```
（2）输入远程登录密码（123sw）后按【Enter】键。注意：输入密码过程中，屏幕没有任何提示。
```
Password:
SW12>
```
（3）尝试使用 enable 命令进入交换机特权模式，会发现提示未设置密码。注意：所需密码为特权配置密码。
```
Password:
SW12>en
% No password set.
SW12>
```

5. 特权密码配置

（1）为提高设备安全性，特权（enable）密码已成为授权用户管理设备的一种重要方法。

（2）在交换机中配置 enable password 密码为 123swp：
```
SW12(config)#enable password 123swp
```
（3）使用 show run 命令查看配置：
```
SW12#sh run                         //使用 show run 命令查看当前运行配置
<省略部分输出>
hostname SW12
!
enable password 123swp
<省略部分输出>
```
（4）尝试远程登录至交换机，并使用 enable 命令进入交换机特权模式，则可登录设备。
```
PC>telnet 192.168.1.100
Trying 192.168.1.100 ...Open
User Access Verification
Password:                           //输入远程登录密码 123sw
```

```
SW12>en
Password:                          //输入特权密码123swp
SW12#                              //进入特权模式
```

（5）使用上述方法，设置 R1 的特权密码为 123rp，则可以通过 PC 远程登录至 R1。

提示

在配置 Telnet 密码时，建议使用强密码，即包含数字、字母和特殊符号，以增强网络的安全性。

实战 9　网络设备加固

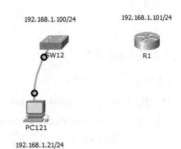

实战描述

A 公司网络项目建设中，新增的交换机和路由器已完成基本配置，现需要对设备访问进行加固配置：加固密码、保护线路。

所需资源

1 台 PC、1 台 2911 路由器、1 台 2960 交换机。拓扑结构和地址规划如图 3-13 和表 3-6 所示。

图 3-13　加固配置前设备布局拓扑结构

表 3-6　地址规划

设　　备	本 地 端 口	对 端 端 口	IP 地 址	子 网 掩 码
PC121	RS232	Console	192.168.1.21	255.255.255.0
PC121	Fa0	SW12：F0/1		
SW12	G0/1	R1：G0/0	192.168.1.100	255.255.255.0
R1	G0/0	SW12：G0/1	192.168.1.101	255.255.255.0

操作步骤

1．设备基本配置

（1）依据地址分配和端口规划，使用直通线连接 PC121、SW12 和 R1 设备。

（2）配置设备端口 IP 地址。

（3）配置特权密码 enpwd、vty 登录密码 vtypwd。

（4）保存设备配置。

（5）使用 show run 命令查看 SW121 和 R1 配置信息。可以发现 vty 密码为明文，特权密码因使用 secre，显示为密文。

```
SW121#sh run
<省略部分输出>
enable secret 5 $1$mERr$/VxZKYUGsdI3yiYWAxBeT1
<省略部分输出>
line con 0
```

```
!
line vty 0 4
 password vtypwd
 login
<省略部分输出>
End


R1#sh run
<省略部分输出>
enable secret 5 $1$mERr$/VxZKYUGsdI3yiYWAxBeT1
<省略部分输出>
line vty 0 4
 password vty pwd
 login
!
end
```

2. 密码加固

（1）加密明文密码。

① 执行 service password-encryption 命令：

```
R1(config)# service password-encryption
```

② 再次使用 show run 命令查看 R1 配置信息。可以发现 vty 密码为密文。

```
R1#sh run
<省略部分输出>
line vty 0 4
password 7 0837585749091213
login
!
<省略部分输出>
```

（2）设置密码最小长度（10 字符）。

```
R1(config)# security passwords min-length 10
```

3. 保护线路

设备空闲时间达到指定时间，自动将该用户注销。

```
R1(config)# line console 0       //console 口
R1(config)# exec-timeout 5 0
R1(config)# line vty 0 4         //vty
R1(config)# exec-timeout 5 0
```

 提示

在实际网络连接中，可依据需求，合理加固设备。

实战 10　配置 SSH 登录

实战描述

由于 Telnet 采用明文方式发送信息，数据被监听后无须解密即可读取，使用 Telnet 连接

到网络设备具有很大的安全风险。SSH（安全外壳）通过加密会话数据提供设备验证，进而提高网络安全性。因此，要求部署设备，支持 VTY 线路接受 SSH 连接。

**所需资源**

1 台 PC、1 台 2911 路由器、1 台 2960 交换机。拓扑结构和地址规划如图 3-14 和表 3-7 所示。

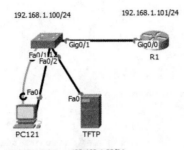

图 3-14　SSH 登录配置拓扑结构

表 3-7　地址规划

设　　备	本 地 端 口	对 端 端 口	IP 地 址	子 网 掩 码
PC121	RS232	Console	192.168.1.21	255.255.255.0
PC121	Fa0	SW12：F0/1		
SW121	G0/1	R1：G0/0	192.168.1.100	255.255.255.0
R1	G0/0	SW12：G0/1	192.168.1.101	255.255.255.0

操作步骤

1. 完成基本配置

（1）依据地址分配和端口规划，使用直通线连接 PC121、SW12 和 R1 设备，配置接口 IP 地址。

（2）使用 write 命令保存配置文件。

2. 配置交换机 SSH

（1）配置设备域名（cz.com）。

```
SW121(config)#ip domain-name cz-lab.com
```

（2）配置加密密钥方法，设置默认值 512 位。

```
SW121(config)#crypto key generate rsa
The name for the keys will be: SW121.cz.com
Choose the size of the key modulus in the range of 360 to 2048 for your
  General Purpose Keys. Choosing a key modulus greater than 512 may take
  a few minutes.

How many bits in the modulus [512]:      //直接按【Enter】键
% Generating 512 bit RSA keys, keys will be non-exportable...[OK]
```

（3）配置本地数据库用户名（admin）和密码（swpwd）。

```
SW12(config)#username admin privilege 15 secret swpwd
```
（4）在 VTY 线路上启用 SSH。

```
SW12(config)#line vty 0 4
SW12(config-line)#transport input ssh
```
（5）更改登录方法，采用本地数据库验证用户合法性。

```
SW121(config-line)#login local
```

3. 配置路由器 SSH

（1）配置设备域名（cz.com）。

```
R1(config)#ip domain-name cz.com
```
（2）配置加密密钥方法，设置默认值 512 位。

```
R1(config)#crypto key generate rsa
The name for the keys will be: R1.cz.com
Choose the size of the key modulus in the range of 360 to 2048 for your
  General Purpose Keys. Choosing a key modulus greater than 512 may take
  a few minutes.

How many bits in the modulus [512]:    //直接按【Enter】键
% Generating 512 bit RSA keys, keys will be non-exportable...[OK]
```
（3）配置本地数据库用户名（admin）和密码（rpwd）。

```
R1(config)#username admin privilege 15 secret rpwd
```
（4）在 VTY 线路上启用 SSH。

```
R1(config)#line vty 0 4
R1(config-line)#transport input ssh
```
（5）更改登录方法，采用本地数据库验证用户合法性。

```
R1(config-line)#login local
```

4. SSH 登录测试

（1）在 PC 上使用 SSH 方式登录，admin 和 192.168.1.100 分别为 SW121 的用户名和 IP 地址；输入用户名 admin 所对应密码 swpwd，按【Enter】键，即可登录 SW121 的操作系统：

```
PC>ssh -l admin 192.168.1.100
Open
Password:
SW12#
```
（2）在 SW121 上使用类似方法，SSH 登录 R1 系统：

```
SW12#ssh -l admin 192.168.1.101
Open
Password:
R1>
```

提示

考虑到 SSH 安全性较高，建议禁用 Telnet 登录，同时使用强密码。

实战 11 IOS 系统升级

实战描述

A 公司设备由于操作系统功能有限，需要升级为定制版本的系统，从而支持更多特征。需要使用 TFTP 服务器将交换机和路由器升级至最新系统。

所需资源

1 台 PC、1 台 2911 路由器、1 台 2960 交换机、1 台 TFTP 服务器。拓扑结构和地址规划如图 3-15 和表 3-8 所示。

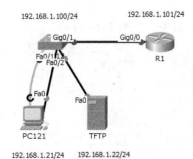

图 3-15 设备系统升级拓扑结构

表 3-8 地址规划

设 备	本 地 端 口	对 端 端 口	IP 地 址	子 网 掩 码
PC121	Fa0	SW12：F0/1	192.168.1.21	255.255.255.0
SW12	G0/1	R1：G0/0	192.168.1.100	255.255.255.0
R1	G0/0	SW12：G0/1	192.168.1.101	255.255.255.0
TFTP	Fa0	SW12：F0/2	192.168.1.22	255.255.255.0

操作步骤

1. 配置端口与 IP 地址

（1）地址分配表，连接网络设备。

（2）给交换地址 VLAN 1 配置 IP 地址，确保设备间能 Ping 通 TFTP 服务器。

```
SW12#ping 192.168.1.22

Type escape sequence to abort.
Sending 5, 100-byte ICMP Echos to 192.168.1.22, timeout is 2 seconds:
!!!!!
Success rate is 100 percent (5/5), round-trip min/avg/max = 0/0/1 ms
```

2. 查看 IOS 文件

（1）使用 show flash 命令查看 IOS 文件（以 .bin 结尾）；查看 flash 空间使用情况，总空间为 64 MB，剩余约 60M B 可用空间。

```
SW12#show flash:
Directory of flash:/
   1  -rw-    4414921        <no date>    c2960-lanbase-mz.122-25.FX.bin
   2  -rw-        556        <no date>    vlan.dat

64016384 bytes total（59600907 bytes free）
```

（2）使用 show version 命令查看系统，与上述 bin 文件版本一致，当前使用该版本（c2960–lanbase–mz.122–25.FX）。

```
SW12#show version
Cisco IOS Software, C2960 Software（C2960-LANBASE-M），Version 12.2（25）FX,
RELEASE SOFTWARE（fc1）
```

3. 配置 TFTP 服务器

（1）在服务器中启用 TFTP 服务，如图 3–16 所示。

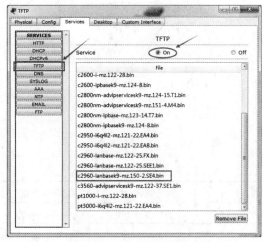

图 3–16　TFTP 配置界面

（2）将目标系统升级文件（c2960–lanbasek9–mz.150–2.SE4.bin）置于 TFTP 目录中。

4. 导入目标 IOS

（1）在 SW12 上配置 "copy tftp: flash:"，将 tftp 中的文件复制到 flash 存储中。

```
SW12#copy tftp: flash:
```

（2）输入 TFTP 服务器地址（192.168.1.22）后按【Enter】键。

```
Address or name of remote host []? 192.168.1.22
```

（3）输入 TFTP 服务器中系统文件名（c2960–lanbasek9–mz.150–2.SE4.bin）后按【Enter】键。

```
Source filename []? c2960-lanbasek9-mz.150-2.SE4.bin
Destination filename [c2960-lanbasek9-mz.150-2.SE4.bin]?
Accessing tftp://192.168.1.22/c2960-lanbasek9-mz.150-2.SE4.bin...
Loading c2960-lanbasek9-mz.150-2.SE4.bin from 192.168.1.22:
!!!!!!!!!!!!!!!!!!!!!!!!!!!!!!!!!!!!!!!!!!!!!!!!!!!!!!!!!!!!!!!!!!!!!!!!!!!!!!
[OK - 4670455 bytes]

4670455 bytes copied in 0.077 secs（4876463 bytes/sec）
SW12#
```

（4）提示输入目标文件名，即存储在 flash 中的名称，直接按【Enter】键则使用原文件名。

```
Source filename []? c2960-lanbasek9-mz.150-2.SE4.bin
Destination filename [c2960-lanbasek9-mz.150-2.SE4.bin]?
```

（5）按【Enter】键后，由 tftp 将文件导入 flash 中，并显示相关结果：

```
Accessing tftp://192.168.1.22/c2960-lanbasek9-mz.150-2.SE4.bin...
Loading c2960-lanbasek9-mz.150-2.SE4.bin from 192.168.1.22:
!!!!!!!!!!!!!!!!!!!!!!!!!!!!!!!!!!!!!!!!!!!!!!!!!!!!!!!!!!!!!!!!!!!!!!!!!!
[OK - 4670455 bytes]
4670455 bytes copied in 0.077 secs (4876463 bytes/sec)
```

（6）再此使用 show flash 命令查看，可以发现当前有两个版本的 bin 文件，可用空间随之减小：

```
SW12#sh flash:
Directory of flash:/
    1  -rw-    4414921       <no date>  c2960-lanbase-mz.122-25.FX.bin
    4  -rw-    4670455       <no date>  c2960-lanbasek9-mz.150-2.SE4.bin
    2  -rw-        556       <no date>  vlan.dat
64016384 bytes total (54930452 bytes free)
```

5. 选择系统加载

（1）当 flash 中只有一个 bin 文件时，设备会自动加载该系统；当存储空间有限时，可以删除原有系统文件，仅保留最新系统；然而，当两个系统同时存在时，需要指定启动文件，执行 boot system 命令，否则系统重启后还是加载原有系统。

```
SW121(config)#boot system c2960-lanbasek9-mz.150-2.SE4.bin
```

（2）使用 reload 命令重启设备，可以发现设备在解压缩 c2960–lanbasek9–mz.150– 2.SE4.bin。

```
SW12#reload
Proceed with reload? [confirm]
<省略部分输出>
Loading "flash:/c2960-lanbasek9-mz.150-2.SE4.bin"...
#############################################################################
[OK]
```

（3）使用 show version 命令查看系统信息。

```
SW12#show version
Cisco IOS Software, C2960 Software (C2960-LANBASEK9-M), Version 15.0(2)SE4,
RELEASE SOFTWARE (fc1)
<省略部分输出>
System image file is "flash:c2960-lanbasek9-mz.150-2.SE4.bin"
```

（4）路由器设备升级与交换机基本类似，读者可参考上述方法尝试升级路由器 R1 的操作系统。

提示

IOS 升级必须选择硬件匹配的系统，否则可能无法正常运行。

实战 12　配置文件管理

实战描述

在 A 公司建立 TFTP 服务器，用于备份和恢复设备配置文件。

 **所需资源**

1 台 PC、1 台 2911 路由器、1 台 2960 交换机、1 台 TFTP 服务器。拓扑结构和地址规划如图 3-17 和表 3-9 所示。

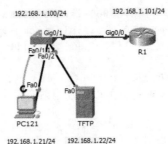

图 3-17 TFTP 部署拓扑结构

表 3-9 地址规划

设 备	本地端口	对端端口	IP 地址	子网掩码
PC121	Fa0	SW12: F0/1	192.168.1.21	255.255.255.0
SW12	G0/1	R1: G0/0	192.168.1.100	255.255.255.0
R1	G0/0	SW12: G0/1	192.168.1.101	255.255.255.0
TFTP	Fa0	SW12: F0/2	192.168.1.22	255.255.255.0

操作步骤

1. 本地保存配置

（1）在 SW121 中，使用 copy running-config startup-config 命令后按【Enter】键，保存当前设备配置。

```
SW12#copy running-config startup-config
Destination filename [startup-config]?
Building configuration...
[OK]
```

（2）在 SW121 中，使用 show flash 命令查看启动配置文件 config.text。

```
SW12#show flash:
Directory of flash:/
    1  -rw-    4414921        <no date>  c2960-lanbase-mz.122-25.FX.bin
    4  -rw-    4670455        <no date>  c2960-lanbasek9-mz.150-2.SE4.bin
    6  -rw-       1042        <no date>  config.text
    2  -rw-        556        <no date>  vlan.dat
64016384 bytes total (54929410 bytes free)
```

2. 备份配置至 TFTP

（1）输入 "copy startup-config tftp:" 后按【Enter】键。

```
SW12#copy startup-config tftp:
```

（2）输入 tftp 服务器地址（192.168.1.22）后按【Enter】键。

```
Address or name of remote host []? 192.168.1.22
```

（3）提示修改目标文件，若不修改，直接按【Enter】键。

```
Destination filename [SW121-confg]?

Writing startup-config...!!
[OK - 1042 bytes]

1042 bytes copied in 0.001 secs（1042000 bytes/sec）
SW12#
```

（4）成功写入 TFTP 文件。

```
Writing startup-config...!!
[OK - 1042 bytes]
1042 bytes copied in 0.001 secs（1042000 bytes/sec）
```

3. 查看 TFTP 文件

查看 TFTP 系统中文件 SW121-config，如图 3-18 所示。

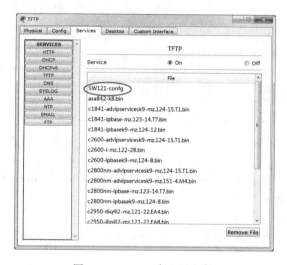

图 3-18　TFTP 中配置文件

提示

在实际网络应用中，可以使用 TFTP 服务器统一配置文件。

实战 13　设备密码恢复

实战描述

A 公司原有网络管理员离职，无法使用 enable 特权密码登录管理设备，需要在不修改当前配置、确保网络业务不受影响的前提下，对路由器进行口令恢复，新密码设置为 czie。

所需资源

1 台 PC、1 台 2911 路由器。拓扑结构如图 3-19 所示。

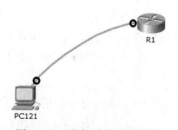

图 3-19　设备系统升级结构

操作步骤

1. 重启设备

重启路由器，按【Ctrl+C】组合键中断启动，进入口令恢复环境：rommon 监视模式。具体如下：

```
System Bootstrap, Version 15.1 (4) M4, RELEASE SOFTWARE (fc1)
Technical Support: http://www.cisco.com/techsupport
Copyright (c) 2010 by cisco Systems, Inc.
Total memory size = 512 MB - On-board = 512 MB, DIMM0 = 0 MB
CISCO2911/K9 platform with 524288 Kbytes of main memory
Main memory is configured to 72/-1 (On-board/DIMM0) bit mode with ECC disabled
Readonly ROMMON initialized
program load complete, entry point: 0x80803000, size: 0x1b340
program load complete, entry point: 0x80803000, size: 0x1b340
IOS Image Load Test

_____
Digitally Signed Release Software
program load complete, entry point: 0x81000000, size: 0x3bcd3d8
Self decompressing the image :
####
monitor: command "boot" aborted due to user interrupt
rommon 1 >
```

2. 修改寄存器值

（1）在未知密码情况下，需要路由器启动时不加载 startup-config，修改寄存器值，可以跳过口令检查。因此，修改配置寄存器的值为 0x2142。

```
rommon 1 >confreg 0x2142
```

（2）使用 reset 命令重启设备。注意：当前运行配置为空，对话向导中输入 no 后按【Enter】键。

```
rommon 2 > reset
Output omitted
        --- System Configuration Dialog ---
 Continue with configuration dialog? [yes/no]: no
 Press RETURN to get started!
Router>
```

3. 修改密码

（1）使用 enable 命令进入特权模式。

```
Router>enable
Router#
```

（2）使用 copy startup-config running-config 命令重新加载启动配置。注意：此时已进入特权模式，不能退出，否则无密码登录。

```
Router#copy startup-config running-config
Destination filename [running-config]?
655 bytes copied in 0.416 secs (1574bytes/sec)
```

（3）修改寄存器值为 0x2102。

```
R1#configure terminal
R1(config)#config-register 0x2102
```

（4）修改 enable 特权口令 czie，即覆盖原有口令。

```
R1(config)#enable secret czie
```
（5）保存。
```
R1#copy running-config startup-config
Destination filename [startup-config]?
Building configuration...
[OK]
```

提示

密码恢复是在保留当前配置文件的前提下复位密码，即能保证网络运行，与设备清空完全不同。

实战 14　设备系统恢复

实战描述

A 公司管理员在对设备进行配置时，误删除了 IOS 文件，导致设备无法启动。现要求重新恢复 IOS 系统，确保设备正常运行。

所需资源

1 台 PC、1 台 2911 路由器、1 台 TFTP 服务器。拓扑结构和地址规划如图 3-20 和表 3-10 所示。

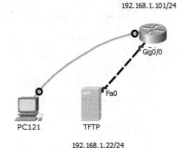

192.168.1.101/24

图 3-20　操作系统恢复拓扑结构

表 3-10　地址规划

设　　备	本地端口	对端端口	IP 地址	子网掩码
R1	G0/0	SW12：G0/1	192.168.1.101	255.255.255.0
TFTP	Fa0	SW12：F0/2	192.168.1.22	255.255.255.0

操作步骤

1．连接设备

按照地址分配连接设备，并配置 TFTP 服务器；

2．配置路由器参数

（1）在 rommon 下配置 IP 地址（192.168.1.101），注意地址均为大写，下同。

```
rommon 1 > IP_ADDRESS=192.168.1.101
```
（2）在 rommon 下配置子网掩码地址（255.255.255.0）。
```
rommon 2 > IP_SUBNET_MASK=255.255.255.0
```
（3）在 rommon 下配置网关地址（192.168.1.22）。
```
rommon 3 > DEFAULT_GATEWAY=192.168.1.22
```
（4）在 rommon 下配置 TFTP 服务器地址（192.168.1.22）。
```
rommon 4 > TFTP_SERVER=192.168.1.22
```

（5）在 rommon 下配置 TFTP 中 IOS 文件名（c2900–universalk9–mz.SPA.151–4.M4.bin），注意是全称。

```
rommon 5 > TFTP_FILE=c2900-universalk9-mz.SPA.151-4.M4.bin
```

3. 下载 IOS

（1）使用 tftpdnld 命令下载 bin 文件，并显示参数配置列表。

```
rommon 6 > tftpdnld
         IP_ADDRESS: 192.168.1.101
     IP_SUBNET_MASK: 255.255.255.0
    DEFAULT_GATEWAY: 192.168.1.22
        TFTP_SERVER: 192.168.1.22
          TFTP_FILE: c2900-universalk9-mz.SPA.151-4.M4.bin
Invoke this command for disaster recovery only.
WARNING: all existing data in all partitions on flash will be lost!
```

（2）输入 y 后按【Enter】键下载文件：

```
Do you wish to continue? y/n:  [n]: y
```

（3）输入 reset 命令后按【Enter】键，重启路由器，可以发现路由器正常加载 IOS。

```
rommon 7> reset
System Bootstrap, Version 15.1（4）M4, RELEASE SOFTWARE（fc1）
<省略部分输出>
Self decompressing the image :
###########################################################################
[OK]
<省略部分输出>
         --- System Configuration Dialog ---
Continue with configuration dialog? [yes/no]:
```

本实战内容平时应用较少，不同设备配置命令可能差异显著，建议参考设备配置指导手册进行。

小　结

园区网络构建与互联平台中，交换机和路由器作为主要网络设备，分别实现基于 MAC 地址的网段内部和基于 IP 协议的网段之间通信。本章主要介绍的网络设备管理基本方式，是设备初始化、运维管理的基础操作；作为设备运维管理基础，是网络工程师必备技能之一。本章相关实战内容关联度不高，需要读者一方面理解设备管理原理，另一方面又能记住相关操作步骤和具体命令，力争做到"熟能生巧"，进而有助于解决实际网络设备运维与管理问题。

第4章 虚拟局域网部署

4.1 虚拟局域网

传统交换网络中，无论是单个还是多个交换机所连接的局域网，都会形成一个广播域，即广播数据包可以扩展至局域网的任何一个位置。如图 4-1 所示，单个交换机所构成的广播域通过交换机间互联，则会增大广播域的范围。频繁的广播洪泛，占用网络带宽，将减少网络可用资源，这不仅降低了网络的实际性能，而且会导致安全隐患。

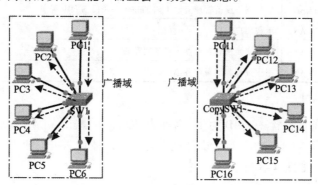

（a）单交换机广播域

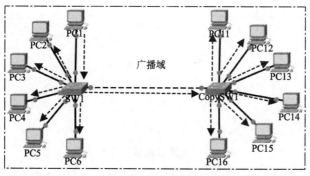

（b）跨交换机广播域

图 4-1　广播域

为满足广播域有效隔离、局域网内主机分组管理等需求，虚拟局域网（Virtual Local Area Network，VLAN）技术应运而生，如图 4-2 所示。其显著优势在于：

（1）将不同分组逻辑隔离，降低敏感数据泄露的可能性，提高网络安全性。

（2）细分广播域，缩小其范围，有效抑制广播风暴。

（3）通过逻辑操作，实现 VLAN 和终端设备的便捷管理，提高管理效率。

4.1.1　VLAN 的分类

依据不同分类方式，VLAN 可划分为多种类型，如表 4-1 所示。

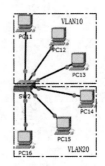

图 4-2　传统交换网络中的广播域

表 4-1　VLAN 分类

分类方式	类 型	描 述
创建方式	默认 VLAN	ID 号（1）和名称（default）固定，用户不能删除或修改
	用户 VLAN	用户创建的 VLAN，可以删除或修改。如 ID:10、name:Stu 等
成员添加	静态 VLAN	用户手工将端口添加至特定 VLAN
	动态 VLAN	根据用户设备信息（MAC、IP），交换机自动将端口分配给某个 VLAN
承载数据	管理 VLAN	承载网络设备管理流量（如 Telnet、SSH、SNMP 等）
	数据 VLAN	承载用户数据
应用场景	互联 VLAN	用于交换机和路由器等设备间互联
	业务 VLAN	用于规划和部署业务部门网络

4.1.2　创建 VLAN

交换机初始化前，包含一个 ID 为 1、名称为 default 的默认 VLAN，所有端口默认情况下都属于该 VLAN（即 VLAN 1），整个交换机就是一个广播域。可以使用 show vlan 命令查看 VLAN 和端口属性，如图 4-3 所示。

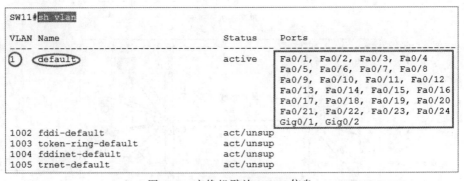

图 4-3　交换机默认 VLAN 信息

在全局配置模式下，管理员可以创建、删除、命名 VLAN，主要命令如表 4-2 所示。

表 4-2　VLAN 配置命令

命 令	说 明
vlan *ID*	创建编号为 *ID* 的 VLAN，ID 介于 2～999 间
no vlan *ID*	创建编号为 *ID* 的 VLAN

续表

命　令	说　明
name *name1*	命名上述创建的 VLAN，名称为 *name1*
no name *name1*	删除 VLAN 名称 *name1*

4.2　交换端口管理

4.2.1　access 模式

当交换机接入终端设备（如 PC 或者服务器等）时，所连端口通常属于某一特定 VLAN，即端口模式为 access 模式。交换端口具有三种模式，如表 4-3 所示。

表 4-3　交换端口模式

模　式	说　明
access	端口属于特定 VLAN
trunk	用于设备间互联，该端口允许通过多个 VLAN
dynamic	在设备互联中，依据对端端口类型，自动协商模式

默认情况下，交换端口模式为 dynamic，可使用 show interfaces port id switchport 命令查看。图 4-4 所示为 fastEthernet 0/2 的默认属性。

```
SW11#show interfaces fastEthernet 0/2 sw
SW11#show interfaces fastEthernet 0/2 switchport
Name: Fa0/2
Switchport: Enabled
Administrative Mode: dynamic auto
Operational Mode: static access
Administrative Trunking Encapsulation: dot1q
Operational Trunking Encapsulation: native
Negotiation of Trunking: On
Access Mode VLAN: 1 (default)
Trunking Native Mode VLAN: 1 (default)
Voice VLAN: none
Administrative private-vlan host-association: none
Administrative private-vlan mapping: none
Administrative private-vlan trunk native VLAN: none
Administrative private-vlan trunk encapsulation: dot1q
Administrative private-vlan trunk normal VLANs: none
Administrative private-vlan trunk private VLANs: none
Operational private-vlan: none
Trunking VLANs Enabled: ALL
Pruning VLANs Enabled: 2-1001
Capture Mode Disabled
Capture VLANs Allowed: ALL
Protected: false
Appliance trust: none
SW11#
```

图 4-4　交换机端口默认模式

相关配置命令如表 4-4 所示。

表 4-4　相关配置命令

命　令	说　明
interface *port ID*	全局配置模式下，进入指定端口
switchport mode access	接口模式下，将端口设置为 access 模式
no switchport mode	接口模式下，将端口模式设置为默认模式
switchport access vlan *ID*	接口模式下，将端口加入编号为 *ID* 的 VLAN
no switchport access vlan	接口模式下，恢复端口默认 VLAN

图 4-5 所示为 Fa0/9 口加入 VLAN12 后的查看结果。

```
SW11#show interfaces fastEthernet 0/9 switchport
Name: Fa0/9
Switchport: Enabled
Administrative Mode: static access
Operational Mode: static access
Administrative Trunking Encapsulation: dot1q
Operational Trunking Encapsulation: native
Negotiation of Trunking: Off
Access Mode VLAN: 12 (VLAN0012)
Trunking Native Mode VLAN: 1 (default)
Voice VLAN: none
Administrative private-vlan host-association: none
Administrative private-vlan mapping: none
Administrative private-vlan trunk native VLAN: none
Administrative private-vlan trunk encapsulation: dot1q
Administrative private-vlan trunk normal VLANs: none
Administrative private-vlan trunk private VLANs: none
Operational private-vlan: none
Trunking VLANs Enabled: ALL
Pruning VLANs Enabled: 2-1001
Capture Mode Disabled
Capture VLANs Allowed: ALL
Protected: false
Appliance trust: none
```

图 4-5　交换机端口 access 模式

4.2.2　trunk 模式

当跨交换机连接多个 VLAN 时，交换机之间链路需要传输多个不同 VLAN 数据，如图 4-6 所示的 Fa0/23 口。采用上节所述 access 模式，显然无法满足该项需求。trunk 模式通过在交换机间建立"干道"，允许多个 VLAN 数据跨交换机通信。

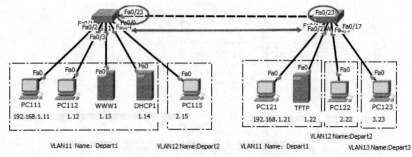

图 4-6　跨交换机 VLAN 通信

默认情况下，思科交换端口管理模式为 dynamic auto，其实际运行模式决定于对端端口模式配置；当端口管理模式为 dynamic desirable 时，则主动与其他端口协商，尝试进入 trunk 模式，具体情况如表 4-5 所示。

表 4-5　端口管理与运行模式

Port 1	Port 2	运行模式
dynamic auto	dynamic auto	access
dynamic auto	dynamic desirable	trunk
dynamic auto	trunk	trunk
dynamic auto	access	access
trunk	access	错误
trunk	trunk	trunk

接口模式下常用配置命令如表 4-6 所示。

表 4-6　接口模式下常用配置命令

命　　令	说　　明
switchport trunk encapsulation dot1q	使用 dot1q 方式封装 trunk 帧
switchport mode trunk	将端口设置为 trunk 模式
switchport mode dynamic auto	设置为自动协商模式
switchport mode dynamic desirable	设置为主动协商模式
switchport trunk allowed vlan ID	设置允许通过特定编号为 ID 的 VLAN
switchport trunk allowed vlan all	允许所有 VLAN 通过，为默认配置
switchport trunk allowed vlan except ID	除编号 ID 之外的所有 VLAN 通过
switchport trunk allowed vlan none	不允许任何 VLAN 通过
switchport trunk allowed vlan remove ID	剔除编号为 ID 的 VLAN 通过
no switchport access vlan	接口模式下，恢复端口默认 VLAN

实战 15　VLAN 基本部署

实战描述

交换机 SW11 连接两个部门，为防止广播风暴，提高网络安全性。现要求管理员依据网络规划设计、部署 VLAN，有效隔离广播域。

所需资源

3 台 PC、2 台服务器、1 台 2960 交换机。拓扑结构、VLAN 规划地址规划如图 4-7 和表 4-7、表 4-8 所示。

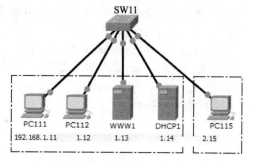

图 4-7　单交换机 VLAN 部署拓扑结构

表 4-7　VLAN 规划

VLAN ID	VLAN Name	所属端口
11	Depart1	Fa0/1～0/8
12	Depart2	Fa0/9～0/16

表 4-8　地址规划

设　　备	本地端口	对端端口	IP 地址	子网掩码
PC111	Fa0	SW11：F0/1	192.168.1.11	255.255.255.0
PC112	Fa0	SW11：F0/2	192.168.1.12	255.255.255.0
WWW1	Fa0	SW11：F0/3	192.168.1.13	255.255.255.0
DHCP1	Fa0	SW11：F0/4	192.168.1.14	255.255.255.0
PC115	Fa0	SW11：F0/9	192.168.2.15	255.255.255.0

操作步骤

1. 新建 VLAN

（1）在全局配置模式下，创建 VLAN 11，并命名为 Depart1。

```
SW11(config)#vlan 11
SW11(config-vlan)#name Depart1
```

（2）在特权模式下，使用 show vlan 命令查看结果。

```
SW11(config-vlan)#end
SW11#show vlan
VLAN Name                             Status    Ports
---- -------------------------------- --------- ------------------------------
1    default                          active    Fa0/1, Fa0/2, Fa0/3, Fa0/4
                                                Fa0/5, Fa0/6, Fa0/7, Fa0/8
                                                Fa0/9, Fa0/10, Fa0/11, Fa0/12
                                                Fa0/13, Fa0/14, Fa0/15, Fa0/16
                                                Fa0/17, Fa0/18, Fa0/19, Fa0/20
                                                Fa0/21, Fa0/22, Fa0/23, Fa0/24
                                                Gig0/1, Gig0/2
11   Depart1                          active
```
<省略部分输出>

（3）采用相同方法创建 VLAN 12，并命名为 Depart2。

```
SW11(config)#vlan 12
SW11(config-vlan)#name Depart2
```

（4）使用 show vlan 命令查看结果。

```
SW11(config-vlan)#end
SW11#show vlan
VLAN Name                             Status    Ports
---- -------------------------------- ------- ------------------------------
1    default                          active    Fa0/1, Fa0/2, Fa0/3, Fa0/4
                                                Fa0/5, Fa0/6, Fa0/7, Fa0/8
                                                Fa0/9, Fa0/10, Fa0/11, Fa0/12
                                                Fa0/13, Fa0/14, Fa0/15, Fa0/16
                                                Fa0/17, Fa0/18, Fa0/19, Fa0/20
                                                Fa0/21, Fa0/22, Fa0/23, Fa0/24
                                                Gig0/1, Gig0/2
11   Depart1                          active
12   Depart2                          active
```
<省略部分输出>

2. 端口规划

（1）依据 VLAN 规划，将 Fa0/1 口划入 VLAN 11；

```
SW11(config)#interface fastEthernet 0/1
SW11(config-if)#switchport mode access
SW11(config-if)#switchport access vlan 11
```

（2）使用 show vlan 命令查看，Fa0/1 口成功划入 VLAN 11。

```
SW11#show vlan
VLAN Name                             Status    Ports
---- -------------------------------- --------- ------------------------------
```

```
1    default                    active    Fa0/2, Fa0/3, Fa0/4, Fa0/5
                                           Fa0/6, Fa0/7, Fa0/8, Fa0/9
                                           Fa0/10, Fa0/11, Fa0/12, Fa0/13
                                           Fa0/14, Fa0/15, Fa0/16, Fa0/17
                                           Fa0/18, Fa0/19, Fa0/20, Fa0/21
                                           Fa0/22, Fa0/23, Fa0/24, Gig0/1
                                           Gig0/2
11   Depart1                    active    Fa0/1
12   Depart2                    active
<省略部分输出>
```

（3）依据 VLAN 规划，将 F0/2～0/8 口划入 VLAN 11。若采用上述单端口处理方法，需要重复多次，为此，可以将多个连续端口使用 range 关键字同时处理，一并划入 VLAN 11。

```
SW11(config)#interface range fastEthernet 0/2 - 8
SW11(config-if-range)#switchport mode access
SW11(config-if-range)#switchport access vlan 11
```

（4）使用 show vlan 命令查看。

```
SW11#show vlan
VLAN Name                           Status   Ports
---- ------------------------------ -------- ------------------------------
1    default                        active   Fa0/9, Fa0/10, Fa0/11, Fa0/12
                                             Fa0/13, Fa0/14, Fa0/15, Fa0/16
                                             Fa0/17, Fa0/18, Fa0/19, Fa0/20
                                             Fa0/21, Fa0/22, Fa0/23, Fa0/24
                                             Gig0/1, Gig0/2
11   Depart1                        active   Fa0/1, Fa0/2, Fa0/3, Fa0/4
                                             Fa0/5, Fa0/6, Fa0/7, Fa0/8
12   Depart2                        active
<省略部分输出>
```

（5）依据 VLAN 规划，将 F0/9～0/18 口划入 VLAN 12。

```
SW11(config)#interface range fastEthernet 0/9- 16
SW11(config-if-range)#switchport mode access
SW11(config-if-range)#switchport access vlan 12
```

（6）使用 show vlan 命令查看。

```
SW11#show vlan
VLAN Name                           Status   Ports
---- ------------------------------ -------- ------------------------------
1    default                        active   Fa0/9, Fa0/10, Fa0/11, Fa0/12
                                             Fa0/13, Fa0/14, Fa0/15, Fa0/16
                                             Fa0/17, Fa0/18, Fa0/19, Fa0/20
                                             Fa0/21, Fa0/22, Fa0/23, Fa0/24
                                             Gig0/1, Gig0/2
11   Depart1                        active   Fa0/1, Fa0/2, Fa0/3, Fa0/4
                                             Fa0/5, Fa0/6, Fa0/7, Fa0/8
12   Depart2                        active   Fa0/9, Fa0/10, Fa0/11, Fa0/12
                                             Fa0/13, Fa0/14, Fa0/15, Fa0/16
<省略部分输出>
```

3．测试结果

（1）依据地址分配，配置 PC 和服务器地址；

（2）在 PC111 上测试 PC112 和 PC115 间的连通性，结果如图 4-8 所示。

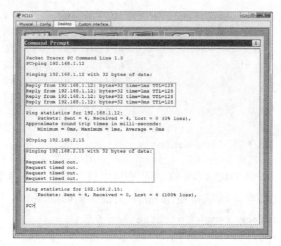

图 4-8　主机间 ping 测试结果

实战 16　跨交换机 VLAN 部署

实战描述

参考实战 15 中方法，按照规划，在交换机 SW12 上部署 VLAN 及端口划分；连接 SW11 和 SW12，实现同部门（VLAN）内主机跨交换机通信。

所需资源

6 台 PC、3 台服务器（或 3 台 PC）、1 台 2960 交换机。拓扑结构、VLAN 规划和地址规划如图 4-9 和表 4-9、表 4-10 所示。

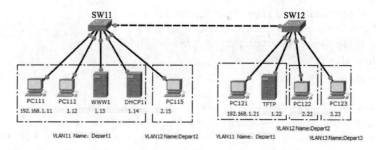

图 4-9　跨交换机 VLAN 部署拓扑结构

表 4-9　VLAN 规划

交 换 机	VLAN ID	VLAN Name	所 属 端 口
SW11	11	Depart1	Fa0/1～0/8
	12	Depart2	Fa0/9～0/16
SW12	11	Depart1	Fa0/1～0/8
	12	Depart2	Fa0/9～0/16
	13	Depart3	Fa0/17-0/20

表 4-10　地址规划

设　　备	本 地 端 口	对 端 端 口	IP 地 址	子 网 掩 码
PC111	Fa0	SW11：F0/1	192.168.1.11	255.255.255.0
PC112	Fa0	SW11：F0/2	192.168.1.12	255.255.255.0
WWW1	Fa0	SW11：F0/3	192.168.1.13	255.255.255.0
DHCP1	Fa0	SW11：F0/4	192.168.1.14	255.255.255.0
PC115	Fa0	SW11：F0/9	192.168.2.15	255.255.255.0
PC121	Fa0	SW11：F0/1	192.168.1.21	255.255.255.0
TFTP	Fa0	SW11：F0/2	192.168.1.22	255.255.255.0
PC122	Fa0	SW11：F0/9	192.168.2.22	255.255.255.0
PC123	Fa0	SW11：F0/17	192.168.3.23	255.255.255.0
SW11	Fa0/23	SW12：F0/23	—	—

操作步骤

1. 新建 VLAN

（1）新建 VLAN 11、VLAN 12、VLAN 13，并完成命名。

```
SW12(config)#vlan 11
SW12(config-vlan)#name Depart1
SW12(config-vlan)#vlan 12
SW12(config-vlan)#name Depart2
SW12(config-vlan)#vlan 13
SW12(config-vlan)#name Depart3
```

（2）使用 show vlan 命令查看配置结果。

```
SW12#show vlan
VLAN Name                             Status    Ports
---- -------------------------------- --------- -------------------------------
1    default                          active    Fa0/1, Fa0/2, Fa0/3, Fa0/4
                                                Fa0/5, Fa0/6, Fa0/7, Fa0/8
                                                Fa0/9, Fa0/10, Fa0/11, Fa0/12
                                                Fa0/13, Fa0/14, Fa0/15, Fa0/16
                                                Fa0/17, Fa0/18, Fa0/19, Fa0/20
                                                Fa0/21, Fa0/22, Fa0/23, Fa0/24
                                                Gig0/1, Gig0/2
11   Depart1                          active
12   Depart2                          active
13   Depart3                          active
<省略部分输出>
```

（3）按照 VLAN 规划，将相应端口划入指定 VLAN，使用 show vlan 命令查看配置结果。

```
SW12#show vlan
VLAN Name                             Status    Ports
---- -------------------------------- --------- -------------------------------
1    default                          active    Fa0/21, Fa0/22, Fa0/24, Gig0/1
                                                Gig0/2
11   Depart1                          active    Fa0/1, Fa0/2, Fa0/3, Fa0/4
```

```
                                          Fa0/5, Fa0/6, Fa0/7, Fa0/8
12   Depart2                  active      Fa0/9, Fa0/10, Fa0/11, Fa0/12
                                          Fa0/13, Fa0/14, Fa0/15, Fa0/16
13   Depart3                  active      Fa0/17, Fa0/18, Fa0/19, Fa0/20
<省略部分输出>
```

2. 查看端口属性

（1）在 SW11 上使用 show interface fastethernet 0/23 switchport 命令查看交换机间互联端口 Fa0/23 的属性，如图 4-10 所示，管理模式为 dynamic auto，工作模式为 access。

（2）在 SW11 上使用 show interfaces trunk 命令查看 trunk 端口，未显示任何 trunk 端口，如图 4-11 所示。

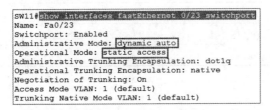

```
SW11#show interfaces fastEthernet 0/23 switchport
Name: Fa0/23
Switchport: Enabled
Administrative Mode: dynamic auto
Operational Mode: static access
Administrative Trunking Encapsulation: dot1q
Operational Trunking Encapsulation: native
Negotiation of Trunking: On
Access Mode VLAN: 1 (default)
Trunking Native Mode VLAN: 1 (default)
```

```
SW11#show interfaces trunk

SW11#
```

图 4-10　SW11 交换端口默认 dynamic auto 模式　　　　图 4-11　SW11 查看交换机 trunk 端口

（3）采用同样方法，查看 SW12 中互联端口属性，可以发现默认配置结果与 SW11 中相似。

3. 配置干道端口

（1）在 SW11 的 Fa0/23 口，执行 switchport mode dynamic desirable 命令，主动协商中继。

```
SW11(config)#interface fastEthernet 0/23
SW11(config-if)#switchport mode dynamic desirable
```

（2）可以发现 F0/23 口协议自动开启，如图 4-12 所示。

（3）在 SW11 上执行 show interface fastethernet 0/23 switchport 命令，查看交换机间互联端口 Fa0/23 的属性，如图 4-13 所示，管理模式为 dynamic desirable，工作模式自动设置为 trunk，允许所有 VLAN 通过。

```
SW11(config-if)#
%LINEPROTO-5-UPDOWN: Line protocol on Interface
FastEthernet0/23, changed state to up

%LINEPROTO-5-UPDOWN: Line protocol on Interface
FastEthernet0/23, changed state to down

%LINEPROTO-5-UPDOWN: Line protocol on Interface
FastEthernet0/23, changed state to up
```

图 4-12　SW11 交换端口协议开启提示

（4）在 SW12 上执行 show interface fastethernet 0/23 switchport 命令，查看交换机间互联端口 Fa0/23 的属性，如图 4-14 所示，管理模式为 dynamic auto，工作模式自动设置为 trunk，允许所有 VLAN 通过。

```
SW11#show interface fastethernet 0/23 switchport
Name: Fa0/23
Switchport: Enabled
Administrative Mode: dynamic desirable
Operational Mode: trunk
Administrative Trunking Encapsulation: dot1q
Operational Trunking Encapsulation: dot1q
Negotiation of Trunking: On
Access Mode VLAN: 1 (default)
Trunking Native Mode VLAN: 1 (default)
Voice VLAN: none
Administrative private-vlan host-association: none
Administrative private-vlan mapping: none
Administrative private-vlan trunk native VLAN: none
Administrative private-vlan trunk encapsulation: dot1q
Administrative private-vlan trunk normal VLANs: none
Administrative private-vlan trunk private VLANs: none
Operational private-vlan: none
Trunking VLANs Enabled: ALL
```

```
SW12#show interface fastethernet 0/23 switchport
Name: Fa0/23
Switchport: Enabled
Administrative Mode: dynamic auto
Operational Mode: trunk
Administrative Trunking Encapsulation: dot1q
Operational Trunking Encapsulation: dot1q
Negotiation of Trunking: On
Access Mode VLAN: 1 (default)
Trunking Native Mode VLAN: 1 (default)
Voice VLAN: none
Administrative private-vlan host-association: none
Administrative private-vlan mapping: none
Administrative private-vlan trunk native VLAN: none
Administrative private-vlan trunk encapsulation: dot1q
Administrative private-vlan trunk normal VLANs: none
Administrative private-vlan trunk private VLANs: none
Operational private-vlan: none
Trunking VLANs Enabled: ALL
```

图 4-13　SW11 干道交换端口 dynamic desirable 模式　　图 4-14　SW12 干道交换端口 dynamic auto 模式

（5）在 SW11、SW12 上执行 show interfaces trunk 命令查看 trunk 端口，如图 4-15 所示，可以发现交换机间互联端口 Fa0/23 状态都为 trunking。

```
SW11#show interfaces trunk
Port          Mode          Encapsulation   Status        Native vlan
Fa0/23        desirable     n-802.1q        trunking      1

Port          Vlans allowed on trunk
Fa0/23        1-1005

SW12#show interfaces trunk
Port          Mode          Encapsulation   Status        Native vlan
Fa0/23        auto          n-802.1q        trunking      1

Port          Vlans allowed on trunk
Fa0/23        1-1005
```

图 4-15　交换机 trunk 端口

（6）在 SW11 的 Fa0/23 口执行 switchport mode trunk 命令，将协商模式修改为 trunk 模式。

```
SW11(config)#interface fastEthernet 0/23
SW11(config-if)#switchport mode trunk
```

（7）在 SW11 上执行 show interface fastethernet 0/23 switchport 命令，查看交换机间互联端口 Fa0/23 的属性，如图 4-16 所示，管理模式和工作模式均为 trunk，并允许所有 VLAN 通过。

```
SW11#show interface fastethernet 0/23 switchport
Name: Fa0/23
Switchport: Enabled
Administrative Mode: trunk
Operational Mode: trunk
Administrative Trunking Encapsulation: dot1q
Operational Trunking Encapsulation: dot1q
Negotiation of Trunking: On
Access Mode VLAN: 1 (default)
Trunking Native Mode VLAN: 1 (default)
Voice VLAN: none
Administrative private-vlan host-association: none
Administrative private-vlan mapping: none
Administrative private-vlan trunk native VLAN: none
Administrative private-vlan trunk encapsulation: dot1q
Administrative private-vlan trunk normal VLANs: none
Administrative private-vlan trunk private VLANs: none
Operational private-vlan: none
Trunking VLANs Enabled: ALL
```

图 4-16　SW11 干道交换端口 trunk 模式

（8）在 SW11、SW12 上执行 show interfaces trunk 命令查看 trunk 端口，如图 4-17 所示，Fa0/23 端口模式分别为 on 和 auto，端口状态都为 trunking。

```
SW11#show interfaces trunk
Port          Mode          Encapsulation   Status        Native vlan
Fa0/23        on            802.1q          trunking      1

Port          Vlans allowed on trunk
Fa0/23        1-1005

SW12#show interfaces trunk
Port          Mode          Encapsulation   Status        Native vlan
Fa0/23        auto          n-802.1q        trunking      1

Port          Vlans allowed on trunk
Fa0/23        1-1005
```

图 4-17　交换机 trunk 端口

（9）读者可以尝试对照 4.2.2 节中端口关系，采用不同方式测试端口 trunk 配置结果。

4．测试结果

（1）依据地址分配，配置 PC 和服务器地址。

（2）在 PC111 上测试与 PC121 间的连通性，结果如图 4-18 所示。

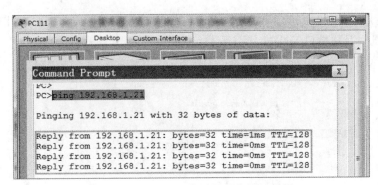

图 4-18　VLAN 11 跨网段通信测试结果

（3）在 PC115 上测试与 PC122 间的连通性，结果如图 4-19 所示。

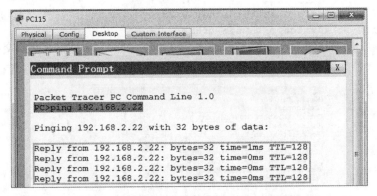

图 4-19　VLAN 12 跨网段通信测试结果

小　　结

虚拟局域网已成为当前大中型园区网络中部署的基本要素之一，其核心思想是将物理交换机逻辑上分隔为多个区域，有效控制广播域范围，提高网络安全与管控性。此外，VLAN 也是后续路由和网络访问控制的基础，正确理解 VLAN 工作原理和部署方式是本章的重点内容。建议读者通过实验方式对 VLAN 配置中相关命令进行验证，进一步理解 VLAN 创建、配置以及端口管理的常规方法。

第5章 冗余网络与链路聚合

5.1 冗余网络

在网络拓扑结构设计中，若源端和目标端间采用单一路径通信（见图 5-1），无法避免单点故障而导致网络不可用。一种有效的解决方法是增加冗余路径，当主链路故障时，启用备份链路通信，解决单点故障问题，进而提高网络可靠性，如图 5-2 所示。

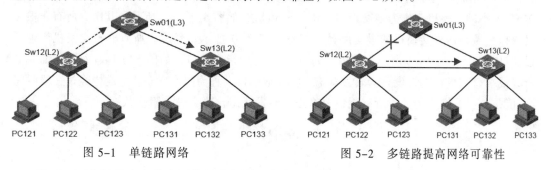

图 5-1　单链路网络　　　　　　　　　　图 5-2　多链路提高网络可靠性

然而，冗余链路也会带来网络环路问题，当主机发送洪泛广播帧时，交换网络中出现环路会产生广播风暴、多帧复制和 MAC 地址表不稳定等现象。严重影响网络正常运行，如图 5-3 所示。

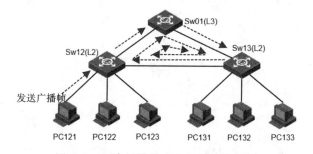

图 5-3　冗余链路带来的网络环路问题

5.1.1　生成树

为解决冗余链路网络中的环路问题，IEEE 802.1d 标准提出了生成树协议（Spanning-Tree Protocol，STP），STP 通过 SPA（生成树算法）生成一个无环网络。当主要链路出现故障时，能够自动切换到备份链路，保证网络正常通信。运行 STP 的多个交换机之间通过网桥协议数据单元（BPDU）进行通信，如图 5-4 所示为 BPDU 数据包格式，通过交换机 ID、路径开销、端口 ID、确定根交换机、最短路径、根端口、指定端口等参数，阻塞特定交换端口，从而解决环路问题。

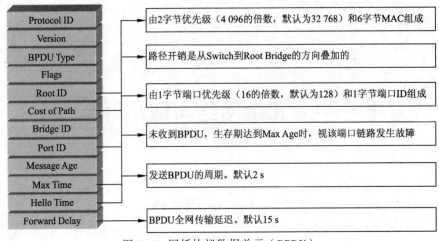

图 5-4　网桥协议数据单元（BPDU）

STP 工作主要包括多个典型过程。首先，运行 STP 的交换机交换 BPDU 信息，如图 5-5（a）所示，依据 Bridge 选举选取环形网络中优先级最高的交换机，若优先级最高（值最小），则选择 MAC 最小的交换机，作为根交换机（Root Switch），如图 5-5（b）所示；其次，所有非根交换机选择一条到达根交换机的最短路径，如图 5-5（c）所示；然后，所有非根交换机产生一个根端口，如图 5-5（d）所示；接着，每个 LAN 确定指定端口，如图 5-5（e）所示；最后，将所有根端口和指定端口设置为转发状态，将其他端口设置为阻塞状态。生成树经过一段时间（默认值是 50 s）稳定之后，所有端口要么进入转发状态，要么进入阻塞状态。

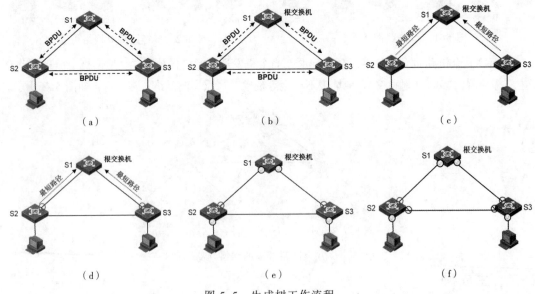

图 5-5　生成树工作流程

在最短路径选择环节，比较本交换机到达根交换机路径的开销，选择开销最小的路径。路径默认值开销与链路带宽关联，如表 5-1 所示。如果路径开销相同，则比较发送 BPDU 交换机的 Bridge ID，越小越优先。如果发送者 Bridge ID 相同，即同一台交换机，则比较发送者交换机的 Port ID。如果发送者 Port ID 相同，则比较接收者的 Port ID。

表 5-1　链路开销

带　　宽	链　　路	802.1d	802.1t
10Mbit/s	半双工	100	2 000 000
	全双工	95	1 999 999
	聚合链路	90	1 000 000
100Mbit/s	半双工	19	200 000
	全双工	18	199 999
	聚合链路	15	199 999
1000Mbit/s	全双工	4	20 000
	聚合链路	3	10 000

5.1.2　快速生成树

STP 链路切换周期需要 50 s，显然无法满足很多网络应用需求。为此，在 STP 基础上，IEEE 802.1w 提出了快速生成树协议（Papid Spanning Tree Protocol，RSTP）。一方面，针对根端口和指定端口设置快速切换角色：替换端口（Alternate Port）和备份端口（Backup Port），当根端口/指定端口失效时，替换端口/备份端口立即进入转发状态。另一方面，与终端而非其他交换机相连的端口定义为边缘端口（Edge Port），直接进入转发状态，不需要任何计算。快速生成树端口角色和状态汇总如表 5-2 所示。

表 5-2　快速生成树端口角色

角　　色	定　　义
根端口	到根交换机的最短路径的端口
指定端口	各网段通过该口连接到根交换机
替换端口	根端口的替换口，一旦根端口失效，该端口立即变为根端口
备份端口	指定的备份口，当一个交换机有两个端口都连接一个网段，高优先级端口为指定端口，低优先级为备份端口
非指定端口	OperState 为 down 的端口，当前不处于活动状态

5.1.3　多生成树

上述 STP 和 RSTP 存在一个共同不足，采用了一棵 STP tree，无法实现负载分担。思科公司提出了每 VLAN 生成树 （PVST）与快速 Rapid-PVST（IEEE 802.1w），采用每个 VLAN 一棵生成树，实现了负载分担，但会占用较多的 CPU 开销。相比 PVST，Rapid-PVST 可以实现更快的生成树计算和响应第 2 层拓扑更改的收敛。

MSTP 将多个 VLAN 的生成树映射为一个实例，无须针对每个 VLAN 独立设置，只需要按照冗余链路的条数得出需要几棵生成树。例如，网络中只有两条链路，并且有 1～1 000 个 VLAN，可以将 1～500 定义为实例（instance）1，将 501～1 000 定义到实例（instance）2，生成两棵树 1 和 2，实现冗余与负载分担。

5.2　链　路　聚　合

5.2.1　聚合协议

当交换机间级联或者连接服务器时，由于单一物理端口（如百兆或千兆）带宽优先，直接导致产生网络性能瓶颈。为此，思科公司提出了以太网通道（EtherChannel）技术，其基本原理是：将两个设备间多条相同特性的快速以太或千兆位以太物理链路捆绑在一起组成一条逻辑链路，从而达到带宽倍增的目的。除了增加带宽外，EtherChannel 还可以在多条链路上均衡分配流量，起到负载分担的作用；当一条或多条链路故障时，只要还有链路正常，流量将转移到其他链路上，整个过程在几毫秒内完成，从而起到冗余的作用，增强了网络的稳定性和安全性。在 EtherChannel 中，负载在各个链路上的分布可以根据源 IP 地址、目的 IP 地址、源 MAC 地址、目的 MAC 地址、源 IP 地址和目的 IP 地址组合，以及源 MAC 地址和目的 MAC 地址组合等进行分布。两台交换机之间是否形成 EtherChannel 也可以用协议自动协商。目前有两个协商协议：PAgP 和 LACP，PAgP（Port Aggregation Protocol，端口汇聚协议）是思科私有的协议，而 LACP（Link Aggregation Control Protocol，链路汇聚控制协议）是基于 IEEE 802.3ad 的国际标准。本节重点介绍 LACP 链路聚合部署方法。

LACP 配置主要包括 on、active 和 passive 三种模式：on 表示强行开启 EtherChannel；active 表示主动发送协商消息；passive 表示不发送、只接收协商消息。因此，两端不同配置组合，实际运行效果如表 5-3 所示。

表 5-3　LACP 端口协商

模式	active	passive
active	√	√
passive	√	×

5.2.2　LACP 配置

1. LACP 的配置步骤和命令

LACP 的配置步骤和命令主要包括：

（1）创建以太通道，其中，1 为编号值，编号范围是 1~6 的整数，仅本地有效，链路两端编号可以不同。

```
Switch(config)#interface port-channel 1
```
（2）将端口（端口范围）channel-group 配置为 on。
```
Switch(config-if-range)#channel-group 1 mode on
```
（3）选择 channel-protocol 为 LACP 协议。
```
Switch(config-if-range)#channel-protocol lacp
```
（4）端口配置为 LACP 的 active 或者 passive 模式。
```
Switch(config-if-range)#channel-group 1 mode active | passive
```

2. LACP 的验证命令

LACP 的验证命令主要包括：

（1）查看 EtherChannel 信息。
```
Switch#show etherchannel summary
```
（2）查看 EtherChannel 负载平衡方式。
```
Switch#show etherchannel load-balance
```
（3）查看指定的 EtherChannel 包含的接口。
```
Switch#show etherchannel port-channel
```

（4）查看 channel-group 所使用协商协议。

Switch#**show etherchannel protocol**

5.2.3 部署注意事项

（1）所绑定端口的速率和双工都必须一致，每组最大支持 8 个端口绑定，且 LACP 必须工作在全双工模式下。

（2）所绑定端口必须属于相同 VLAN。

（3）对于绑定的 trunk 端口，allowed VLAN 必须一致。

（4）捆绑 EtherChannel 后，支持不同的端口 cost 开销。

（5）捆绑后端口不能成为目标端口 destination port。

（6）捆绑后三层 IP 地址应该配置到 EtherChannel 下。

（7）捆绑后的两个端口配置信息（如 VLAN 等，当然前提是配置一样）会被 EtherChannel 直接继承，无须重新配置。即在 EtherChannel 上修改配置后，物理端口配置将自行跟着修改。

（8）支持基于源 IP 地址（src-ip）、目的 IP 地址（dst-ip）、源 MAC 地址（src-mac）、目的 MAC 地址（dst-mac）、源 IP 地址和目的 IP 地址（src-dst-ip），以及源 MAC 地址和目的 MAC 地址（src-dst-mac）的负载均衡。默认是基于源 MAC 地址（src-mac）。

（9）一端交换机上配置基于 src-ip 的负载平衡方式后，另一端交换机应该配置基于 dst-ip 的负载平衡方式。

实战 17 交换机 PVST 部署

实战描述

针对业务网段，部署 PVST，将接入交换机 SW12、SW13 上行链路（接入 SW01）设置为主链路，阻塞 SW12 和 SW13 之间的端口，防止网络环路。

所需资源

6 台 PC、1 台 3560 交换机、2 台 2960 交换机。拓扑结构、VLAN 规划和端口连接如图 5-6 和表 5-4、表 5-5 所示。

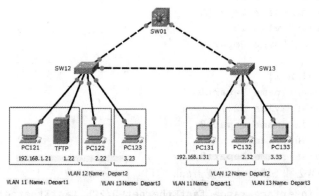

图 5-6 交换机 PVST 部署拓扑结构

表 5-4 VLAN 规划

交 换 机	VLAN ID	VLAN Name	所 属 端 口
SW12	11	Depart1	Fa0/1～0/8
	12	Depart2	Fa0/9～0/16
	13	Depart3	Fa0/17～0/20
SW13	11	Depart1	Fa0/1～0/8
	12	Depart2	Fa0/9～0/16
	13	Depart3	Fa0/17～0/20
SW01	11	Depart1	
	12	Depart2	
	13	Depart3	

表 5-5 端口连接

设 备	本 地 端 口	对 端 端 口	备 注
SW12	Fa0/22	SW13：F0/22	trunk
SW12	Fa0/23	SW01：F0/23	trunk
SW13	Fa0/24	SW01：F0/24	trunk

 操作步骤

1. 完成 VLAN 基本配置

（1）在 SW12、SW13 和 SW01 上创建 VLAN。

```
SW12(config)#vlan 11
SW12(config-vlan)#name Depart1
SW12(config-vlan)#vlan 12
SW12(config-vlan)#name Depart2
SW12(config-vlan)#vlan 13
SW12(config-vlan)#name Depart3

SW13(config)#vlan 11
SW13(config-vlan)#name Depart1
SW13(config-vlan)#vlan 12
SW13(config-vlan)#name Depart2
SW13(config-vlan)#vlan 13
SW13(config-vlan)#name Depart3

SW01(config)#vlan 11
SW01(config-vlan)#name Depart1
SW01(config-vlan)#vlan 12
SW01(config-vlan)#name Depart2
SW01(config-vlan)#vlan 13
SW01(config-vlan)#name Depart3
```

（2）在 SW1、SW2 和 SW01 上配置 trunk 端口。

```
SW12(config)#interface range fastEthernet 0/22, fastEthernet 0/24
SW12(config-if-range)#switchport mode trunk
```

```
SW13(config)#interface range fastEthernet 0/22, fastEthernet 0/24
SW13(config-if-range)#switchport mode trunk

SW01(config)#interface range fastEthernet 0/23 - 24
SW01(config-if-range)#switchport trunk encapsulation dot1q  //3560需指定封装协议
SW01(config-if-range)#switchport mode trunk
```

2．查看生成树信息

（1）使用 show spanning-tree summary 命令查看默认协议（PVST）。

```
SW12#show spanning-tree summary
Switch is in pvst mode
<省略部分输出>
```

（2）在 SW12 中，使用 show spanning-tree 命令查看交换机的 BID：优先级和 MAC；发现每个 VLAN 独立成一颗树（另外两个交换机相同），且本机非根交换机：根端口（Root）和指定端口（Desg）处于转发（FWD）状态；替换端口（Altn）处于阻塞（BLK）状态。

```
SW12#show spanning-tree
VLAN0001
  Spanning tree enabled protocol ieee
  Root ID    Priority    32769              //32796（默认值）+1（VLAN ID）
             Address     000A.F3B7.2B96     //根交换机 MAC
             Cost        19                 //开销
             Port        22（FastEthernet0/22）
             Hello Time 2 sec  Max Age 20 sec  Forward Delay 15 sec

  Bridge ID  Priority    32769  (priority 32768 sys-id-ext 1)
             Address     00E0.B0C5.7E20     //本交换机 MAC，本机不是根
             Hello Time  2 sec  Max Age 20 sec  Forward Delay 15 sec
             Aging Time  20

Interface      Role   Sts   Cost  Prio.Nbr  Type
----------    ----   ----  ---   -------   --------------------------------
Fa0/22        Root   FWD   19    128.22    P2p   //根端口，转发状态
Fa0/24        Altn   BLK   19    128.24    P2p   //替换口，阻塞状态


VLAN0011
  Spanning tree enabled protocol ieee
  Root ID    Priority    32779              //32796（默认值）+11（VLAN ID）
             Address     000A.F3B7.2B96
             Cost        19
             Port        22（FastEthernet0/22）
             Hello Time  2 sec  Max Age 20 sec  Forward Delay 15 sec

  Bridge ID  Priority    32779  (priority 32768 sys-id-ext 11)
             Address     00E0.B0C5.7E20
             Hello Time  2 sec  Max Age 20 sec  Forward Delay 15 sec
             Aging Time  20

Interface      Role Sts Cost    Prio.Nbr    Type
```

```
----------   ----   ----   ---   -------   ---------------------------------
Fa0/1        Desg   FWD    19    128.1     P2p      //指定口
Fa0/2        Desg   FWD    19    128.2     P2p      //指定口
Fa0/22       Root   FWD    19    128.22    P2p      //根口
Fa0/24       Altn   BLK    19    128.24    P2p      //替换口


VLAN0012
  Spanning tree enabled protocol ieee
  Root ID    Priority    32780                      //32796（默认值）+12（VLAN ID）
             Address     000A.F3B7.2B96
             Cost        19
             Port        22（FastEthernet0/22）
             Hello Time  2 sec  Max Age 20 sec  Forward Delay 15 sec

  Bridge ID  Priority    32780  （priority 32768 sys-id-ext 12）
             Address     00E0.B0C5.7E20
             Hello Time  2 sec  Max Age 20 sec  Forward Delay 15 sec
             Aging Time  20

Interface    Role   Sts    Cost  Prio.Nbr  Type
----------   ----   ----   ---   -------   ---------------------------------
Fa0/9        Desg   FWD    19    128.9     P2p
Fa0/22       Root   FWD    19    128.22    P2p
Fa0/24       Altn   BLK    19    128.24    P2p


VLAN0013
  Spanning tree enabled protocol ieee
  Root ID    Priority    32781                      //32796（默认值）+13（VLAN ID）
             Address     000A.F3B7.2B96
             Cost        19
             Port        22（FastEthernet0/22）
             Hello Time  2 sec  Max Age 20 sec  Forward Delay 15 sec

  Bridge ID  Priority    32781  （priority 32768 sys-id-ext 13）
             Address     00E0.B0C5.7E20
             Hello Time  2 sec  Max Age 20 sec  Forward Delay 15 sec
             Aging Time  20

Interface    Role   Sts    Cost  Prio.Nbr  Type
----------   ----   ----   ---   -------   ---------------------------------
Fa0/17       Desg   FWD    19    128.17    P2p
Fa0/22       Root   FWD    19    128.22    P2p
Fa0/24       Altn   BLK    19    128.24    P2p
```

（3）在 SW13 中，使用 show spanning-tree 命令查看交换机的 BID：优先级和 MAC；因为优先级相同，本机 MAC 最小，本机为根交换机：所有端口均为指定端口（Desg），处于转发（FWD）状态。

```
SW13#show spanning-tree
VLAN0001
  Spanning tree enabled protocol ieee
```

```
  Root ID    Priority    32769
             Address     000A.F3B7.2B96
             This bridge is the root        //本机为根交换机
             Hello Time  2 sec  Max Age 20 sec  Forward Delay 15 sec

  Bridge ID  Priority    32769  (priority 32768 sys-id-ext 1)
             Address     000A.F3B7.2B96
             Hello Time  2 sec  Max Age 20 sec  Forward Delay 15 sec
             Aging Time  20

Interface    Role   Sts   Cost   Prio.Nbr   Type
----------   ----   ----  ---    -------    --------------------------------
Fa0/17       Desg   FWD   19     128.17     P2p
Fa0/22       Desg   FWD   19     128.22     P2p
Fa0/1        Desg   FWD   19     128.1      P2p
Fa0/9        Desg   FWD   19     128.9      P2p
Fa0/24       Desg   FWD   19     128.24     P2p

VLAN0011
  Spanning tree enabled protocol ieee
  Root ID    Priority    32779
             Address     000A.F3B7.2B96
             This bridge is the root
             Hello Time  2 sec  Max Age 20 sec  Forward Delay 15 sec

  Bridge ID  Priority    32779  (priority 32768 sys-id-ext 11)
             Address     000A.F3B7.2B96
             Hello Time  2 sec  Max Age 20 sec  Forward Delay 15 sec
             Aging Time  20

Interface    Role   Sts   Cost   Prio.Nbr   Type
----------   ----   ----  ---    -------    --------------------------------
Fa0/22       Desg   FWD   19     128.22     P2p
Fa0/24       Desg   FWD   19     128.24     P2p

VLAN0012
  Spanning tree enabled protocol ieee
  Root ID    Priority    32780
             Address     000A.F3B7.2B96
             This bridge is the root
             Hello Time  2 sec  Max Age 20 sec  Forward Delay 15 sec

  Bridge ID  Priority    32780  (priority 32768 sys-id-ext 12)
             Address     000A.F3B7.2B96
             Hello Time  2 sec  Max Age 20 sec  Forward Delay 15 sec
             Aging Time  20

Interface    Role   Sts   Cost   Prio.Nbr   Type
----------   ----   ----  ---    -------    --------------------------------
Fa0/22       Desg   FWD   19     128.22     P2p
```

```
Fa0/24          Desg    FWD   19    128.24    P2p


VLAN0013
  Spanning tree enabled protocol ieee
  Root ID    Priority    32781
             Address     000A.F3B7.2B96
             This bridge is the root
             Hello Time  2 sec  Max Age 20 sec  Forward Delay 15 sec

  Bridge ID  Priority    32781  (priority 32768 sys-id-ext 13)
             Address     000A.F3B7.2B96
             Hello Time  2 sec  Max Age 20 sec  Forward Delay 15 sec
             Aging Time  20


Interface       Role    Sts   Cost  Prio.Nbr  Type
----------      ----    ----  ---   -------   --------------------------------
Fa0/22          Desg    FWD   19    128.22    P2p
Fa0/24          Desg    FWD   19    128.24    P2p
```

（4）在 SW01 中，使用 show spanning-tree 命令查看交换机的 BID：优先级和 MAC；本机非根交换机：根端口（Root）和指定端口（Desg）处于转发（FWD）状态。

```
SW01#show spanning-tree
VLAN0001
  Spanning tree enabled protocol ieee
  Root ID    Priority    32769
             Address     000A.F3B7.2B96
             Cost        19
             Port        24（FastEthernet0/24）
             Hello Time  2 sec  Max Age 20 sec  Forward Delay 15 sec

  Bridge ID  Priority    32769  (priority 32768 sys-id-ext 1)
             Address     0060.5C2A.B909
             Hello Time  2 sec  Max Age 20 sec  Forward Delay 15 sec
             Aging Time  20


Interface       Role    Sts   Cost  Prio.Nbr  Type
----------      ----    ----  ---   -------   --------------------------------
Fa0/23          Desg    FWD   19    128.23    P2p
Fa0/24          Root    FWD   19    128.24    P2p


VLAN0011
  Spanning tree enabled protocol ieee
  Root ID    Priority    32779
             Address     000A.F3B7.2B96
             Cost        19
             Port        24（FastEthernet0/24）
             Hello Time  2 sec  Max Age 20 sec  Forward Delay 15 sec

  Bridge ID  Priority    32779  (priority 32768 sys-id-ext 11)
             Address     0060.5C2A.B909
             Hello Time  2 sec  Max Age 20 sec  Forward Delay 15 sec
```

```
                   Aging Time  20

Interface        Role  Sts   Cost    Prio.Nbr   Type
----------       ----  ----  ---     -------    --------------------------------
Fa0/23           Desg  FWD    19     128.23     P2p
Fa0/24           Root  FWD    19     128.24     P2p


VLAN0012
  Spanning tree enabled protocol ieee
  Root ID    Priority    32780
             Address      000A.F3B7.2B96
             Cost        19
             Port        24 (FastEthernet0/24)
             Hello Time  2 sec  Max Age 20 sec  Forward Delay 15 sec

  Bridge ID  Priority    32780   (priority 32768 sys-id-ext 12)
             Address      0060.5C2A.B909
             Hello Time  2 sec  Max Age 20 sec  Forward Delay 15 sec
             Aging Time  20

Interface        Role  Sts   Cost    Prio.Nbr   Type
----------       ----  ----  ---     -------    --------------------------------
Fa0/23           Desg  FWD    19     128.23     P2p
Fa0/24           Root  FWD    19     128.24     P2p

VLAN0013
  Spanning tree enabled protocol ieee
  Root ID    Priority    32781
             Address      000A.F3B7.2B96
             Cost        19
             Port        24 (FastEthernet0/24)
             Hello Time  2 sec  Max Age 20 sec  Forward Delay 15 sec

  Bridge ID  Priority    32781   (priority 32768 sys-id-ext 13)
             Address      0060.5C2A.B909
             Hello Time  2 sec  Max Age 20 sec  Forward Delay 15 sec
             Aging Time  20

Interface        Role  Sts   Cost    Prio.Nbr   Type
----------       ----  ----  ---     -------    --------------------------------
Fa0/23           Desg  FWD    19     128.23     P2p
Fa0/24           Root  FWD    19     128.24     P2p
```

3. 生成树链路优化

（1）默认生成树结果分析：仔细观察拓扑结构，SW12 和 SW01 之间链路无法充分利用，SW12 的所有流量都会通过 SW13 上行至 SW01，导致 SW13 负荷加大。SW01 通常作为汇聚层交换机，SW12、SW13 作为接入层交换机。因此，默认生成树链路阻塞结果不合理，需要将接入交换机的上行链路激活，阻塞 SW12 和 S13 之间端口。

（2）合理的方法是将 SW01 提升为根交换机，当前所有交换机优先级均为 32768，需要将

SW01 优先级值减小 $n \times 4096$ 即可。在 SW01 上配置 spanning-tree vlan 11 priority 8192：

```
SW01(config)#spanning-tree vlan 11 priority ?
  <0-61440>  bridge priority in increments of 4096
SW01(config)#spanning-tree vlan 11 priority 8192
```

（3）在 SW01 上，使用 show spanning-tree vlan 11 命令查看 VLAN 11 生成树：本交换机成为根，所有端口都为指定端口。

```
SW01#show spanning-tree vlan 11
VLAN0011
  Spanning tree enabled protocol ieee
  Root ID    Priority    8203
             Address     0060.5C2A.B909
             This bridge is the root
             Hello Time  2 sec  Max Age 20 sec  Forward Delay 15 sec

  Bridge ID  Priority    8203   (priority 8192 sys-id-ext 11)
             Address     0060.5C2A.B909
             Hello Time  2 sec  Max Age 20 sec  Forward Delay 15 sec
             Aging Time  20

Interface      Role  Sts  Cost  Prio.Nbr  Type
----------     ----  ----  ---  -------   --------------------------------
Fa0/23         Desg  FWD   19   128.23    P2p
Fa0/24         Desg  FWD   19   128.24    P2p
```

（4）在 SW12 上，使用 show spanning-tree vlan 11 命令查看 VLAN 11 生成树，可以发现 F0/22 端口成为替换端口，处于阻塞状态；F0/24 端口为根端口，处于转发状态。

```
SW12#show spanning-tree vlan 11
VLAN0011
  Spanning tree enabled protocol ieee
  Root ID    Priority    8203
             Address     0060.5C2A.B909
             Cost        19
             Port        24(FastEthernet0/24)
             Hello Time  2 sec  Max Age 20 sec  Forward Delay 15 sec

  Bridge ID  Priority    32779  (priority 32768 sys-id-ext 11)
             Address     00E0.B0C5.7E20
             Hello Time  2 sec  Max Age 20 sec  Forward Delay 15 sec
             Aging Time  20

Interface      Role  Sts  Cost  Prio.Nbr  Type
----------     ----  ----  ---  -------   --------------------------------
Fa0/1          Desg  FWD   19   128.1     P2p
Fa0/2          Desg  FWD   19   128.2     P2p
Fa0/22         Altn  BLK   19   128.22    P2p
Fa0/24         Root  FWD   19   128.24    P2p
```

（5）在 SW01 上，使用 show spanning-tree vlan 命令查看，发现除了 VLAN 11 之外，其他 VLAN 的生成树信息维持不变。

```
SW01#show spanning-tree
```

```
VLAN0001
  Spanning tree enabled protocol ieee
  Root ID    Priority    32769
             Address     000A.F3B7.2B96
             Cost        19
             Port        24 (FastEthernet0/24)
             Hello Time  2 sec  Max Age 20 sec  Forward Delay 15 sec

  Bridge ID  Priority    32769  (priority 32768 sys-id-ext 1)
             Address     0060.5C2A.B909
             Hello Time  2 sec  Max Age 20 sec  Forward Delay 15 sec
             Aging Time  20

Interface    Role   Sts   Cost   Prio.Nbr   Type
----------   ----   ----  ---    -------    ----------------------------------
Fa0/23       Desg   FWD   19     128.23     P2p
Fa0/24       Root   FWD   19     128.24     P2p


VLAN0011
  Spanning tree enabled protocol ieee
  Root ID    Priority    8203
             Address     0060.5C2A.B909
             This bridge is the root
             Hello Time  2 sec  Max Age 20 sec  Forward Delay 15 sec

  Bridge ID  Priority    8203  (priority 8192 sys-id-ext 11)
             Address     0060.5C2A.B909
             Hello Time  2 sec  Max Age 20 sec  Forward Delay 15 sec
             Aging Time  20

Interface    Role   Sts   Cost   Prio.Nbr   Type
----------   ----   ----  ---    -------    ----------------------------------
Fa0/23       Desg   FWD   19     128.23     P2p
Fa0/24       Desg   FWD   19     128.24     P2p


VLAN0012
  Spanning tree enabled protocol ieee
  Root ID    Priority    32780
             Address     000A.F3B7.2B96
             Cost        19
             Port        24 (FastEthernet0/24)
             Hello Time  2 sec  Max Age 20 sec  Forward Delay 15 sec

  Bridge ID  Priority    32780  (priority 32768 sys-id-ext 12)
             Address     0060.5C2A.B909
             Hello Time  2 sec  Max Age 20 sec  Forward Delay 15 sec
             Aging Time  20

Interface    Role   Sts   Cost   Prio.Nbr   Type
----------   ----   ----  ---    -------    ----------------------------------
```

```
Fa0/23          Desg    FWD    19     128.23      P2p
Fa0/24          Root    FWD    19     128.24      P2p


VLAN0013
  Spanning tree enabled protocol ieee
  Root ID    Priority    32781
             Address     000A.F3B7.2B96
             Cost        19
             Port        24 (FastEthernet0/24)
             Hello Time  2 sec  Max Age 20 sec  Forward Delay 15 sec

  Bridge ID  Priority    32781   (priority 32768 sys-id-ext 13)
             Address     0060.5C2A.B909
             Hello Time  2 sec  Max Age 20 sec  Forward Delay 15 sec
             Aging Time  20


Interface     Role    Sts   Cost  Prio.Nbr   Type
----------    ----    ----  ---   -------    -------------------------------
Fa0/23        Desg    FWD   19    128.23     P2p
Fa0/24        Root    FWD   19    128.24     P2p
```

（6）因此，需要将 SW01 中 VLAN 12、VLAN 13 的优先级提升。

```
SW01(config)#spanning-tree vlan 12 priority 8192
SW01(config)#spanning-tree vlan 13priority 8192
```

（7）在 SW01 上，再次使用 show spanning-tree vlan 命令查看，发现对于 VLAN 11/12/13，本交换机都已成为根。

```
SW01#show spanning-tree
<省略部分输出>
VLAN0011
  Spanning tree enabled protocol ieee
  Root ID    Priority    8203
             Address     0060.5C2A.B909
             This bridge is the root
             Hello Time  2 sec  Max Age 20 sec  Forward Delay 15 sec

  Bridge ID  Priority    8203   (priority 8192 sys-id-ext 11)
             Address     0060.5C2A.B909
             Hello Time  2 sec  Max Age 20 sec  Forward Delay 15 sec
             Aging Time  20


Interface     Role    Sts   Cost  Prio.Nbr   Type
----------    ----    ----  ---   -------    -------------------------------
Fa0/23        Desg    FWD   19    128.23     P2p
Fa0/24        Desg    FWD   19    128.24     P2p


VLAN0012
  Spanning tree enabled protocol ieee
  Root ID    Priority    8204
             Address     0060.5C2A.B909
             This bridge is the root
```

```
             Hello Time  2 sec  Max Age 20 sec  Forward Delay 15 sec

  Bridge ID  Priority    8204  （priority 8192 sys-id-ext 12）
             Address     0060.5C2A.B909
             Hello Time  2 sec  Max Age 20 sec  Forward Delay 15 sec
             Aging Time  20

Interface   Role  Sts  Cost  Prio.Nbr  Type
---------   ----  ----  ---  -------   --------------------------------
Fa0/23      Desg  FWD   19   128.23    P2p
Fa0/24      Desg  FWD   19   128.24    P2p


VLAN0013
  Spanning tree enabled protocol ieee
  Root ID    Priority    8205
             Address     0060.5C2A.B909
             This bridge is the root
             Hello Time  2 sec  Max Age 20 sec  Forward Delay 15 sec

  Bridge ID  Priority    8205  （priority 8192 sys-id-ext 13）
             Address     0060.5C2A.B909
             Hello Time  2 sec  Max Age 20 sec  Forward Delay 15 sec
             Aging Time  20

Interface   Role  Sts  Cost  Prio.Nbr  Type
---------   ----  ----  ---  -------   --------------------------------
Fa0/23      Desg  FWD   19   128.23    P2p
Fa0/24      Desg  FWD   19   128.24    P2p
```

（8）对于 VLAN 11，生成树信息未做任何调整，可以发现拓扑结构中端口指示灯全为绿色，如图 5-7 所示。

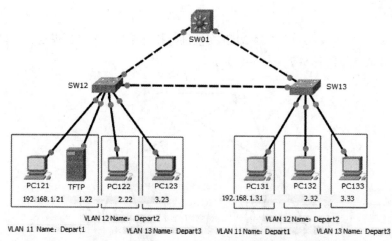

图 5-7　部分 VLAN 生成树调整后端口状态

（9）在 SW01 上配置 spanning-tree vlan 11 priority 8192，将所有 VLAN 的根均设置为 SW01，可以发现拓扑结构中，接入层交换机之间端口为橙色，即处于阻塞状态，如图 5-8 所示。

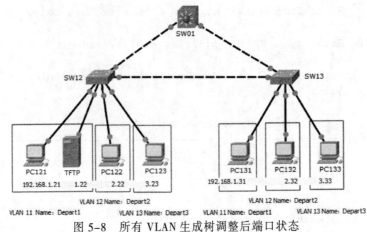

图 5-8 所有 VLAN 生成树调整后端口状态

提示

当前主流设备中 MSTP 已取代 PVST，一个实例支持多个 VLAN。

实战 18 PVST 负载均衡部署

实战描述

A 公司接入层设备采用双汇聚（SW02、SW03）部署，解决单汇聚设备单点故障导致的网络不可用问题，现要求合理部署 PVST，实现两个业务部门 VLAN 正常上行使用两个汇聚设备，有效分担负荷，提高网络运行效率。关键要求：VLAN 14 正常上行为 SW02，备用为 SW03；VLAN 15 正常上行为 SW03，备用为 SW02。

所需资源

4 台 PC、2 台 3560 交换机、2 台 2960 交换机。拓扑结构、VLAN 规划、端口连接和地址规划如图 5-9 和表 5-6、表 5-7、表 5-8 所示。

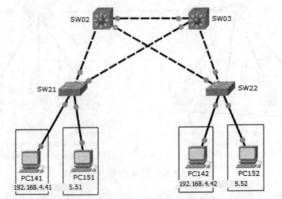

图 5-9 PVST 负载均衡部署拓扑结构

表 5-6　VLAN 规划

交　换　机	VLAN ID	VLAN Name	所 属 端 口
SW21	14	Depart4	Fa0/1~0/8
	15	Depart5	Fa0/9~0/16
SW22	14	Depart4	Fa0/1~0/8
	15	Depart5	Fa0/9~0/16
SW02	14	Depart4	
	15	Depart5	
SW03	14	Depart4	
	15	Depart5	

表 5-7　端口连接

设　　备	本 地 端 口	对 端 端 口	备　　注
SW21	Fa0/23	SW02：F0/1	trunk
SW21	Fa0/24	SW03：F0/1	trunk
SW22	Fa0/23	SW02：F0/2	trunk
SW22	Fa0/24	SW03：F0/2	trunk
SW02	Fa0/3	SW03：F0/3	trunk

表 5-8　地址规划

设　　备	端　　口	IP 地址	掩　　码
PC141	Fa0	192.168.4.41	255.255.255.0
PC142	Fa0	192.168.4.42	255.255.255.0
PC151	Fa0	192.168.5.51	255.255.255.0
PC152	Fa0	192.168.5.52	255.255.255.0

操作步骤

1. 完成 VLAN 基本配置

（1）在 SW21、SW22、SW02、SW03 上创建 VLAN。

```
SW21(config)#vlan 14
SW21(config-vlan)#name Depart4
SW21(config-vlan)#vlan 15
SW21(config-vlan)#name Depart5

SW22(config)#vlan 14
SW22(config-vlan)#name Depart4
SW22(config-vlan)#vlan 15
SW22(config-vlan)#name Depart5

SW02(config)#vlan 14
SW02(config-vlan)#name Depart4
SW02(config-vlan)#vlan 15
SW02(config-vlan)#name Depart5
```

```
SW03(config)#vlan 14
SW03(config-vlan)#name Depart4
SW03(config-vlan)#vlan 15
SW03(config-vlan)#name Depart5
```

（2）将 SW21、SW22、SW02、SW03 间互联端口配置为 trunk。

```
SW21(config)#interface range fastEthernet 0/23-24
SW21(config-if-range)#switchport mode trunk

SW22(config)#interface range fastEthernet 0/23-24
SW22(config-if-range)#switchport mode trunk

SW02(config)#interface range fastEthernet 0/1 - 3
SW02(config-if-range)#switchport trunk encapsulation dot1q    //3560需指定封装协议
SW02(config-if-range)#switchport mode trunk

SW03(config)#interface range fastEthernet 0/1 - 3
SW03(config-if-range)#switchport trunk encapsulation dot1q    //3560需指定封装协议
SW03(config-if-range)#switchport mode trunk
```

（3）在 SW21、SW22 中将相应端口划入 VLAN。

```
SW21(config)#interface range fastEthernet 0/1- 8
SW21(config-if-range)#switchport mode access
SW21(config-if-range)#switchport access vlan 14
SW21(config-if-range)#exit
SW21(config)#interface range fastEthernet 0/9-16
SW21(config-if-range)#switchport mode access
SW21(config-if-range)#switchport access vlan 15

SW22(config)#interface range fastEthernet 0/1- 8
SW22(config-if-range)#switchport mode access
SW22(config-if-range)#switchport access vlan 14
SW22(config-if-range)#exit
SW22(config)#interface range fastEthernet 0/9-16
SW22(config-if-range)#switchport mode access
SW22(config-if-range)#switchport access vlan 15
```

2. 查看生成树信息

（1）在 SW21 中，使用 show spanning-tree 命令查看交换机的 BID：优先级和 MAC；发现该交换机为根交换机：所有端口均为指定端口（Desg），处于转发（FWD）状态。

```
SW21#show spanning-tree
VLAN0001
  Spanning tree enabled protocol ieee
  Root ID     Priority    32769
              Address     0000.0C13.9CD8
              This bridge is the root
              Hello Time  2 sec  Max Age 20 sec  Forward Delay 15 sec

  Bridge ID  Priority    32769  (priority 32768 sys-id-ext 1)
             Address     0000.0C13.9CD8
```

```
                Hello Time  2 sec  Max Age 20 sec  Forward Delay 15 sec
                Aging Time  20

Interface       Role  Sts   Cost  Prio.Nbr  Type
----------      ----  ----  ---   -------   --------------------------------
Fa0/23          Desg  FWD   19    128.23    P2p
Fa0/24          Desg  FWD   19    128.24    P2p


VLAN0014
  Spanning tree enabled protocol ieee
  Root ID    Priority    32782
             Address     0000.0C13.9CD8
             This bridge is the root
             Hello Time  2 sec  Max Age 20 sec  Forward Delay 15 sec

  Bridge ID  Priority    32782  (priority 32768 sys-id-ext 14)
             Address     0000.0C13.9CD8
             Hello Time  2 sec  Max Age 20 sec  Forward Delay 15 sec
             Aging Time  20

Interface       Role  Sts   Cost  Prio.Nbr  Type
----------      ----  ----  ---   -------   --------------------------------
Fa0/1           Desg  FWD   19    128.1     P2p


VLAN0015
  Spanning tree enabled protocol ieee
  Root ID    Priority    32783
             Address     0000.0C13.9CD8
             This bridge is the root
             Hello Time  2 sec  Max Age 20 sec  Forward Delay 15 sec

  Bridge ID  Priority    32783  (priority 32768 sys-id-ext 15)
             Address     0000.0C13.9CD8
             Hello Time  2 sec  Max Age 20 sec  Forward Delay 15 sec
             Aging Time  20

Interface       Role  Sts   Cost  Prio.Nbr  Type
----------      ----  ----  ---   -------   --------------------------------
Fa0/9           Desg  FWD   19    128.9     P2p
```

（2）在 SW22 中，使用 show spanning-tree 命令查看交换机的 BID：优先级和 MAC；发现该交换机非根交换机：根端口（Root）处于转发（FWD）状态；替换端口（Altn）处于阻塞（BLK）状态。

```
SW22#show spanning-tree
VLAN0001
  Spanning tree enabled protocol ieee
  Root ID    Priority    32769
             Address     0000.0C13.9CD8
             Cost        38
             Port        24 (FastEthernet0/24)
```

```
              Hello Time  2 sec  Max Age 20 sec  Forward Delay 15 sec

  Bridge ID  Priority     32769   (priority 32768 sys-id-ext 1)
             Address     0002.4A35.0508
             Hello Time  2 sec  Max Age 20 sec  Forward Delay 15 sec
             Aging Time  20

Interface    Role    Sts    Cost   Prio.Nbr    Type
----------   ----    ----   ---    -------     --------------------------------
Fa0/23       Altn    BLK    19     128.23      P2p
Fa0/24       Root    FWD    19     128.24      P2p


VLAN0014
  Spanning tree enabled protocol ieee
  Root ID    Priority     32782
             Address     0002.4A35.0508
             This bridge is the root
             Hello Time  2 sec  Max Age 20 sec  Forward Delay 15 sec

  Bridge ID  Priority     32782   (priority 32768 sys-id-ext 14)
             Address     0002.4A35.0508
             Hello Time  2 sec  Max Age 20 sec  Forward Delay 15 sec
             Aging Time  20

Interface    Role    Sts    Cost   Prio.Nbr    Type
----------   ----    ----   ---    -------     --------------------------------
Fa0/1        Desg    FWD    19     128.1       P2p


VLAN0015
  Spanning tree enabled protocol ieee
  Root ID    Priority     32783
             Address     0002.4A35.0508
             This bridge is the root
             Hello Time  2 sec  Max Age 20 sec  Forward Delay 15 sec

  Bridge ID  Priority     32783   (priority 32768 sys-id-ext 15)
             Address     0002.4A35.0508
             Hello Time  2 sec  Max Age 20 sec  Forward Delay 15 sec
             Aging Time  20

Interface    Role    Sts    Cost   Prio.Nbr    Type
----------   ----    ----   ---    -------     --------------------------------
Fa0/9        Desg    FWD    19     128.9       P2p
```

（3）在 SW02 中，使用 show spanning-tree 命令查看交换机的 BID：优先级和 MAC；发现
该交换机非根交换机：根端口（Root）和指定端口（Desg）处于转发（FWD）状态；替换端口
（Altn）处于阻塞（BLK）状态。

```
SW02#show spanning-tree
VLAN0001
  Spanning tree enabled protocol ieee
```

```
Root ID     Priority    32769
            Address     0000.0C13.9CD8
            Cost        19
            Port        1 (FastEthernet0/1)
            Hello Time  2 sec  Max Age 20 sec  Forward Delay 15 sec

 Bridge ID  Priority    32769  (priority 32768 sys-id-ext 1)
            Address     00D0.97BD.E6CE
            Hello Time  2 sec  Max Age 20 sec  Forward Delay 15 sec
            Aging Time  20

Interface     Role    Sts    Cost   Prio.Nbr    Type
----------    ----    ----   ---    -------    --------------------------------
Fa0/3         Altn    BLK    19     128.3      P2p
Fa0/1         Root    FWD    19     128.1      P2p
Fa0/2         Desg    FWD    19     128.2      P2p


VLAN0014
 Spanning tree enabled protocol ieee
 Root ID     Priority    32782
            Address     0000.0C13.9CD8
            Cost        19
            Port        1 (FastEthernet0/1)
            Hello Time  2 sec  Max Age 20 sec  Forward Delay 15 sec

 Bridge ID  Priority    32782  (priority 32768 sys-id-ext 14)
            Address     00D0.97BD.E6CE
            Hello Time  2 sec  Max Age 20 sec  Forward Delay 15 sec
            Aging Time  20

Interface     Role    Sts    Cost   Prio.Nbr    Type
----------    ----    ----   ---    -------    --------------------------------
Fa0/3         Altn    BLK    19     128.3      P2p
Fa0/1         Root    FWD    19     128.1      P2p
Fa0/2         Desg    FWD    19     128.2      P2p


VLAN0015
 Spanning tree enabled protocol ieee
 Root ID     Priority    32783
            Address     0000.0C13.9CD8
            Cost        19
            Port        1 (FastEthernet0/1)
            Hello Time  2 sec  Max Age 20 sec  Forward Delay 15 sec

 Bridge ID  Priority    32783  (priority 32768 sys-id-ext 15)
            Address     00D0.97BD.E6CE
            Hello Time  2 sec  Max Age 20 sec  Forward Delay 15 sec
            Aging Time  20

Interface     Role    Sts    Cost   Prio.Nbr    Type
```

```
----------    ----    ----   ---   -------   -----------------------------------
Fa0/3         Altn    BLK    19    128.3     P2p
Fa0/1         Root    FWD    19    128.1     P2p
Fa0/2         Desg    FWD    19    128.2     P2p
```

（4）在 SW03 中，使用 show spanning-tree 命令查看交换机的 BID：优先级和 MAC；发现该交换机非根交换机：根端口（Root）和指定端口（Desg）处于转发（FWD）状态；替换端口（Altn）处于阻塞（BLK）状态。

```
SW03#show spanning-tree
VLAN0001
  Spanning tree enabled protocol ieee
  Root ID    Priority    32769
             Address     0000.0C13.9CD8
             Cost        19
             Port        1 (FastEthernet0/1)
             Hello Time  2 sec  Max Age 20 sec  Forward Delay 15 sec

  Bridge ID  Priority    32769  (priority 32768 sys-id-ext 1)
             Address     0007.EC57.6A26
             Hello Time  2 sec  Max Age 20 sec  Forward Delay 15 sec
             Aging Time  20

Interface     Role    Sts    Cost   Prio.Nbr   Type
----------    ----    ----   ---    -------    -----------------------------------
Fa0/3         Desg    FWD    19     128.3      P2p
Fa0/1         Root    FWD    19     128.1      P2p
Fa0/2         Desg    FWD    19     128.2      P2p


VLAN0014
  Spanning tree enabled protocol ieee
  Root ID    Priority    32782
             Address     0000.0C13.9CD8
             Cost        19
             Port        1 (FastEthernet0/1)
             Hello Time  2 sec  Max Age 20 sec  Forward Delay 15 sec

  Bridge ID  Priority    32782  (priority 32768 sys-id-ext 14)
             Address     0007.EC57.6A26
             Hello Time  2 sec  Max Age 20 sec  Forward Delay 15 sec
             Aging Time  20

Interface     Role    Sts    Cost   Prio.Nbr   Type
----------    ----    ----   ---    -------    -----------------------------------
Fa0/3         Desg    FWD    19     128.3      P2p
Fa0/1         Root    FWD    19     128.1      P2p
Fa0/2         Desg    FWD    19     128.2      P2p


VLAN0015
  Spanning tree enabled protocol ieee
  Root ID    Priority    32783
```

```
            Address      0000.0C13.9CD8
            Cost         19
            Port         1 (FastEthernet0/1)
            Hello Time   2 sec  Max Age 20 sec  Forward Delay 15 sec

  Bridge ID  Priority    32783  (priority 32768 sys-id-ext 15)
            Address      0007.EC57.6A26
            Hello Time   2 sec  Max Age 20 sec  Forward Delay 15 sec
            Aging Time   20

Interface      Role   Sts   Cost  Prio.Nbr   Type
----------     ----   ----  ---   -------    -------------------------
Fa0/3          Desg   FWD   19    128.3      P2p
Fa0/1          Root   FWD   19    128.1      P2p
Fa0/2          Desg   FWD   19    128.2      P2p
```

3．状态分析

（1）分析：当前网络中，由于交换机优先级相同，会自动依据 MAC 地址选举出根交换机（SW21），导致 SW02 和 SW03 之间链路阻塞，而在 SW21 和 SW22 上未能实现负载均衡。

（2）策略：针对不同 VLAN，定义根交换机和次根交换机。对于 VLAN 14，根为 SW02、次根为 SW03；对于 VLAN 15，根为 SW03、次根为 SW02。最终实现：根故障后，次根提升为根；当根恢复后，重新获得根角色。

4．负载均衡实施

（1）在 SW02 中，使用 spanning-tree vlan 14 priority 4096 命令将 SW02 设置为 VLAN 14 的根。

```
SW02(config)#spanning-tree vlan 14 priority 4096
```

（2）在 SW02 中，使用 show spanning-tree vlan 14 命令，查看 VLAN 14 的根信息。

```
SW02#show spanning-tree vlan 14
VLAN0014
  Spanning tree enabled protocol ieee
  Root ID      Priority    4110
              Address      00D0.97BD.E6CE
              This bridge is the root
              Hello Time   2 sec  Max Age 20 sec  Forward Delay 15 sec

  Bridge ID  Priority    4110  (priority 4096 sys-id-ext 14)
            Address      00D0.97BD.E6CE
            Hello Time   2 sec  Max Age 20 sec  Forward Delay 15 sec
            Aging Time   20

Interface      Role   Sts   Cost  Prio.Nbr   Type
----------     ----   ----  ---   -------    -------------------------
Fa0/3          Desg   FWD   19    128.3      P2p
Fa0/1          Desg   FWD   19    128.1      P2p
Fa0/2          Desg   FWD   19    128.2      P2p
```

（3）在 SW03 中，使用 spanning-tree vlan 15 priority 4096 命令将 SW02 设置为 VLAN 15 的根。

```
SW03(config)#spanning-tree vlan 15 priority 4096
```

（4）在 SW03 中，使用 show spanning-tree vlan 15 命令，查看 VLAN 15 的根信息。

```
SW03#show spanning-tree vlan 15
VLAN0015
  Spanning tree enabled protocol ieee
  Root ID    Priority    4111
             Address     0007.EC57.6A26
             This bridge is the root
             Hello Time  2 sec  Max Age 20 sec  Forward Delay 15 sec

  Bridge ID  Priority    4111   (priority 4096 sys-id-ext 15)
             Address     0007.EC57.6A26
             Hello Time  2 sec  Max Age 20 sec  Forward Delay 15 sec
             Aging Time  20

Interface       Role   Sts   Cost   Prio.Nbr   Type
----------      ----   ----  ----   -------    --------------------------------
Fa0/3           Desg   FWD   19     128.3      P2p
Fa0/1           Desg   FWD   19     128.1      P2p
Fa0/2           Desg   FWD   19     128.2      P2p
```

（5）在 SW02 中，使用 show spanning-tree vlan 15 命令查看 VLAN 的根信息：非根，优先级默认为 32768。

```
SW02#show spanning-tree vlan 15
VLAN0015
  Spanning tree enabled protocol ieee
  Root ID    Priority    4111
             Address     0007.EC57.6A26
             Cost        19
             Port        3(FastEthernet0/3)
             Hello Time  2 sec  Max Age 20 sec  Forward Delay 15 sec

  Bridge ID  Priority    32783  (priority 32768 sys-id-ext 15)
             Address     00D0.97BD.E6CE
             Hello Time  2 sec  Max Age 20 sec  Forward Delay 15 sec
             Aging Time  20

Interface       Role   Sts   Cost   Prio.Nbr   Type
----------      ----   ----  ----   -------    --------------------------------
Fa0/3           Root   FWD   19     128.3      P2p
Fa0/1           Altn   BLK   19     128.1      P2p
Fa0/2           Altn   BLK   19     128.2      P2p
```

（6）在 SW03 中，使用 show spanning-tree vlan 14 命令查看 VLAN 的根信息：非根，优先级默认为 32768。

```
SW03#show spanning-tree vlan 14
VLAN0014
  Spanning tree enabled protocol ieee
  Root ID    Priority    4110
             Address     00D0.97BD.E6CE
             Cost        19
```

```
            Port        3（FastEthernet0/3）
            Hello Time  2 sec  Max Age 20 sec  Forward Delay 15 sec

  Bridge ID  Priority    32782  (priority 32768 sys-id-ext 14)
            Address      0007.EC57.6A26
            Hello Time  2 sec  Max Age 20 sec  Forward Delay 15 sec
            Aging Time  20


Interface   Role   Sts   Cost  Prio.Nbr  Type
----------  ----   ----  ---   -------   --------------------------------
Fa0/3       Root   FWD   19    128.3     P2p
Fa0/1       Altn   BLK   19    128.1     P2p
Fa0/2       Altn   BLK   19    128.2     P2p
```

（7）在 SW02 中，使用 spanning-tree vlan 15 root secondary 命令将 SW02 设置为 VLAN 15 的次根。

```
SW02(config)# spanning-tree vlan 15 root secondary
```

（8）在 SW02 中，使用 show spanning-tree vlan 15 命令查看 VLAN 15 的根信息：优先级由默认值 32768 自动修改为 28672，成为优先级次高的交换机。

```
SW02#show spanning-tree vlan 15
VLAN0015
  Spanning tree enabled protocol ieee
  Root ID    Priority    4111
            Address      0007.EC57.6A26
            Cost        19
            Port        3（FastEthernet0/3）
            Hello Time  2 sec  Max Age 20 sec  Forward Delay 15 sec

  Bridge ID  Priority    28687  (priority 28672 sys-id-ext 15)
            Address      00D0.97BD.E6CE
            Hello Time  2 sec  Max Age 20 sec  Forward Delay 15 sec
            Aging Time  20


Interface   Role   Sts   Cost  Prio.Nbr  Type
----------  ----   ----  ---   -------   --------------------------------
Fa0/3       Root   FWD   19    128.3     P2p
Fa0/1       Desg   FWD   19    128.1     P2p
Fa0/2       Desg   FWD   19    128.2     P2p
```

（9）在 SW03 中，使用 spanning-tree vlan 14 root secondary 命令，将 SW03 设置为 VLAN 14 的次根。

```
SW03(config)# spanning-tree vlan 14 root secondary
```

（10）在 SW03 中，使用 show spanning-tree vlan 14 命令查看 VLAN 14 的根信息：优先级同样由默认值 32768 自动修改为 28672，成为优先级次高的交换机。

```
SW03#show spanning-tree vlan 14
VLAN0014
  Spanning tree enabled protocol ieee
  Root ID    Priority    4110
            Address      00D0.97BD.E6CE
            Cost        19
```

```
Port       3(FastEthernet0/3)
Hello Time  2 sec  Max Age 20 sec  Forward Delay 15 sec

Bridge ID  Priority     28686  (priority 28672 sys-id-ext 14)
Address     0007.EC57.6A26
Hello Time  2 sec  Max Age 20 sec  Forward Delay 15 sec
Aging Time  20

Interface    Role   Sts   Cost   Prio.Nbr   Type
----------   ----   ----  ---    -------    --------------------------------
Fa0/3        Root   FWD   19     128.3      P2p
Fa0/1        Desg   FWD   19     128.1      P2p
Fa0/2        Desg   FWD   19     128.2      P2p
```

5. 负载均衡测试

（1）按照规划地址，配置 PC 的 IP 地址信息。

（2）在仿真模式下，测试 VLAN 14 间主机通信路径，如图 5-10 所示。

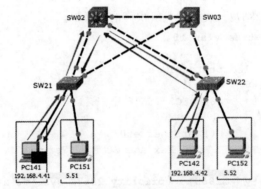

图 5-10　VLAN 14 内主机通信路径

（3）在仿真模式下，测试 VLAN 15 间主机通信路径，如图 5-11 所示。

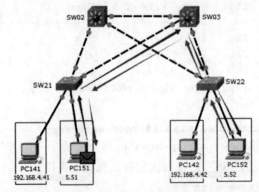

图 5-11　VLAN 15 内主机通信路径

（4）基于上述结果，可以发现，不同 VLAN 数据通信使用的链路不同，实现了 SW02 和 SW03 的分担。

（5）故障模拟：关闭 SW02 的 F0/2 口（直连 SW21）。

```
SW02(config)#interface f0/2
SW02(config-if)#shutdown
```

（6）测试 VLAN 14 业务通信链路，发现数据包将由 SW03 转发，如图 5-12 所示。

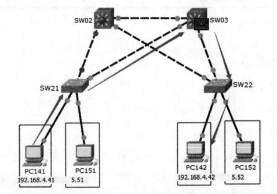

图 5-12　VLAN 14 主链路故障后通信路径

提示

负载均衡需要重点关注流量，而非简单的配置，否则可能效果适得其反。

实战 19　基于端口的链路调整

实战描述

为提高 SW11 和 SW12 之间链路的可靠性，在原有网络连接基础上，增加一条链路（SW11：F0/21—SW12：F0/21）。要求通过修改端口参数，在保留原有根交换机角色的情况下，将原有链路（SW11：F0/23—SW12：F0/23）作为主链路，新增链路作为备份链路。

所需资源

1 台 3560 交换机、3 台 2960 交换机。拓扑结构和端口连接如图 5-13 和表 5-9 所示。

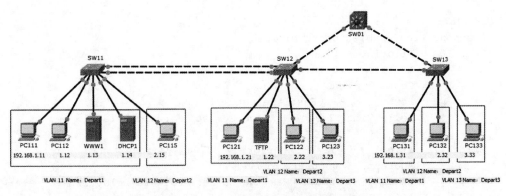

图 5-13　PVST 负载均衡部署拓扑结构

表 5-9 端口连接

设　　备	本 地 端 口	对 端 端 口	备　　注
SW11	Fa0/21	SW12: F0/21	trunk
SW11	Fa0/23	SW12: F0/23	trunk

操作步骤

1. 完成 VLAN 基本配置

（1）在 SW11、SW12 上创建相应 VLAN。

（2）将端口划入 VLAN，配置互联端口为 trunk。

2. 查看生成树信息

（1）在 SW11 中，使用 show spanning-tree 查看交换机的 BID：优先级和 MAC；发现该交换机为非根交换机：端口 Fa0/21 为替换口（Altn），处于阻塞状态（BLK）；Fa0/23 为根端口（Root）处于转发（FWD）状态。两个端口开销均为 19。

```
SW11#show spanning-tree
VLAN0001

  Spanning tree enabled protocol ieee
  Root ID    Priority   8193
             Address    0060.5C2A.B909
             Cost       38
             Port       21 (FastEthernet0/21)
             Hello Time  2 sec  Max Age 20 sec  Forward Delay 15 sec

  Bridge ID  Priority   32769  (priority 32768 sys-id-ext 1)
             Address    0050.0F9E.E6AC
             Hello Time  2 sec  Max Age 20 sec  Forward Delay 15 sec
             Aging Time  20

Interface        Role  Sts  Cost  Prio.Nbr  Type
----------       ----  ---- ---   -------   --------------------------------
Fa0/21           Root  FWD  19    128.21    P2p
Fa0/23           Altn  BLK  19    128.23    P2p


VLAN0011
  Spanning tree enabled protocol ieee
  Root ID    Priority   8203
             Address    0060.5C2A.B909
             Cost       38
             Port       21 (FastEthernet0/21)
             Hello Time  2 sec  Max Age 20 sec  Forward Delay 15 sec

  Bridge ID  Priority   32779  (priority 32768 sys-id-ext 11)
             Address    0050.0F9E.E6AC
             Hello Time  2 sec  Max Age 20 sec  Forward Delay 15 sec
             Aging Time  20
```

```
Interface        Role   Sts    Cost   Prio.Nbr   Type
----------       ----   ----   ---    -------    --------------------------------
Fa0/21           Root   FWD    19     128.21     P2p
Fa0/23           Altn   BLK    19     128.23     P2p
Fa0/3            Desg   FWD    19     128.3      P2p
Fa0/2            Desg   FWD    19     128.2      P2p
Fa0/1            Desg   FWD    19     128.1      P2p
Fa0/4            Desg   FWD    19     128.4      P2p


VLAN0012
  Spanning tree enabled protocol ieee
  Root ID    Priority    8204
             Address     0060.5C2A.B909
             Cost        38
             Port        21 (FastEthernet0/21)
             Hello Time  2 sec  Max Age 20 sec  Forward Delay 15 sec

  Bridge ID  Priority    32780   (priority 32768 sys-id-ext 12)
             Address     0050.0F9E.E6AC
             Hello Time  2 sec  Max Age 20 sec  Forward Delay 15 sec
             Aging Time  20

Interface        Role   Sts    Cost   Prio.Nbr   Type
----------       ----   ----   ---    -------    --------------------------------
Fa0/21           Root   FWD    19     128.21     P2p
Fa0/23           Altn   BLK    19     128.23     P2p
Fa0/9            Desg   FWD    19     128.9      P2p
```

（2）在 SW11 中，在端口开销（19）和优先级（128）相同的情况下，端口编号较大的 Fa0/23 成为转发端口，所在链路被阻塞，较小的 Fa0/21 端口被激活。

3．修改端口开销

（1）在 SW11 中，通过执行 spanning-tree cost 18 接口配置模式命令，可将此根端口的开销降低到 18（注意：该命令部分 Packet Tracer 软件不支持）。

（2）在 SW12 中，在 Fa0/23 端口下执行 spanning-tree vlan 1,11,12 port-priority 16 命令，将端口优先级提高为 16。

```
SW12(config)#interface fastEthernet 0/23
SW12(config-if)#spanning-tree vlan 1,11,12 port-priority 16
```

（3）在 SW12 中，使用 show spanning-tree 命令查看；发现该端口优先级已调整。

```
SW12#show spanning-tree
VLAN0001
  Spanning tree enabled protocol ieee
  Root ID    Priority    8193
             Address     0060.5C2A.B909
             Cost        19
             Port        24 (FastEthernet0/24)
             Hello Time  2 sec  Max Age 20 sec  Forward Delay 15 sec

  Bridge ID  Priority    32769   (priority 32768 sys-id-ext 1)
```

```
                    Address     00E0.B0C5.7E20
                    Hello Time  2 sec  Max Age 20 sec  Forward Delay 15 sec
                    Aging Time  20


  Interface    Role  Sts   Cost  Prio.Nbr   Type
  ----------   ----  ----  ---   -------    -------------------------------
  Fa0/21       Desg  FWD   19    128.21     P2p
  Fa0/22       Altn  BLK   19    128.22     P2p
  Fa0/23       Desg  FWD   19    16.23      P2p
  Fa0/24       Root  FWD   19    128.24     P2p


VLAN0011
  Spanning tree enabled protocol ieee
   Root ID    Priority    8203
              Address     0060.5C2A.B909
              Cost        19
              Port        24 (FastEthernet0/24)
              Hello Time  2 sec  Max Age 20 sec  Forward Delay 15 sec

   Bridge ID  Priority    32779  (priority 32768 sys-id-ext 11)
              Address     00E0.B0C5.7E20
              Hello Time  2 sec  Max Age 20 sec  Forward Delay 15 sec
              Aging Time  20


  Interface    Role  Sts   Cost  Prio.Nbr   Type
  ----------   ----  ----  ---   -------    -------------------------------
  Fa0/1        Desg  FWD   19    128.1      P2p
  Fa0/2        Desg  FWD   19    128.2      P2p
  Fa0/21       Desg  FWD   19    128.21     P2p
  Fa0/22       Altn  BLK   19    128.22     P2p
  Fa0/23       Desg  FWD   19    16.23      P2p
  Fa0/24       Root  FWD   19    128.24     P2p


VLAN0012
  Spanning tree enabled protocol ieee
   Root ID    Priority    8204
              Address     0060.5C2A.B909
              Cost        19
              Port        24 (FastEthernet0/24)
              Hello Time  2 sec  Max Age 20 sec  Forward Delay 15 sec

   Bridge ID  Priority    32780  (priority 32768 sys-id-ext 12)
              Address     00E0.B0C5.7E20
              Hello Time  2 sec  Max Age 20 sec  Forward Delay 15 sec
              Aging Time  20


  Interface    Role  Sts   Cost  Prio.Nbr   Type
  ----------   ----  ----  ---   -------    -------------------------------
  Fa0/9        Desg  FWD   19    128.9      P2p
  Fa0/21       Desg  FWD   19    128.21     P2p
  Fa0/22       Altn  BLK   19    128.22     P2p
  Fa0/23       Desg  FWD   19    16.23      P2p
  Fa0/24       Root  FWD   19    128.24     P2p
```

```
VLAN0013
  Spanning tree enabled protocol ieee
  Root ID    Priority    8205
             Address     0060.5C2A.B909
             Cost        19
             Port        24 (FastEthernet0/24)
             Hello Time  2 sec  Max Age 20 sec  Forward Delay 15 sec

  Bridge ID  Priority    32781  (priority 32768 sys-id-ext 13)
             Address     00E0.B0C5.7E20
             Hello Time  2 sec  Max Age 20 sec  Forward Delay 15 sec
             Aging Time  20

Interface       Role  Sts  Cost  Prio.Nbr  Type
----------      ----  ---- ---   -------   --------------------------------
Fa0/17          Desg  FWD  19    128.17    P2p
Fa0/21          Desg  FWD  19    128.21    P2p
Fa0/22          Altn  BLK  19    128.22    P2p
Fa0/23          Desg  FWD  19    128.23    P2p
Fa0/24          Root  FWD  19    128.24    P2p
```

（4）在 SW11 中，使用 show spanning-tree 命令查看；发现该交换机为非根交换机：端口 Fa0/21 为替换口（Altn），处于阻塞状态（BLK）；Fa0/23 为根端口（Root），处于转发（FWD）状态。

```
SW11#show spanning-tree
VLAN0001
  Spanning tree enabled protocol ieee
  Root ID    Priority    8193
             Address     0060.5C2A.B909
             Cost        38
             Port        23 (FastEthernet0/23)
             Hello Time  2 sec  Max Age 20 sec  Forward Delay 15 sec

  Bridge ID  Priority    32769  (priority 32768 sys-id-ext 1)
             Address     0050.0F9E.E6AC
             Hello Time  2 sec  Max Age 20 sec  Forward Delay 15 sec
             Aging Time  20

Interface       Role  Sts  Cost  Prio.Nbr  Type
----------      ----  ---- ---   -------   --------------------------------
Fa0/21          Altn  BLK  19    128.21    P2p
Fa0/23          Root  FWD  19    128.23    P2p

VLAN0011
  Spanning tree enabled protocol ieee
  Root ID    Priority    8203
             Address     0060.5C2A.B909
             Cost        38
             Port        23 (FastEthernet0/23)
             Hello Time  2 sec  Max Age 20 sec  Forward Delay 15 sec

  Bridge ID  Priority    32779  (priority 32768 sys-id-ext 11)
             Address     0050.0F9E.E6AC
```

```
              Hello Time  2 sec  Max Age 20 sec  Forward Delay 15 sec
              Aging Time  20


Interface       Role    Sts    Cost   Prio.Nbr   Type
----------      ----    ----   ---    -------    --------------------------------
Fa0/21          Altn    BLK    19     128.21     P2p
Fa0/23          Root    FWD    19     128.23     P2p
Fa0/3           Desg    FWD    19     128.3      P2p
Fa0/2           Desg    FWD    19     128.2      P2p
Fa0/1           Desg    FWD    19     128.1      P2p
Fa0/4           Desg    FWD    19     128.4      P2p


VLAN0012
 Spanning tree enabled protocol ieee
 Root ID    Priority    8204
            Address     0060.5C2A.B909
            Cost        38
            Port        23 (FastEthernet0/23)
            Hello Time  2 sec  Max Age 20 sec  Forward Delay 15 sec

 Bridge ID  Priority    32780  (priority 32768 sys-id-ext 12)
            Address     0050.0F9E.E6AC
            Hello Time  2 sec  Max Age 20 sec  Forward Delay 15 sec
            Aging Time  20


Interface       Role    Sts    Cost   Prio.Nbr   Type
----------      ----    ----   ---    -------    --------------------------------
Fa0/21          Altn    BLK    19     128.21     P2p
Fa0/23          Root    FWD    19     128.23     P2p
Fa0/9           Desg    FWD    19     128.9      P2p
```

 提示

负载均衡需要重点关注端口和链路带宽资源，合理规划才能实现预期效果。

实战 20   生成树优化配置

实战描述

在实战 17、19 的基础上，本任务主要提升生成树的性能，主要包括：一方面，部署快速 PVST，提高生成树收敛速度；另一方面，采用 PortFast 配置边缘端口，将端口即时转换至转发状态，使用 BDPU 防护，防止边缘端口转发 BDPU。

所需资源

1 台 3560 交换机、3 台 2960 交换机。拓扑结构和端口连接如图 5-14 和表 5-10 所示。

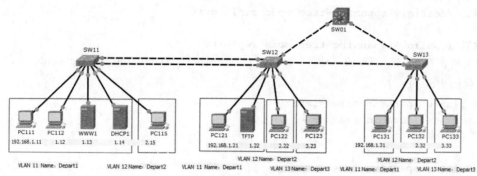

图 5-14　生成树优化拓扑结构

表 5-10　端口连接

设　　备	本 地 端 口	对 端 端 口	备　　注
SW11	Fa0/21	SW12：F0/21	trunk
SW11	Fa0/23	SW12：F0/23	trunk
SW12	Fa0/22	SW13：F0/22	trunk
SW12	Fa0/23	SW01：F0/23	trunk
SW13	Fa0/24	SW01：F0/24	trunk

操作步骤

1．查看生成树默认协议

在 SW11、SW12、SW13 和 SW01 上分别执行 show spanning-tree summary 命令，发现默认协议为 PVST。

```
SW11#show spanning-tree summary
Switch is in pvst mode
<省略部分输出>
```

```
SW12#show spanning-tree summary
Switch is in pvst mode
<省略部分输出>
```

```
SW13#show spanning-tree summary
Switch is in pvst mode
<省略部分输出>
```

```
SW01#show spanning-tree summary
Switch is in pvst mode
<省略部分输出>
```

2．配置快速生成树

（1）在交换机上配置快速 PVST，执行 spanning-tree mode rapid-pvst 命令。

```
SW11 (config)# spanning-tree mode rapid-pvst
```

```
SW12 (config)# spanning-tree mode rapid-pvst
```

```
SW13 (config)# spanning-tree mode rapid-pvst

SW01 (config)# spanning-tree mode rapid-pvst
```

（2）再次在 SW11、SW12、SW13 和 SW01 上分别执行 show spanning-tree summary 命令，发现协议已更改。

```
SW11#show spanning-tree summary
Switch is in rapid-pvst mode
<省略部分输出>

SW12#show spanning-tree summary
Switch is in rapid-pvst mode
<省略部分输出>

SW13#show spanning-tree summary
Switch is in rapid-pvst mode
<省略部分输出>

SW01#show spanning-tree summary
Switch is in rapid-pvst mode
<省略部分输出>
```

3．收敛测试

（1）在 S11 交换机上的 Fa0/23 端口执行 shutdown 命令关闭端口，断开主链路。

（2）发现备份链路端口原来橘色的端口（Fa0/21）立即转换为绿色，即快速进入转发状态。因此，通过配置 rapid-pvst 模式，可以实现生成树的快速收敛。

4．快速端口配置

（1）默认情况下，交换机所有端口都会收发 BPDU 信息，参与生成树协议计算；然而，对于连接主机端的端口，无须发送和接收 BPDU，可以通过配置 PortFast 功能将端口立即进入转发状态，无须等待生成树收敛。

（2）在各交换机连接终端设备的相应端口中执行 spanning-tree portfast 命令。下面以 SW11 为例，说明配置：

```
SW11(config)#interface range fastEthernet 0/1 - 16
SW11(config-if-range)#spanning-tree portfast
%Warning: portfast should only be enabled on ports connected to a single
host. Connecting hubs, concentrators, switches, bridges, etc... to this
interface when portfast is enabled, can cause temporary bridging loops.
Use with CAUTION

%Portfast will be configured in 16 interfaces due to the range command
but will only have effect when the interfaces are in a non-trunking mode.
<省略部分输出>
```

（3）配置后出现两部分提示信息：第一部分为 portfast 同连接主机，使用 portfast 可能会导致环路；第二部分为 portfast 只在非 trunk（即 access）模式下生效。

（4）为所有非 trunk 口启用快速端口，在全局配置模式下，执行 spanning-tree portfast default 命令。下面以 SW11 为例，说明配置：

```
SW11(config)#spanning-tree portfast default
<省略部分输出>
```

5．交换机配置

下面列出了任务中各交换机的配置信息。

```
SW11#show running-config
Building configuration...

Current configuration : 2132 bytes
!
version 12.2
no service timestamps log datetime msec
no service timestamps debug datetime msec
no service password-encryption
!
hostname SW11
!
spanning-tree mode rapid-pvst
spanning-tree portfast default
!
interface FastEthernet0/1
 switchport access vlan 11
 switchport mode access
 spanning-tree portfast
!
interface FastEthernet0/2
 switchport access vlan 11
 switchport mode access
 spanning-tree portfast
!
interface FastEthernet0/3
 switchport access vlan 11
 switchport mode access
 spanning-tree portfast
!
interface FastEthernet0/4
 switchport access vlan 11
 switchport mode access
 spanning-tree portfast
!
interface FastEthernet0/5
 switchport access vlan 11
 switchport mode access
 spanning-tree portfast
!
interface FastEthernet0/6
 switchport access vlan 11
 switchport mode access
 spanning-tree portfast
!
```

```
interface FastEthernet0/7
 switchport access vlan 11
 switchport mode access
 spanning-tree portfast
!
interface FastEthernet0/8
 switchport access vlan 11
 switchport mode access
 spanning-tree portfast
!
interface FastEthernet0/9
 switchport access vlan 12
 spanning-tree portfast
!
interface FastEthernet0/10
 switchport access vlan 12
 spanning-tree portfast
!
interface FastEthernet0/11
 switchport access vlan 12
 spanning-tree portfast
!
interface FastEthernet0/12
 switchport access vlan 12
 spanning-tree portfast
!
interface FastEthernet0/13
 switchport access vlan 12
 spanning-tree portfast
!
interface FastEthernet0/14
 switchport access vlan 12
 spanning-tree portfast
!
interface FastEthernet0/15
 switchport access vlan 12
 spanning-tree portfast
!
interface FastEthernet0/16
 switchport access vlan 12
 spanning-tree portfast
!
interface FastEthernet0/17
!
interface FastEthernet0/18
!
interface FastEthernet0/19
!
interface FastEthernet0/20
!
```

```
interface FastEthernet0/21
 switchport mode trunk
!
interface FastEthernet0/22
!
interface FastEthernet0/23
 switchport mode trunk
!
interface FastEthernet0/24
!
interface GigabitEthernet0/1
!
interface GigabitEthernet0/2
!
interface Vlan1
 no ip address
 shutdown
!
line con 0
!
line vty 0 4
 login
line vty 5 15
 login
!
end

SW12#show running-config
Building configuration...

Current configuration : 2419 bytes
!
version 15.0
no service timestamps log datetime msec
no service timestamps debug datetime msec
no service password-encryption
!
hostname SW12
!
spanning-tree mode rapid-pvst
spanning-tree portfast default
!
interface FastEthernet0/1
 switchport access vlan 11
 switchport mode access
 spanning-tree portfast
!
interface FastEthernet0/2
 switchport access vlan 11
 switchport mode access
```

```
  spanning-tree portfast
 !
interface FastEthernet0/3
 switchport access vlan 11
 switchport mode access
 spanning-tree portfast
 !
interface FastEthernet0/4
 switchport access vlan 11
 switchport mode access
 spanning-tree portfast
 !
interface FastEthernet0/5
 switchport access vlan 11
 switchport mode access
 spanning-tree portfast
 !
interface FastEthernet0/6
 switchport access vlan 11
 switchport mode access
 spanning-tree portfast
 !
interface FastEthernet0/7
 switchport access vlan 11
 switchport mode access
 spanning-tree portfast
 !
interface FastEthernet0/8
 switchport access vlan 11
 switchport mode access
 spanning-tree portfast
 !
interface FastEthernet0/9
 switchport access vlan 12
 spanning-tree portfast
 !
interface FastEthernet0/10
 switchport access vlan 12
 spanning-tree portfast
 !
interface FastEthernet0/11
 switchport access vlan 12
 spanning-tree portfast
 !
interface FastEthernet0/12
 switchport access vlan 12
 spanning-tree portfast
 !
interface FastEthernet0/13
 switchport access vlan 12
```

```
 spanning-tree portfast
!
interface FastEthernet0/14
 switchport access vlan 12
 spanning-tree portfast
!
interface FastEthernet0/15
 switchport access vlan 12
 spanning-tree portfast
!
interface FastEthernet0/16
 switchport access vlan 12
 spanning-tree portfast
!
interface FastEthernet0/17
 switchport access vlan 13
 spanning-tree portfast
!
interface FastEthernet0/18
 switchport access vlan 13
 spanning-tree portfast
!
interface FastEthernet0/19
 switchport access vlan 13
 spanning-tree portfast
!
interface FastEthernet0/20
 switchport access vlan 13
 spanning-tree portfast
!
interface FastEthernet0/21
 switchport mode trunk
!
interface FastEthernet0/22
 switchport mode trunk
!
interface FastEthernet0/23
 spanning-tree vlan 1,11-12 port-priority 16
!
interface FastEthernet0/24
 switchport mode trunk
!
interface GigabitEthernet0/1
!
interface GigabitEthernet0/2
!
interface Vlan1
 ip address 192.168.1.100 255.255.255.0
!
line con 0
```

```
!
line vty 0 4
 login
line vty 5 15
 login
!
end

SW13#show running-config
Building configuration...

Current configuration : 1558 bytes
!
version 12.2
no service timestamps log datetime msec
no service timestamps debug datetime msec
no service password-encryption
!
hostname SW13
!
spanning-tree mode rapid-pvst
spanning-tree portfast default
!
interface FastEthernet0/1
 spanning-tree portfast
!
interface FastEthernet0/2
 spanning-tree portfast
!
interface FastEthernet0/3
 spanning-tree portfast
!
interface FastEthernet0/4
 spanning-tree portfast
!
interface FastEthernet0/5
 spanning-tree portfast
!
interface FastEthernet0/6
 spanning-tree portfast
!
interface FastEthernet0/7
 spanning-tree portfast
!
interface FastEthernet0/8
 spanning-tree portfast
!
interface FastEthernet0/9
 spanning-tree portfast
!
```

```
interface FastEthernet0/10
 spanning-tree portfast
!
interface FastEthernet0/11
 spanning-tree portfast
!
interface FastEthernet0/12
 spanning-tree portfast
!
interface FastEthernet0/13
 spanning-tree portfast
!
interface FastEthernet0/14
 spanning-tree portfast
!
interface FastEthernet0/15
 spanning-tree portfast
!
interface FastEthernet0/16
 spanning-tree portfast
!
interface FastEthernet0/17
 spanning-tree portfast
!
interface FastEthernet0/18
 spanning-tree portfast
!
interface FastEthernet0/19
 spanning-tree portfast
!
interface FastEthernet0/20
 spanning-tree portfast
!
interface FastEthernet0/21
!
interface FastEthernet0/22
!
interface FastEthernet0/23
!
interface FastEthernet0/24
!
interface GigabitEthernet0/1
!
interface GigabitEthernet0/2
!
interface Vlan1
 no ip address
 shutdown
!
line con 0
```

```
!
line vty 0 4
 login
line vty 5 15
 login
!
!
end

SW01#show running-config
Building configuration...

Current configuration : 1292 bytes
!
version 12.2
no service timestamps log datetime msec
no service timestamps debug datetime msec
no service password-encryption
!
hostname SW01
!
spanning-tree mode rapid-pvst
spanning-tree vlan 1,11-13 priority 8192
!
interface FastEthernet0/1
!
interface FastEthernet0/2
!
interface FastEthernet0/3
!
interface FastEthernet0/4
!
interface FastEthernet0/5
!
interface FastEthernet0/6
!
interface FastEthernet0/7
!
interface FastEthernet0/8
!
interface FastEthernet0/9
!
interface FastEthernet0/10
!
interface FastEthernet0/11
!
interface FastEthernet0/12
!
interface FastEthernet0/13
!
```

```
interface FastEthernet0/14
!
interface FastEthernet0/15
!
interface FastEthernet0/16
!
interface FastEthernet0/17
!
interface FastEthernet0/18
!
interface FastEthernet0/19
!
interface FastEthernet0/20
!
interface FastEthernet0/21
!
interface FastEthernet0/22
!
interface FastEthernet0/23
 switchport trunk encapsulation dot1q
 switchport mode trunk
!
interface FastEthernet0/24
 switchport trunk encapsulation dot1q
 switchport mode trunk
!
interface GigabitEthernet0/1
!
interface GigabitEthernet0/2
!
interface Vlan1
 no ip address
 shutdown
!
ip classless
!
ip flow-export version 9
!
line con 0
!
line aux 0
!
line vty 0 4
 login
!
end
```

提示

生成树协议优化需要根据实际需求和网络状况进行合理调节，切记不能生搬硬套。

实战 21　链路聚合部署

实战描述

　　SW11 和 SW12 间百兆快速以太网链路已成为 SW1 所连接网络通信的瓶颈，在现有网络基础上，增加两条千兆链路（SW11：G0/1—SW12：G0/1 和 SW11：G0/2—SW12：G0/2）。要求，将两条千兆链路绑定成 2 Gbit/s 链路 2，原有两条百兆链路（SW11：F0/21—SW12：F0/21 和 SW11：F0/23—SW12：F0/23）绑定成链路 1；实现链路 2 为主链路、链路 1 为备份链路。

所需资源

　　2 台 2960 交换机。拓扑结构和端口连接如图 5-15 和表 5-11 所示。

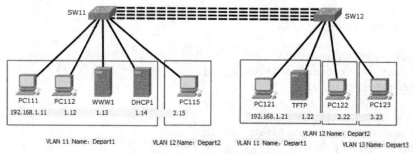

图 5-15　链路聚合部署拓扑结构

表 5-11　端口连接

设　　备	本 地 端 口	对 端 端 口	备　　注
SW11	Fa0/21	SW12：F0/21	trunk，备份链路
SW11	Fa0/23	SW12：F0/23	
SW11	G0/1	SW12：G0/1	trunk，主链路
SW11	G0/2	SW12：G0/2	

操作步骤

1. 删除部分配置

在 SW11、SW12 上将 F0/21 和 F0/23 口 trunk 配置删除。

```
SW11(config)#interface range fastEthernet 0/21, fastEthernet 0/23
SW11(config-if-range)#no switchport mode
```

　　//SW12 上命令同上

2. LACP 基本配置

（1）在 SW11 和 SW12 上，将百兆口绑定为 port-channel 1，并设置为 trunk 模式。

```
SW11(config)#interface range fastEthernet 0/21, f0/23
SW11(config-if-range)#duplex full
SW11(config-if-range)#channel-group 1 mode on
SW11(config-if-range)#switchport mode trunk
```

//SW12 上命令同上

（2）在 SW11 和 SW12 上，将千兆口绑定为 port-channel 2，并设置为 trunk 模式。

```
SW11(config)#interface range interface range gigabitEthernet 0/1-2
SW11(config-if-range)#speed 1000
SW11(config-if-range)#channel-group 1 mode active
SW11(config-if-range)#switchport mode trunk
```

//SW12 上命令同上

3. 验证 LACP 配置

（1）在 SW11 上，执行 show etherchannel summary 命令查看链路聚合汇总信息：发现 Po2 因为使用 active 参数，为 LACP 协议；而 Po1 使用 on，不显示具体协议。

```
SW11#show etherchannel summary
Flags:  d - down       p - in port-channel
        i - stand-alone s - suspended
        h - Hot-standby（LACP only）
        r - Layer3     s - Layer2
        u - in use     f - failed to allocate aggregator
        u - unsuitable for bundling
        w - waiting to be aggregated
        d - default port


Number of channel-groups in use: 2
Number of aggregators:          2

Group  Port-channel    Protocol    Ports
------+-------------+-----------+------------------------------------------

1     Po1（SU）        -          Fa0/21（P）Fa0/23（P）
2     Po2（SU）        LACP       Gig0/1（P）Gig0/2（P）
```
// "SU" 表示 EtherChannel 正常。

（2）在 SW11 上，执行 show etherchannel port-channel 命令查看链路聚合详细信息。

```
SW11#show etherchannel port-channel
            Channel-group listing:
            ----------------------

Group: 1
----------
            Port-channels in the group:
            --------------------------

Port-channel: Po1
------------

Age of the Port-channel   = 00d:00h:25m:20s
Logical slot/port   = 2/1          Number of ports = 2
GC                  = 0x00000000   HotStandBy port = null
Port state          = Port-channel
Protocol            =   PAGP           //默认使用 PAGP 协议
Port Security       = Disabled
```

```
Ports in the Port-channel:

Index  Load  Port      EC state        No of bits
------+------+--------+--------------+-----------
  0    00    Fa0/21    On               0
  0    00    Fa0/23    On               0
Time since last port bundled:   00d:00h:18m:48s    Fa0/23
Group: 2
----------
               Port-channels in the group:
               ---------------------------

Port-channel: Po2
------------

Age of the Port-channel  = 00d:00h:25m:13s
Logical slot/port   = 2/2            Number of ports = 2
GC                  = 0x00000000     HotStandBy port = null
Port state          = Port-channel
Protocol            =   LACP
Port Security       = Disabled

Ports in the Port-channel:

Index  Load  Port      EC state        No of bits
------+------+--------+--------------+-----------
  0    00    Gig0/1    On               0
  0    00    Gig0/2    On               0
Time since last port bundled:   00d:00h:06m:54s    Gig0/2
```

4. 查看生成树状态

（1）在 SW11 上，执行 show spanning-tree 命令生成树状态。发现端口为 Po1 和 Po2，而非 Fa0/21、Fa0/23、G0/1 和 G0/2 四个物理接口。

```
SW11#show spanning-tree
VLAN0001
  Spanning tree enabled protocol rstp
  Root ID    Priority    8193
             Address     0060.5C2A.B909
             Cost        22
             Port        28 (Port-channel 2)
             Hello Time  2 sec  Max Age 20 sec  Forward Delay 15 sec

  Bridge ID  Priority    32769  (priority 32768 sys-id-ext 1)
             Address     0050.0F9E.E6AC
             Hello Time  2 sec  Max Age 20 sec  Forward Delay 15 sec
             Aging Time  20

Interface    Role    Sts   Cost   Prio.Nbr   Type
----------   ----    ----  ---    -------    --------------------------------
Po1          Altn    BLK   9      128.27     Shr
Po2          Altn    FWD   3      128.28     Shr


VLAN0011
```

```
Spanning tree enabled protocol rstp
Root ID     Priority     8203
            Address      0060.5C2A.B909
            Cost         22
            Port         28 (Port-channel 2)
            Hello Time   2 sec  Max Age 20 sec  Forward Delay 15 sec

Bridge ID   Priority     32779  (priority 32768 sys-id-ext 11)
            Address      0050.0F9E.E6AC
            Hello Time   2 sec  Max Age 20 sec  Forward Delay 15 sec
            Aging Time   20

Interface     Role    Sts    Cost    Prio.Nbr    Type
----------    ----    ----   ---     -------     --------------------------
Po1           Altn    BLK    9       128.27      Shr
Fa0/2         Desg    FWD    19      128.2       P2p
Fa0/3         Desg    FWD    19      128.3       P2p
Fa0/4         Desg    FWD    19      128.4       P2p
Fa0/1         Desg    FWD    19      128.1       P2p
Po2           Root    FWD    3       128.28      Shr

VLAN0012
Spanning tree enabled protocol rstp
Root ID     Priority     8204
            Address      0060.5C2A.B909
            Cost         22
            Port         28 (Port-channel 2)
            Hello Time   2 sec  Max Age 20 sec  Forward Delay 15 sec

Bridge ID   Priority     32780  (priority 32768 sys-id-ext 12)
            Address      0050.0F9E.E6AC
            Hello Time   2 sec  Max Age 20 sec  Forward Delay 15 sec
            Aging Time   20

Interface     Role    Sts    Cost    Prio.Nbr    Type
----------    ----    ----   ---     -------     --------------------------
Po1           Altn    BLK    9       128.27      Shr
Fa0/9         Desg    FWD    19      128.9       P2p
Po2           Root    FWD    3       128.28      Shr
```

（2）由于千兆链路开销（3）小于百兆链路开销（9），因此，Po2 自动形成主链路，Po1 成为备份链路；读者可以通过 shutdown 命令，测试链路切换结果。

提示

链路聚合一般使用同类型链路，即同种类型端口。

小　　结

　　本章主要介绍基于生成树技术的冗余网络部署以及链路聚合技术，以提高二层网络的可靠性和可用性。结合实验方式，读者可以重点分析生成树工作原理以及配置方法。如果硬件设备条件允许，建议读者可以参考网络设备，学习多生成树 MSTP 和 VRRP 等通用技术配置，对比分析相关技术特点。

第6章 路由原理基础

6.1 IP 编 址

正如第 2 章所述，网络通信设备可以通过 MAC 和 IP 两种地址进行通信，即 MAC 为小范围内二层物理通信，而 IP 则用于大范围的三层逻辑通信。类似于人们生活中的通信方式：在小范围（一个宿舍或者一个教室）内，两个同学通信可使用姓名（物理地址）方式呼叫；当范围扩大后（两个人不在同一区域，如在不同城市），则需要采用打电话（逻辑地址）方式进行通信。为此，为保证大范围的网络通信（如 Internet），需要重点研究 IP 地址编制方式。在网络通信中，使用最多的为 A、B 和 C 三类地址。

A 类地址的默认掩码为 255.0.0.0，相应 IP 地址中前一段（8 位）表示网络位，后三段（24 位）表示主机位。因此，8 位二进制可以编出 128（2^8）个值，除去 0 和 127 打头的两个特殊地址，A 类地址包含 126（128-2）个网络。每个网络中，24 位二进制可以编出 1 677 216（2^{24}）个地址，除去全 0 和全 1 的网络地址和广播地址，可以容纳主机数为 1 677 214（1 677 216-2）。按照相同计算方法，可以发现：B 类地址包含 16 384 个网络，每个网络可容纳 65 534 个主机地址；C 类地址包括 2 097 152 个网络，每个网络可容纳 254 个主机地址。因此，在 IPv4 编制中，A 类地址用于大型网络，B 类地址用于中型网络，C 类地址用于小型网络。

若采用一个标准 IP 网段对网络进行编制，尤其是 A 类和 B 类地址，采用扁平化结构，所有设备共享相同带宽、共享相同的广播域，如图 6-1 所示；难以细化某些特定 IP 地址，直接导致管控和安全策略部署困难。一种合理的办法是，将标准 IP 网段划分为多个子块，实现小网络的精细化管理，有助于安全策略应用，如图 6-2 所示。

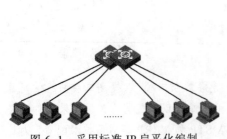

图 6-1 采用标准 IP 扁平化编制

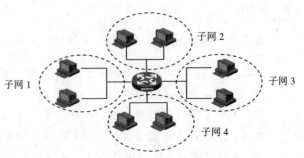

图 6-2 采用子网 IP 结构化编制

6.2 IP 子网划分

子网划分的核心在于：将标准 IP 地址中主机位借出高 n 位作为子网位，剩余部分作为子网的主机位，因此需要在标准掩码中增加 1 位，以对应子网位，掩码中 0 位则仍然对应子网主机位，如图 6-3 所示。因此，子网如何划分，可以通过掩码长度进行度量。

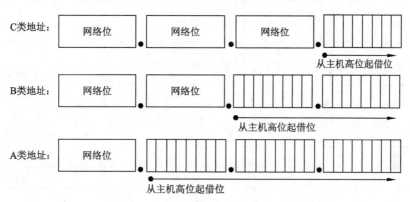

图 6-3 从主机高位借位划分子网

采用不同的借位方式，标准 IP 网络被分割为多个等大小的子网，子网数量和子网内主机数也各不相同。借位越多，子网数量越大，每个子网内主机数越少；借位越少，子网数量越小，每个子网内主机数越多。需要注意的是，子网位至少要借 1 位，剩余主机位数必须大于 1，否则无法容纳任何可用主机 IP，如表 6-1 所示。

表 6-1 IP 地址借位列表

类别	借位数（s）	子网数（2^s）	剩余主机位数（$8-s$）	每个子网主机数（$2^{8-s}-2$）
C 类	1	2	7	126
	2	4	6	62
	3	8	5	30
	4	16	4	14
	5	32	3	6
	6	64	2	2
	~~7~~	~~128~~	~~1~~	~~0~~
B 类	1	2	15	32 766
	2	4	14	16 382
	3	8	13	8 190
	4	16	12	4 094
	5	32	11	2 046
	6	64	10	1 022
	7	128	9	510
	8	256	8	254
	9	512	7	126

续表

类别	借位数（s）	子网数（2^s）	剩余主机位数（$8-s$）	每个子网主机数（$2^{8-s}-2$）
B 类	10	1 024	6	62
	11	2 048	5	30
	12	4 096	4	14
	13	8 192	3	6
	14	16 384	2	2
	~~15~~	~~32 768~~	~~1~~	~~0~~
A 类	1	2	23	83 388 606
	2	4	22	4 194 302
	3	8	21	2 097 150
	4	16	20	1 048 574
	5	32	19	524 286
	6	64	18	262 142
	7	128	17	131 070
	8	256	16	65 534
	9	512	15	32 766
	10	1 024	14	16 382
	11	2 048	13	8 190
	12	4 096	12	4 094
	13	8 192	11	2 046
	14	16 384	10	1 022
	15	32 768	9	510
	16	65 536	8	254
	17	131 072	7	126
	18	262 144	6	62
	19	524 288	5	30
	20	1 048 576	4	14
	21	2 097 152	3	6
	22	4 194 304	2	2
	~~23~~	~~8 388 608~~	~~1~~	~~0~~

子网掩码采用点分十进制法进行表示，十进制与二进制转换对应关系如表 6-2 所示。

表 6-2　子网掩码十进制与二进制转换对应关系

128	64	32	16	8	4	2	1		
1	0	0	0	0	0	0	0	=	128
1	1	0	0	0	0	0	0	=	192
1	1	1	0	0	0	0	0	=	224

128	64	32	16	8	4	2	1		
1	1	1	1	0	0	0	0	=	240
1	1	1	1	1	0	0	0	=	248
1	1	1	1	1	1	0	0	=	252
1	1	1	1	1	1	1	0	=	254
1	1	1	1	1	1	1	1	=	255

VLSM（可变长子网掩码）是在同一网段中使用变长的子网掩码划分多层次子网的方式，通俗地讲，将子网再子网化，可以针对地址需求灵活设计掩码和子网大小。

CIDR（无类别域间路由，Classless Inter-Domain Routing）采用斜杠（/）表示子网掩码，指出子网掩码中 1 位数量。A 类网络默认子网掩码是 255.0.0.0，用 CIDR 表示为/8；B 类网络默认子网掩码为 255.255.0.0，用 CIDR 表示为/16；C 类网络默认子网掩码为 255.255.255.0，用 CIDR 表示为/24。在运营商分配的 IP 地址最为常见，需要根据这种表示方法算出 IP 地址的网段范围、可用地址以及子网地址。例如 62.18.3.32/28。

6.3　路　由　基　础

6.3.1　基于路由器物理口互联

路由器工作在 OSI 模型第三层，俗称三层设备，主要作用是连接网段、实现网段间数据转发。路由器接口位于集成模块和扩展模块中，包括以太网电口、以太网光口和广域网串口几种典型类型，如表 6-3 所示。一个路由器端口所配置 IP 地址必须属于不同网段，即任意两个端口都不能属于同网段。

表 6-3　路由器常用模块

模型类型	模　　块	接　　口	名　　称	介　质	类　　型
WIC-1T			Serial 接口	串口线缆	WAN
WIC-2T			Serial 接口	串口线缆	WAN
WIC-1ENET			RJ-45 接口（10 Mbit/s）	双绞线	LAN
NM-1FE-TX			RJ-45 接口（100 Mbit/s）	双绞线	LAN
NM-1FE-FX			SC 接口（100 Mbit/s）	光纤	LAN

模 型 类 型	模 块	接 口	名 称	介 质	类 型
PT-ROUTER-NM-1CE			RJ-45 接口（10 Mbit/s）	双绞线	LAN
PT-ROUTER-NM-1CFE			RJ-45 接口（100 Mbit/s）	双绞线	LAN
PT-ROUTER-NM-1CGE			RJ-45 接口（1 Gbit/s）	双绞线	LAN
PT-ROUTER-NM-1FFE			SC 接口（100 Mbit/s）	光纤	LAN
PT-ROUTER-NM-1FGE			SC 接口（1 Gbit/s）	光纤	LAN
PT-ROUTER-NM-1S			Serial 接口	串口线缆	WAN
PT-ROUTER-NM-1SS			Serial 接口	串口线缆	WAN

在网络互联中，使用路由器端口连接一个网络，多个端口实现多个网段连接。如图 6-4 所示，R1 通过 F0/0 和 F0/1 端口分别连接 192.168.1.0/24 和 192.168.2.0/24 网络；R2 通过 F0/0 和 F0/1 端口分别连接 192.168.3.0/24 和 192.168.2.0/24 网络。

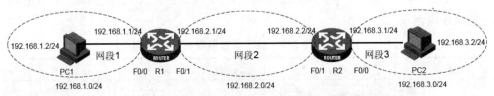

图 6-4　基于路由器物理口的跨网段互联架构

为保证路由器获取路由信息，首先需要检查端口 IP 的地址信息和状态，可执行 show ip interface brief 命令查看。

```
R1# show ip interface brief
Interface            IP-Address      OK?  Method  Status                 Protocol
FastEthernet0/0      192.168.1.1     YES  manual  up                     up
FastEthernet0/1      192.168.2.1     YES  manual  up                     up
FastEthernet0/2      unassigned      YES  unset   administratively down  down
```

路由器端口默认属性为：未分配 IP 地址、物理层（Status）为管理员关闭（administratively down），协议层（Protocol）为关闭（down），如上述案例中 F0/2 口。利用某一端口通信时，需要确保正确配置 IP 地址，且物理层和协议层都为开启（up）状态，如表 6-4 所示。

表 6-4　端口状态汇总

物　理　层	协　议　层	表 示 状 态	操 作 方 式
administratively down	down	管理员关闭（默认值）	使用"no shutdown"命令开启
up	up	通信正常	
up	down	链路故障	检查链路、串口时钟频率、端口认证

在正确配置端口 IP 地址后,路由器能获取相应网段路由信息,执行 show ip route 命令查看。

```
R1#show ip route
Codes: C - connected, S - static, I - IGRP, R - RIP, M - mobile, B - BGP
       D - EIGRP, EX - EIGRP external, O - OSPF, IA - OSPF inter area
       N1 - OSPF NSSA external type 1, N2 - OSPF NSSA external type 2
       E1 - OSPF external type 1, E2 - OSPF external type 2, E - EGP
       i - IS-IS, L1 - IS-IS level-1, L2 - IS-IS level-2, ia - IS-IS inter area
       * - candidate default, U - per-user static route, o - ODR
       P - periodic downloaded static route

Gateway of last resort is not set

C    192.168.1.0/24 is directly connected, FastEthernet0/0
C    192.168.2.0/24 is directly connected, FastEthernet0/1

R2#show ip route
Codes: C - connected, S - static, I - IGRP, R - RIP, M - mobile, B - BGP
       D - EIGRP, EX - EIGRP external, O - OSPF, IA - OSPF inter area
       N1 - OSPF NSSA external type 1, N2 - OSPF NSSA external type 2
       E1 - OSPF external type 1, E2 - OSPF external type 2, E - EGP
       i - IS-IS, L1 - IS-IS level-1, L2 - IS-IS level-2, ia - IS-IS inter area
       * - candidate default, U - per-user static route, o - ODR
       P - periodic downloaded static route

Gateway of last resort is not set

C    192.168.2.0/24 is directly connected, FastEthernet0/1
C    192.168.3.0/24 is directly connected, FastEthernet0/0
```

路由表中记录本路由器到达特定网络（而非某个具体主机）的相应路径。依据获取方式不同，主要分为直连路由（C）、静态路由（S）、RIP 路由（R）、OSPF 路由（O、IA、N1、N2、NSSA、E1、E2）等类型路由。直连路由是指路由器通过本地端口即可到达的网络，如 R1 中 192.168.1.0 和 192.168.2.0。

6.3.2　基于三层交换互联

三层交换机具有路由功能。因此，在园区网络中，常使用三层交换机连接多个网段，实现网络互联。在三层交换机中，配置 IP 地址有两种方式：一种是将二层端口配置为三层端口，命令方式为：

```
Switch (config)# interface fastethernet */*     //进入端口
Switch (config-if)# no switchport               //配置为三层端口
Switch (config-if)# ip address *.*.*.* #.#.#.#  //配置地址为*.*.*.*,掩码为#.#.#.#
```

另一种方法是将二层端口划入相应 VLAN，并在 VLAN 上配置 IP 地址，格式如下：

```
Switch (config)# interface fastethernet */*      //进入端口
Switch (config-if)# switchport mode access
Switch (config-if)# switchport access vlan id    //端口加入 vlan id
Switch (config-if)# exit
Switch (config)# interface vlan id               //进入 vlan
Switch (config-if)# ip address *.*.*.* #.#.#.#   //配置地址为*.*.*.*,掩码为#.#.#.#
```

在 Packet Tracer 中 3560 为典型三层交换机，支持常规路由功能部署。

6.3.3 基于路由器子接口互联

欲连接两个以上网段，需要路由器至少提供两个物理接口。然而，在路由器端口有限、过渡性网络互联项目中，可以使用单端口实现多个 VLAN 网段的互联，即单臂路由技术。其核心技术是在路由器物理接口下配置子接口，在子接口上配置 IP 地址，作为相应 VLAN 网段的网关地址，部署结构如图 6-5 所示。概括地讲：即使用子接口方式代替物理接口路由。路由器子接口配置命令如下：

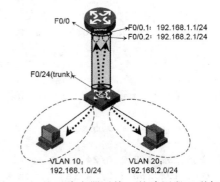

图 6-5　基于路由器子接口的跨网段互联架构

```
Router (config)# interface fastethernet */*      //进入物理端口
Router (config-if)# no shutdown                  //开启端口
Router (config-if)# exit
Router (config)#interface fastethernet */*.*     //进入子端口
Router (config-if)# ip address *.*.*.* #.#.#.#   //配置地址为*.*.*.*,掩码为#.#.#.#
Router (config-subif)#encapsulation dot1Q id     //为该子接口绑定特定 vlan id
```

6.4　有类与无类路由

有类路由协议在路由通告和更新中采用标准掩码，不包含子网掩码。发送方路由器只通告主类网络，而不通告划分后的子网地址。接收方路由器也不会识别子网，只接收标准掩码所对应网络地址。

无类路由协议有效解决了子网网络中路由自动汇总的问题。在路由信息更新中，可以发送子网掩码信息。因此，在当前网络中，无类路由协议应用更为广泛。

6.5　热备份路由

热备份路由器协议（Hot Standby Router Protocol，HSRP）是思科私有协议。HSRP 把多台物理路由设备定义成一个"热备份组"，构成一个虚拟路由设备。在特定组内，只有一台设备工作在活动状态（Active），转发数据包，其他设备工作在备份状态（Backup），如图 6-6 所示。只有当活动路由设备出现故障，备份设备切换成为活动设备。该协议工作原理类似于虚拟路由冗余协议（Virtual Router Redundancy Protocol，VRRP），用于冗余网关设计，以提高网络可靠性和可用性。

HSRP 中设备利用 Hello 报文监听其他设备。当接收 Hello 报文时间超出了指定周期，活动路由设备被视为故障，备份设备将启用。在多个设备中，确定活动路由设备主要依赖于优先级，默认情况下，优先级为 100，值越高越优先。

HSRP 和 VRRP 可以部署在路由器和三层交换机上，其主要配置命令格式如下：

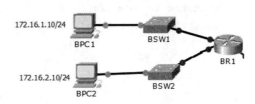

图 6-6　网关虚拟化结构

```
Router(config-if)#standby 1 ip *.*.*.*
```
//启用 HSRP 功能，创建 standby 组 1，并设置虚拟网关 IP
地址（*.*.*.*）
```
Router (config-if)#standby priority 120
```
//设置 HSRP 的优先级，该值大的会抢占为活动路由器，默认为 100
```
Router (config-if)#standby 1 preempt
```
//设置允许在该路由器优先级是最高时抢占为活动路由器
```
Router (config-if)#standby 1 timers 3 10
```
//（可选命令）设置 Hellotime 为 3 s，Holdtime 为 10 s，默认即为该值
```
Router (config-if)#standby 1 authentication md5 key-string cisco
```
//（可选命令）配置认证密码
```
Router (config-if)#standby 1 track s0/0 30
```
//配置端口检测，当上行链路断开，优先级降低 3

实战 22　分支机构直连路由部署

实战描述

使用 BR1 路由器将分支机构 1 局域网内两个网段连通，具体拓扑设计和参数规划如图 6-7 和表 6-5 所示。

图 6-7　分支机构 1 网络拓扑结构

表 6-5　地址分配

设　　备	本 地 端 口	对 端 端 口	IP 地 址	子 网 掩 码
BR1	G0/0	BSW1：G0/1	172.16.1.1	255.255.255.0
	G1/0	BSW2：G0/1	172.16.2.1	255.255.255.0
BPC1	Fa0	BSW1：F0/1	172.16.1.10	255.255.255.0
BPC2	Fa0	BSW2：F0/1	172.16.2.10	255.255.255.0

所需资源

2 台 2960 交换机，2 台 PC，1 台 Router-PT- Empty，模块若干。

操作步骤

1. 路由器添加模块

（1）关闭路由器 BR1 电源，如图 6-8 所示。

图 6-8　关闭路由器电源

（2）添加 PT-ROUTER_NM-1CGE 模块至右侧两个插槽，如图 6-9 所示。

图 6-9　在右侧插槽中添加模块

（3）打开路由器 BR1 电源。

2．连接网络

略。

3．路由器端口管理

（1）采用 CLI 方式登录路由器。

（2）执行 show interface 命令查看端口：默认情况下路由器端口物理状态为关闭（administratively down），协议层也为关闭（line protocol is down）。

```
BR1#show interfaces
GigabitEthernet0/0 is administratively down, line protocol is down（disabled）
  Hardware is Lance, address is 0003.e42d.c8ae（bia 0003.e42d.c8ae）
  MTU 1500 bytes, BW 1000000 Kbit, DLY 10 usec,
     reliability 255/255, txload 1/255, rxload 1/255
  Encapsulation ARPA, loopback not set
  ARP type: ARPA, ARP Timeout 04:00:00,
  Last input 00:00:08, output 00:00:05, output hang never
  Last clearing of "show interface" counters never
  Input queue: 0/75/0（size/max/drops）; Total output drops: 0
  Queueing strategy: fifo
  Output queue :0/40（size/max）
  5 minute input rate 0 bits/sec, 0 packets/sec
  5 minute output rate 0 bits/sec, 0 packets/sec
     0 packets input, 0 bytes, 0 no buffer
     Received 0 broadcasts, 0 runts, 0 giants, 0 throttles
     0 input errors, 0 CRC, 0 frame, 0 overrun, 0 ignored, 0 abort
     0 input packets with dribble condition detected
     0 packets output, 0 bytes, 0 underruns
     0 output errors, 0 collisions, 2 interface resets
     0 babbles, 0 late collision, 0 deferred
     0 lost carrier, 0 no carrier
     0 output buffer failures, 0 output buffers swapped out
GigabitEthernet1/0 is administratively down, line protocol is down（disabled）
```

```
Hardware is Lance, address is 0001.9768.9763（bia 0001.9768.9763）
MTU 1500 bytes, BW 1000000 Kbit, DLY 10 usec,
   reliability 255/255, txload 1/255, rxload 1/255
Encapsulation ARPA, loopback not set
ARP type: ARPA, ARP Timeout 04:00:00,
Last input 00:00:08, output 00:00:05, output hang never
Last clearing of "show interface" counters never
Input queue: 0/75/0（size/max/drops）; Total output drops: 0
Queueing strategy: fifo
Output queue :0/40（size/max）
5 minute input rate 0 bits/sec, 0 packets/sec
5 minute output rate 0 bits/sec, 0 packets/sec
   0 packets input, 0 bytes, 0 no buffer
   Received 0 broadcasts, 0 runts, 0 giants, 0 throttles
   0 input errors, 0 CRC, 0 frame, 0 overrun, 0 ignored, 0 abort
   0 input packets with dribble condition detected
   0 packets output, 0 bytes, 0 underruns
   0 output errors, 0 collisions, 2 interface resets
   0 babbles, 0 late collision, 0 deferred
   0 lost carrier, 0 no carrier
   0 output buffer failures, 0 output buffers swapped out
```

（3）执行 show ip interface brief 命令查看端口 IP 列表：默认情况下，端口未配置 IP 地址（unassigned）。

```
BR1#show ip interface brief
Interface             IP-Address      OK? Method Status                 Protocol
GigabitEthernet0/0    unassigned      YES unset  administratively down  down
GigabitEthernet1/0    unassigned      YES unset  administratively down  down
```

（4）开启 G0/0 端口，并配置 IP 地址（172.16.1.1/24）。

```
BR1#configure terminal
Enter configuration commands, one per line. End with CNTL/Z.
BR1(config)#interface gigabitEthernet 0/0
BR1(config-if)#no shutdown
BR1(config-if)#
%LINK-5-CHANGED: Interface GigabitEthernet0/0, changed state to up
%LINEPROTO-5-UPDOWN: Line protocol on Interface GigabitEthernet0/0, changed
state to up      //提示端口物理和协议状态开启
BR1(config-if)#ip address 172.16.1.1 255.255.255.0      //配置 IP 地址
```

（5）执行 show ip interface brief 命令重新查看端口 IP 列表，IP 地址和状态如下：

```
BR1#show ip interface brief
Interface             IP-Address      OK? Method Status                 Protocol
GigabitEthernet0/0    172.16.1.1      YES manual up                     up
GigabitEthernet1/0    unassigned      YES unset  administratively down  down
```

（6）采用上述方法，开启 G0/1 端口，并配置 IP 地址（172.16.2.1/24）。

```
BR1#configure terminal
Enter configuration commands, one per line. End with CNTL/Z.
BR1(config)#interface gigabitEthernet 1/0
BR1(config-if)#no shutdown
BR1(config-if)#
```

```
%LINK-5-CHANGED: Interface GigabitEthernet1/0, changed state to up
%LINEPROTO-5-UPDOWN: Line protocol on Interface GigabitEthernet1/0, changed
state to up    //提示端口物理和协议状态开启
BR1(config-if)#ip address 172.16.2.1 255.255.255.0      //配置 IP 地址
```

（7）执行 show ip interface brief 命令再次查看端口 IP 列表。

```
BR1#show ip interface brief
Interface             IP-Address      OK? Method Status      Protocol
GigabitEthernet0/0    172.16.1.1      YES manual up          up
GigabitEthernet1/0    172.16.2.1      YES manual up          up
```

4．查看路由表

执行 show ip route 命令查看路由列表信息。发现当前路由器通过两个直连端口能转发数据包至两个直连（C）网段：172.16.1.0 和 172.16.2.0。

```
BR1#show ip route
Codes: C - connected, S - static, I - IGRP, R - RIP, M - mobile, B - BGP
       D - EIGRP, EX - EIGRP external, O - OSPF, IA - OSPF inter area
       N1 - OSPF NSSA external type 1, N2 - OSPF NSSA external type 2
       E1 - OSPF external type 1, E2 - OSPF external type 2, E - EGP
       i - IS-IS, L1 - IS-IS level-1, L2 - IS-IS level-2, ia - IS-IS inter area
       * - candidate default, U - per-user static route, o - ODR
       P - periodic downloaded static route
Gateway of last resort is not set
     172.16.0.0/24 is subnetted, 2 subnets
C       172.16.1.0 is directly connected, GigabitEthernet0/0
C       172.16.2.0 is directly connected, GigabitEthernet1/0
```

5．配置主机地址

（1）按照地址规划配置主机 IP 地址、掩码和默认网关（本网段所连接路由器的端口 IP），如图 6-10 所示。

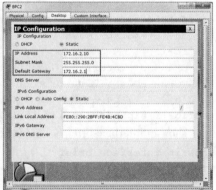

图 6-10　分支机构 1 主机 IP 配置

（2）分别在 PC 上测试网关连通性，要求主机采用不同端口连通到路由器 BR，如图 6-11所示。

图 6-11 分支机构 1 主机网关连通性测试

6. 跨网段通信测试

（1）在 BPC1 上测试与 BPC2 间的连通性，如图 6-12 所示。

（2）在实际网络中，需要关闭 BPC2 中的防火墙，否则，可能导致 Ping 包无反馈信息。

📝 提示

直连路由的故障主要包括两方面：端口未开启、IP 地址配置错误。因此，在排除故障时应重点关注。

图 6-12 分支机构 1 网络间连通性测试

实战 23 单臂路由部署

🗂 实战描述

采用单臂路由技术，通过路由器 R0（2621XM）的 F0/1 端口，实现二层交换机 SW31（2960）所连接两个 VLAN 网段（192.168.6.0/24、192.168.7.0/24）间互联。

⏳ 所需资源

1 台 2960 交换机，2 台 PC，1 台 2621XM 路由器。拓扑结构和地址分配如图 6-13 和表 6-6 所示。

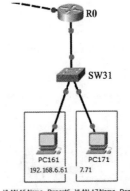

图 6-13 单臂路由网络拓扑结构

表 6-6　地址分配

设　　备	本地端口	对端端口	IP 地址	子网掩码	二层端口
R0	F0/1	SW31：F0/24			
R0	F0/1.16		192.168.6.1	255.255.255.0	
	F0/1.17		192.168.7.1	255.255.255.0	
SW31	VLAN 16				F0/1~8
	VLAN 17				F0/9~16
	F0/24				trunk all
PC161	Fa0	SW13：F0/1	192.168.6.61	255.255.255.0	
PC171	Fa0	SW13：F0/9	192.168.7.71	255.255.255.0	

操作步骤

1. 交换机 VLAN 部署

（1）创建 VLAN，并将端口划入 VLAN。

```
SW31(config)#vlan 16
SW31(config-vlan)#name Depart6
SW31(config-vlan)#exit
SW31(config)#vlan 17
SW31(config-vlan)#name Depart7
SW31(config-vlan)#exit
SW31(config)#interface range fastEthernet 0/1-8
SW31(config-if-range)#switchport mode access
SW31(config-if-range)#switchport access vlan 16
SW31(config-if-range)#exit
SW31(config)#interface range fastEthernet 0/9-16
SW31(config-if-range)#switchport mode access
SW31(config-if-range)#switchport access vlan 17
```

（2）检查 VLAN 配置信息；

```
SW31#show vlan

VLAN Name      Status              Ports
---- -------   ------------------- --------- ---------------------
1    default   active              Fa0/17, Fa0/18, Fa0/19, Fa0/20
                                   Fa0/21, Fa0/22, Fa0/23, Fa0/24
                                   Gig0/1, Gig0/2
16   Depart6   active              Fa0/1, Fa0/2, Fa0/3, Fa0/4
                                   Fa0/5, Fa0/6, Fa0/7, Fa0/8
17   Depart7   active              Fa0/9, Fa0/10, Fa0/11, Fa0/12
                                   Fa0/13, Fa0/14, Fa0/15, Fa0/16
```

（3）配置上行口（F0/24）为 trunk，允许通过 VLAN 16 和 VLAN 17。

```
SW31(config)#interface fastEthernet 0/24
SW31(config-if)#switchport mode trunk
SW31(config-if)#switchport trunk allowed vlan 16-17
```

2. 单臂路由配置

（1）开启端口，创建子接口，封装 vlan，并配置 IP 地址。需要注意的是：在配置 IP 地址之前，必须指定封装某一 VLAN 的 id。

```
R0(config)#interface fastEthernet 0/1.16
R0(config-subif)#encapsulation dot1Q 16
R0(config-subif)#ip address 192.168.6.1 255.255.255.0
R0(config-subif)#exit
R0(config)#interface fastEthernet 0/1.17
R0(config-subif)#encapsulation dot1Q 17
R0(config-subif)#ip address 192.168.7.1 255.255.255.0
```

（2）执行 show running-config 命令查看配置结果。

```
R0#show running-config
<部分输出删除>
interface FastEthernet0/1
 no ip address
 duplex auto
 speed auto
!
interface FastEthernet0/1.16
 encapsulation dot1Q 16
 ip address 192.168.6.1 255.255.255.0
!
interface FastEthernet0/1.17
 encapsulation dot1Q 17
 ip address 192.168.7.1 255.255.255.0
<部分输出删除>
```

（3）执行 show ip interface brief 命令查看端口 IP 地址配置结果，确保地址配置正确。

```
R0#show ip interface brief
Interface              IP-Address   OK? Method Status                 Protocol

FastEthernet0/0        unassigned   YES unset  administratively down  down

FastEthernet0/1        unassigned   YES unset  up                     up

FastEthernet0/1.16     192.168.6.1 YES manual up                      up

FastEthernet0/1.17     192.168.7.1 YES manual up                      up
```

（4）执行 show ip route 命令查看路由表。发现使用子接口可以连接两个直连网段。

```
R0#show ip route
Codes: C - connected, S - static, I - IGRP, R - RIP, M - mobile, B - BGP
       D - EIGRP, EX - EIGRP external, O - OSPF, IA - OSPF inter area
       N1 - OSPF NSSA external type 1, N2 - OSPF NSSA external type 2
       E1 - OSPF external type 1, E2 - OSPF external type 2, E - EGP
       i - IS-IS, L1 - IS-IS level-1, L2 - IS-IS level-2, ia - IS-IS inter area
       * - candidate default, U - per-user static route, o - ODR
       P - periodic downloaded static route
Gateway of last resort is not set

C    192.168.6.0/24 is directly connected, FastEthernet0/1.16
C    192.168.7.0/24 is directly connected, FastEthernet0/1.17
```

3. 主机连通性测试

（1）按照地址规划配置主机 PC161 和 PC171 的 IP 地址、掩码和默认网关。

（2）在 PC161 上测试跨网段连通性，如图 6-14 所示。

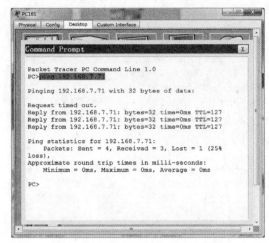

图 6-14　跨网段主机连通性测试

提示

单臂路由理论上可以实现网络间通信，但是实际应用中较少，其主要原因是带宽资源有限。

实战 24　单汇聚网络部署

实战描述

在实战 17（交换机 PVST 部署）基础上，使用单一汇聚层交换机 SW01（3560），接入层交换机 SW12（2960）和 SW13（2960）所连接业务网段。

所需资源

1 台 3560 交换机，2 台 2960 交换机，6 台 PC。拓扑结构、地址分配和端口连接如图 6-15 和表 6-7、表 6-8 所示。

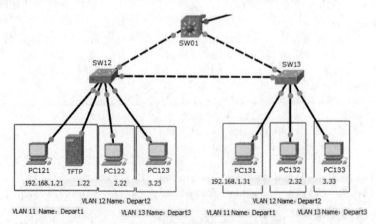

图 6-15　单汇聚网络拓扑结构

表 6-7　地址分配

交换机	VLAN ID	VLAN Name	所属端口	IP 地址	网关地址
SW12	11	Depart1	Fa0/1～0/8		
SW12	12	Depart2	Fa0/9～0/16		
SW12	13	Depart3	Fa0/17～0/20		
SW13	11	Depart1	Fa0/1～0/8		
SW13	12	Depart2	Fa0/9～0/16		
SW13	13	Depart3	Fa0/17～0/20		
SW01	11	Depart1		192.168.1.1/24	
SW01	12	Depart2		192.168.2.1/24	
SW01	13	Depart3		192.168.3.1/24	
PC121			F0/1	192.168.1.21/24	192.168.1.1/24
PC131			F0/1	192.168.1.31/24	192.168.1.1/24
PC122			F0/9	192.168.2.22/24	192.168.2.1/24
PC132			F0/9	192.168.2.32/24	192.168.2.1/24
PC123			F0/17	192.168.3.23/24	192.168.3.1/24
PC133			F0/17	192.168.3.33/24	192.168.3.1/24

表 6-8　端口连接

设备	本地端口	对端端口	备注
SW12	Fa0/22	SW13：F0/22	trunk
SW12	Fa0/23	SW01：F0/23	trunk
SW13	Fa0/24	SW01：F0/24	trunk

操作步骤

1. 汇聚层交换机部署

（1）开启路由功能。

SW01(config)#ip routing

（2）执行 show running-config 命令，验证路由开启结果。

SW01#show running-config
```
<部分输出删除>
!
ip routing
!
<部分输出删除>
```
如果未开启路由功能，执行 show ip route 命令则无法查看路由表，结果如下：

SW01#show ip route
```
Default gateway is not set

Host            Gateway         Last Use   Total Uses  Interface
ICMP redirect cache is empty
```

（3）按照地址规划，配置 SVI 接口地址。

```
SW01(config)#interface vlan 11
SW01(config-if)#no shutdown
SW01(config-if)#ip add 192.168.1.1 255.255.255.0
SW01(config-if)#exit
SW01(config)#interface vlan 12
SW01(config-if)#no shutdown
SW01(config-if)#ip add 192.168.2.1 255.255.255.0
SW01(config-if)#exit
SW01(config)#interface vlan 13
SW01(config-if)#no shutdown
SW01(config-if)#ip add 192.168.3.1 255.255.255.0
```

（4）执行 show ip interface brief 命令查看端口 IP 配置信息，确认端口开启、IP 地址配置正确。

```
SW01#show ip interface brief
Interface          IP-Address      OK? Method Status      Protocol

FastEthernet0/1    unassigned      YES unset  down        down

FastEthernet0/2    unassigned      YES unset  down        down

FastEthernet0/3    unassigned      YES unset  down        down

FastEthernet0/4    unassigned      YES unset  down        down

FastEthernet0/5    unassigned      YES unset  down        down

FastEthernet0/6    unassigned      YES unset  down        down

FastEthernet0/7    unassigned      YES unset  down        down

FastEthernet0/8    unassigned      YES unset  down        down

FastEthernet0/9    unassigned      YES unset  down        down

FastEthernet0/10   unassigned      YES unset  down        down

FastEthernet0/11   unassigned      YES unset  down        down

FastEthernet0/12   unassigned      YES unset  down        down

FastEthernet0/13   unassigned      YES unset  down        down

FastEthernet0/14   unassigned      YES unset  down        down

FastEthernet0/15   unassigned      YES unset  down        down

FastEthernet0/16   unassigned      YES unset  down        down
```

FastEthernet0/17	unassigned	YES unset	down	down
FastEthernet0/18	unassigned	YES unset	down	down
FastEthernet0/19	unassigned	YES unset	down	down
FastEthernet0/20	unassigned	YES unset	down	down
FastEthernet0/21	unassigned	YES unset	down	down
FastEthernet0/22	unassigned	YES unset	down	down
FastEthernet0/23	unassigned	YES unset	up	up
FastEthernet0/24	unassigned	YES unset	up	up
GigabitEthernet0/1	unassigned	YES unset	down	down
GigabitEthernet0/2	unassigned	YES unset	down	down
Vlan1	unassigned	YES unset	administratively down	down
Vlan11	**192.168.1.1**	**YES manual**	**up**	**up**
Vlan12	**192.168.2.1**	**YES manual**	**up**	**up**
Vlan13	**192.168.3.1**	**YES manual**	**up**	**up**

（5）执行 show ip route 命令查看路由表。发现通过 3 个 VLAN 接口三层交换机可以到达 3 个直连网段。

```
SW01#sho ip route
Codes: C - connected, S - static, I - IGRP, R - RIP, M - mobile, B - BGP
       D - EIGRP, EX - EIGRP external, O - OSPF, IA - OSPF inter area
       N1 - OSPF NSSA external type 1, N2 - OSPF NSSA external type 2
       E1 - OSPF external type 1, E2 - OSPF external type 2, E - EGP
       i - IS-IS, L1 - IS-IS level-1, L2 - IS-IS level-2, ia - IS-IS inter area
       * - candidate default, U - per-user static route, o - ODR
       P - periodic downloaded static route

Gateway of last resort is not set

C    192.168.1.0/24 is directly connected, Vlan11
C    192.168.2.0/24 is directly connected, Vlan12
C    192.168.3.0/24 is directly connected, Vlan13
```

2. 跨网段连通性测试

（1）按照地址规划正确配置 PC 的 IP 地址、掩码和网关地址。

（2）在 PC121 上分别测试与 PC122 和 PC123 的连通性，结果能 Ping 通，如图 6-16 所示。

（3）在 PC121 上分别测试与 PC132 和 PC133 的连通性，结果能 Ping 通，如图 6-17 所示。

图 6-16 跨网段主机连通性测试一

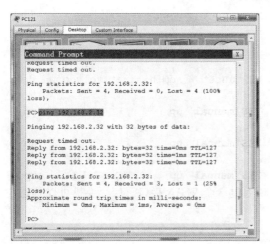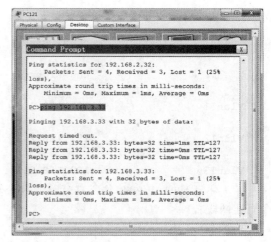

图 6-17 跨网段主机连通性测试二

提示

汇聚层的作用在于连通多个 VLAN，实现路由，与接入层设备功能有明显区别。

实战 25 双汇聚网络部署

实战描述

在实战 18（PVST 负载均衡部署）基础上，使用 HSRP 技术，部署双汇聚交换机 SW02（3560）和 SW03（3560），一方面，提高业务网段网关冗余性；另一方面，配置 VLAN 14 和 VLAN 15 网关活动设备分别设置为 SW02 和 SW03，实现负载均衡功能。

所需资源

2 台 3560 交换机，2 台 2960 交换机，4 台 PC。拓扑结构、地址分配和端口连接如图 6-18 和表 6-9、表 6-10 所示。

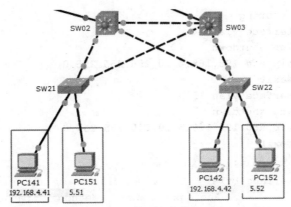

图 6-18　双汇聚网络拓扑结构

表 6-9　地址分配

交 换 机	VLAN ID	VLAN Name	所 属 端 口	SVI	IP 地 址	优 先 级
SW21	14	Depart4	Fa0/1～0/8			
	15	Depart5	Fa0/9～0/16			
SW22	14	Depart4	Fa0/1～0/8			
	15	Depart5	Fa0/9～0/16			
SW02	14	Depart4				
	15	Depart5				
				Vlan 14	192.168.4.10	120
				Vlan 15	192.168.5.10	100
SW03	14	Depart4				
	15	Depart5				
				Vlan 14	192.168.4.20	100
				Vlan 15	192.168.5.20	120
SW02&SW03 虚拟化				Vlan 14	192.168.4.1	
				Vlan 15	192.168.5.1	

表 6-10　端口连接

设 备	本 地 端 口	对 端 端 口	备 注
SW21	Fa0/23	SW02：F0/1	trunk
SW21	Fa0/24	SW03：F0/1	trunk
SW22	Fa0/23	SW02：F0/2	trunk
SW22	Fa0/24	SW03：F0/2	trunk
SW02	Fa0/3	SW03：F0/3	trunk

操作步骤

1. 配置 SVI 接口

（1）配置 SW02 交换机：

```
SW02(config)#ip routing
SW02(config)#interface vlan 14
SW02(config-if)#no shutdown
SW02(config-if)#ip add 192.168.4.10 255.255.255.0
SW02(config-if)#exit
SW02(config)#interface vlan 15
SW02(config-if)#no shutdown
SW02(config-if)#ip add 192.168.5.10 255.255.255.0
SW02(config-if)#exit
```

（2）验证 SW02 交换机配置：

```
SW02#show ip interface brief
Interface              IP-Address      OK?    Method   Status        Protocol
   <部分输出删除>
Vlan14                 192.168.4.10    YES    manual   up            up

Vlan15                 192.168.5.10    YES    manual   up            up
   <部分输出删除>


SW02# show ip route
Codes: C - connected, S - static, I - IGRP, R - RIP, M - mobile, B - BGP
       D - EIGRP, EX - EIGRP external, O - OSPF, IA - OSPF inter area
       N1 - OSPF NSSA external type 1, N2 - OSPF NSSA external type 2
       E1 - OSPF external type 1, E2 - OSPF external type 2, E - EGP
       i - IS-IS, L1 - IS-IS level-1, L2 - IS-IS level-2, ia - IS-IS inter area
       * - candidate default, U - per-user static route, o - ODR
       P - periodic downloaded static route


Gateway of last resort is not set


C    192.168.4.0/24 is directly connected, Vlan14
C    192.168.5.0/24 is directly connected, Vlan15
SW02#
```

（3）配置 SW03 交换机：

```
SW03(config)#ip routing
SW03(config)#interface vlan 14
SW03(config-if)#no shutdown
SW03(config-if)#ip add 192.168.4.20 255.255.255.0
SW03(config-if)#exit
SW03(config)#interface vlan 15
SW03(config-if)#no shutdown
SW03(config-if)#ip add 192.168.5.20 255.255.255.0
SW03(config-if)#exit
```

（4）验证 SW03 交换机配置：

```
SW03#show ip interface brief
Interface              IP-Address      OK? Method Status          Protocol
   <部分输出删除>
Vlan14                 192.168.4.20    YES manual up              up

Vlan15                 192.168.5.20    YES manual up              up
```

<部分输出删除>

```
SW03# show ip route
Codes: C - connected, S - static, I - IGRP, R - RIP, M - mobile, B - BGP
       D - EIGRP, EX - EIGRP external, O - OSPF, IA - OSPF inter area
       N1 - OSPF NSSA external type 1, N2 - OSPF NSSA external type 2
       E1 - OSPF external type 1, E2 - OSPF external type 2, E - EGP
       i - IS-IS, L1 - IS-IS level-1, L2 - IS-IS level-2, ia - IS-IS inter area
       * - candidate default, U - per-user static route, o - ODR
       P - periodic downloaded static route

Gateway of last resort is not set

C    192.168.4.0/24 is directly connected, Vlan14
C    192.168.5.0/24 is directly connected, Vlan15
SW03#
```

（5）在 SW03 上测试与 SW02 的连通性：

```
SW03#ping 192.168.4.10

Type escape sequence to abort.
Sending 5, 100-byte ICMP Echos to 192.168.4.10, timeout is 2 seconds:
.!!!!
Success rate is 80 percent （4/5）, round-trip min/avg/max = 0/0/0 ms

SW03#ping 192.168.5.10

Type escape sequence to abort.
Sending 5, 100-byte ICMP Echos to 192.168.5.10, timeout is 2 seconds:
.!!!!
Success rate is 80 percent （4/5）, round-trip min/avg/max = 0/0/0 ms

SW03#
```

2. 配置 HSRP

（1）配置 SW02 交换机：

```
SW02(config)#interface vlan 14
SW02(config-if)#standby 1 ip 192.168.4.1
SW02(config-if)#standby 1 priority 120
SW02(config-if)#standby 1 preempt
SW02(config-if)#exit
SW02(config)#interface vlan 15
SW02(config-if)#standby 2 ip 192.168.5.1
SW02(config-if)#standby 2 preempt
SW02(config-if)#exit
```

（2）执行 show standby 命令验证 HSRP 配置，因为对端 SW03 没有配置，本交换机都为活动状态（Active router is local），观察到抢占（Preemption）配置和优先级配置结果。

```
%HSRP-6-STATECHANGE: Vlan15 Grp 2 state Speak -> Standby
%HSRP-6-STATECHANGE: Vlan15 Grp 2 state Standby -> Active
// 状态转换提示
SW02#show standby
```

```
    Vlan14 - Group 1 (version 2)
      State is Active
        10 state changes, last state change 07:33:26
      Virtual IP address is 192.168.4.1
      Active virtual MAC address is 0000.0C9F.F001
        Local virtual MAC address is 0000.0C9F.F001 (v2 default)
      Hello time 3 sec, hold time 10 sec
        Next hello sent in 1.049 secs
      Preemption enabled
      Active router is local
      Standby router is unknown
      Priority 120 (configured 120)
      Group name is hsrp-Vl1-1 (default)
    Vlan15 - Group 2 (version 2)
      State is Active
        5 state changes, last state change 07:34:42
      Virtual IP address is 192.168.5.1
      Active virtual MAC address is 0000.0C9F.F002
        Local virtual MAC address is 0000.0C9F.F002 (v2 default)
      Hello time 3 sec, hold time 10 sec
        Next hello sent in 2.73 secs
      Preemption enabled
      Active router is local
      Standby router is unknown
      Priority 100 (default 100)
      Group name is hsrp-Vl1-2 (default)
```

（3）配置 SW03 交换机：

```
SW03(config)#interface vlan 14
SW03(config-if)#standby 1 ip 192.168.4.1
SW03(config-if)#standby 1 preempt
SW03(config-if)#exit
SW03(config)#interface vlan 15
SW03(config-if)#standby 2 ip 192.168.5.1
SW03(config-if)#standby 2 priority 120
SW03(config-if)#standby 2 preempt
SW03(config-if)#exit
```

（4）执行 show standby 命令验证 HSRP 配置，发现 VLAN 14 为备份状态，VLAN 15 为活动状态。注意两个虚拟 IP 的 MAC 地址分别为：0000.0C9F.F001 和 0000.0C9F.F002。

```
SW03#show standby
Vlan14 - Group 1 (version 2)
  State is Standby
    3 state changes, last state change 07:50:27
  Virtual IP address is 192.168.4.1
  Active virtual MAC address is 0000.0C9F.F001
    Local virtual MAC address is 0000.0C9F.F001 (v2 default)
  Hello time 3 sec, hold time 10 sec
    Next hello sent in 2.442 secs
  Preemption enabled
  Active router is 192.168.4.10
  Standby router is local
  Priority 100 (default 100)
  Group name is hsrp-Vl1-1 (default)
Vlan15 - Group 2 (version 2)
  State is Active
```

```
      4 state changes, last state change 07:50:49
    Virtual IP address is 192.168.5.1
    Active virtual MAC address is 0000.0C9F.F002
      Local virtual MAC address is 0000.0C9F.F002 (v2 default)
    Hello time 3 sec, hold time 10 sec
      Next hello sent in 1.691 secs
    Preemption enabled
    Active router is local
    Standby router is unknown, priority 120 (expires in 4 sec)
    Priority 120 (configured 120)
    Group name is hsrp-Vl1-2 (default)
```

3. 测试 HSRP

（1）按照地址规划配置 VLAN 14 和 VLAN 15 的 IP 地址和网关，如图 6-19 所示。

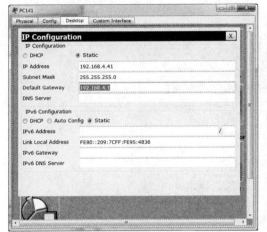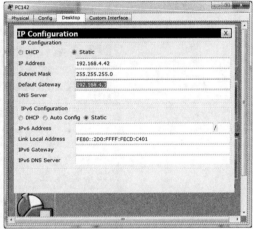

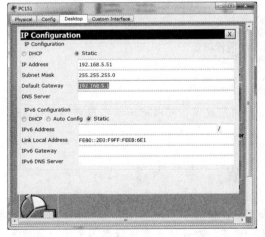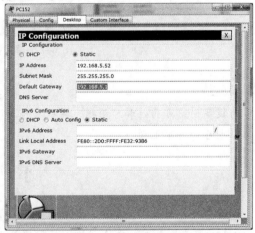

图 6-19　配置主机地址和网关

（2）在主机 PC141 上，测试网关连通性，如图 6-20 所示。

（3）在主机 PC141 上，执行 arp –a 命令查看网关 MAC 地址，发现为虚拟网关地址（0000.0C9F.F002），如图 6-21 所示。

（4）在主机 PC141 上，测试与外网的连通性，如图 6-22 所示。

图 6-20　VLAN 14 网关连通性测试

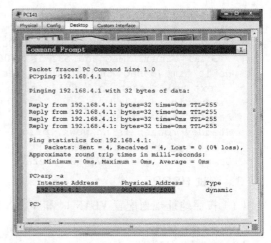

图 6-21　查看 VLAN 14 所对应网关 MAC

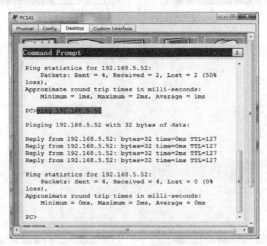

图 6-22　跨网段联通性测试

　　为提高网络可靠性和可用性，在项目预算运行的前提下，可以采用双汇聚网络；如果预算不够，也可部署单汇聚。

小　　结

　　本章主要介绍了路由原理，在实际网络应用中，单臂路由相对较少；基于单汇聚、多汇聚的 VLAN 路由则是企业交换网络中的重要技术。因此，建议读者在理解路由原理的基础上，重点关注直连路由和静态路由的配置语法，以及典型故障分析与排查思路及方法。

第 7 章　路由规划与部署

路由是指路由器将数据包从一个网段转发至另一个网段的过程。路由器（三层交换机）构建路由表的主要方式包括两类：一是静态路由，管理员手动在每个路由器上配置到各个（非直连）网络的路由，适用于规模较小的网络或网络变化较少的案例；另一种是动态路由，是通过在运行相同路由协议的路由器之间相互发送、学习信息，最终完成路由的自动学习。常见路由协议有 RIP、OSPF 等，动态路由适合规模较大的网络，能够针对网络的变化自动选择最佳路径。

7.1　静　态　路　由

7.1.1　语法规则

思科路由器中静态路由配置的关键语法规则如下：

Router (config)# ip route {destination prefix} {destination prefix mask} {next hop| interface-number} {distance}

各项命令参数的解释如下：

destination prefix：静态路由中目标主机或目标网络的 IP 地址前缀，即目标地址。如果是目标主机或节点，则填上对应主机或节点的 IP 地址，如果是目标网络或子网，则是对应网络或子网的网络地址。

destination prefix mask：静态路由目标地址的掩码，如果目标地址是主机或节点 IP 地址，其掩码必须是 255.255.255.255，而不是所在网段的子网掩码，代表静态路由的目标仅一台主机，而不是一个网络或子网。

next hop：下一跳地址，指定静态路由到达目标网络的下一跳 IP 地址（也就是下一个路由器与本地路由器连接的接口 IP 地址）。

interface-number：与上面的 next hop 参数二选一使用，指定目标路由在本地路由器上的出接口名称。

distance：可选参数，指定静态路由的管理距离，在 0～255 之间（如果静态路由的下一跳 IP 地址是本地路由器的出接口的 IP 地址，则其管理距离为 0），静态路由默认的管理距离为 1，无须指定，如果为 255 则表示该路由不可达，主要用于浮动静态路由部署。

7.1.2　默认路由

静态路由配置中{destination prefix}和{destination prefix mask}部分参数确定了目标对象的类型，主要包括网络地址、主机地址。如 192.168.1.0 255.255.255.0 表示匹配 IP 地址中前 24 位，目标对象为 192.168.1.0 网络；192.168.1.10 255.255.255.0 表示匹配 IP 地址中 32 位，目标对象为 192.168.1.10 主机。当配置不同掩码是，所表示的网络地址显然不同，如 10.1.1.1 255.255.255.0，10.1.1.1 255.255.0.0 和 10.1.1.1 255.0.0.0。

0.0.0.0 0.0.0.0 表示默认（又称缺省）路由，用来转发本地路由表外所有的路由信息，工作原理类似于主机中的默认网关，一般应用于边界出口设备，或者未知网络都在同一个端口出口方向的案例中。

7.1.3 路由的特点

（1）路由性。因为静态路由是手动配置的，所以每个配置的静态路由在本地路由器上的路径除非管理员修改，将不会改变。当网络的拓扑结构或链路的状态发生变化时，相关静态路由也不能自动修改，需要网络管理员手动修改路由表中相关的静态路由信息。

（2）私有性。静态路由信息在默认情况不会通告给其他路由器，即一个路由器上所配置的静态路由，除非网络管理员通过重发布静态路由为其他动态路由，则不会通告到其他路由器中。

（3）单向性。静态路由仅为数据提供沿着下一跳的方向进行路由，不提供反向路由。若要实现使源节点与目标节点或网络间双向通信，就必须同时配置回程静态路由，否则数据包可能有去无回，最终通信失败。读者在初学时往往因不理解或者遗忘回程路由，导致网络不通。

7.1.4 配置案例

如图 7-1 所示网络拓扑，通过 R1 和 R2 路由器连通三个网段。在开启端口并正确配置相应 IP 地址后，路由器会自动获取到两个直连网络路由，但都无法到达对端主机所在网络。因此，在 R1 和 R2 上分别配置静态路由后，增加原先未知网络的路由，如 R1 中增加 192.1683.0 网络路由。

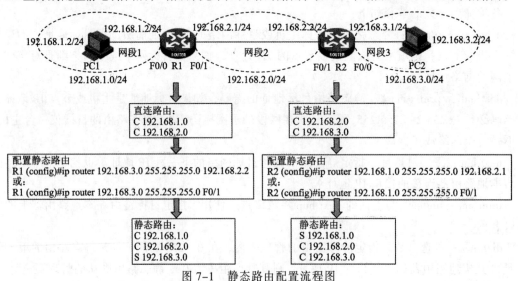

图 7-1 静态路由配置流程图

7.2 OSPF 路由

开放式最短路径优先协议（Open Shortest First Path，OSFP）是基于开放标准的链路状态路由选择协议，作为行业标准路由协议，更加适合于园区网络的部署。

7.2.1 链路状态路由协议

链路状态路由协议不同于距离向量路由协议，是基于路由器邻接关系的建立，互相传递链路状态信息至邻居，获取整个网络拓扑结构。在链路状态信息中包括有哪些链路，这些链路与哪个路由器相连，连接的路径成本是多少等信息。因此，在链路状态路由协议收敛后，每个路由器都可以了解本区域的完整链路信息。

运行链路状态路由协议的路由器好比首先在 "绘制"各自网段地图；然后通过与邻居路由器建立的邻接关系进行互相"交流"链路信息，学习整个区域内链路信息，进而"绘制"出整个区域的链路图。在一个区域内的所有路由器的链路状态数据库完全相同。对于此类协议，需要重点关注以下概念：

（1）邻居路由器：通过同一条物理链路或二层网络相连的路由器。

（2）链路状态数据库：又称拓扑数据库，包含所有路由器、路由器链路、链路对应状态、网络以及到相应网络的所有路径。

（3）邻接关系：当两台运行 OSPF 协议的邻居路由器的链路状态数据库达到一致（同步）时，就形成完全邻接关系。

7.2.2 OSPF 工作过程

首先，运行 OSPF 的路由器试图与邻居路由器建立邻接关系，在邻居之间互相同步链路状态数据库；然后，使用最短路径算法（Dijkstra 算法），从链路状态信息计算得到一个以自己为树根的"最短路径树"；最后，每一台路由器都将从最短路径树中构建出各自的路由表。OSPF路由器通过路由表指导数据报文的转发，如图 7-2 所示。因此，OSPF 路由协议需要在路由器中保存三张表：

（1）邻居表：记录每台路由器已建立邻接关系的全部邻居路由器。

（2）链路状态数据库（LSDB）：记录网络中其他路由器的信息，进而描述全网的网络拓扑。

（3）路由表：记录通过 SPF 算法获得的到达每个相连网络的最佳路径。

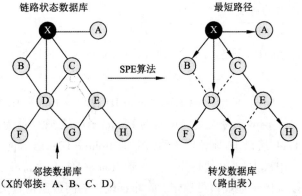

图 7-2　OSPF 路由协议工作过程

7.2.3 OSPF 基本概念

1. OSPF 区域

区域 ID 相同的所有路由器的链路状态数据库都相同，区域基于 OSPF 路由器的接口进行定义。

OSPF 的网络设计要求是双层层次化（2-layer hierarchy），包括如下 2 层：

- transit area（传输区域），又称 backbone（骨干）或 area 0。
- regular areas（规则区域），又称 nonbackbone areas（非骨干区域）。

transit area 负责的主要功能是 IP 包快速和有效地传输；transit area 互联 OSPF 其他区域类型。一般情况下，这个区域中不会出现端用户（end user）。

regular areas 负责的主要功能是连接用户和资源。这种区域一般根据功能和地理位置来划分。一般一个 regular area 不允许其他区域的流量通过它到达另外一个区域，必须穿越 transit area（如 area 0）。regular areas 还可以有很多子类型，如 stub area、Totally stub area 和 not-so-stubby area 等。

在链路状态路由协议中，所有路由器都保持的有 LSDB，OSPF 路由器越多，LSDB 就越大；这对了解完整网络信息有帮助，但是随着网络的增长，可扩展性的问题就会越来越大。采用的折中方案就是引入区域的概念。在某个区域中的路由器只保持该区域中所有路由器或链路的详细信息和其他区域的一般信息。当某个路由器或某条链路发生故障后，信息只会在那个区域内的邻居之间传递。那个区域以外的路由器不会收到该信息。OSPF 要求层次化的网络设计，意味着所有区域要和 area 0 直接相连，如图 7-3 所示。

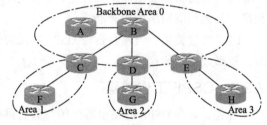

图 7-3 OSPF 区域

area 1 和 area 2 或 area 3 之间的连接是不允许的，它们都必须通过 backbone area 0 进行连接。思科建议每个区域中路由器的数量为 50～100 个，构建 area 0 的路由器称为骨干路由器（backbone router，BR），图 7-3 中 A 和 B 就是 BR；区域边界路由器（area border router，ABR）连接 area 0 和 nonbackbone areas。C、D 和 E 就是 ABR，ABR 通常具有以下特征：

- 分隔 LSA 洪泛的区域；
- 是区域地址汇总的主要因素；
- 一般作为默认路由的源头；
- 为每个区域保持 LSDB。

理想的设计是使每个 ABR 只连接 2 个区域，backbone 和其他区域，3 个区域为上限。

2. Router ID

区域内路由器采用 32 位长的唯一标识符 Router ID 表示，Router ID 采用类似于 IP 地址的方式表示。可以通过 router-id 命令配置路由器的 Router ID；若管理员为配置 Router ID，则以路由器中最大的 Loopback 接口 IP 地址作为路由器的 Router ID；若未配置 Loopback 接口，则采用所有活动物理端口中最大的 IP 地址作为路由器 Router ID。Loopback 接口作为 Router ID 的优势在于：Loopback 接口比物理端口更稳定，除非管理员关闭或路由器失效，一直会处于活动状态。在实际配置 OSPF 中，建议手动指定路由器的 Router ID。

3. DR 和 BDR

由于 OSPF 路由器通过与邻居路由器邻接关系实现链路状态信息的互相传递。若同区域内任意两个路由器都建立邻接关系，则将构成 $n(n-1)/2$ 个邻接关系，每个路由器都要与其他路由器进行链路状态信息传递，这种情况非导致大量不必要的网络通信。为解决删除问题，提出了指定路由器（Designated Router，DR）的概念，DR 负责与其他路由器建立邻接关系，建立 $n-1$ 个邻接关系，若网络中有更新，则由 DR 通知其他路由器。OSPF 中定义了一个备份指定路由器（Backup Designated Router，BDR），网络上所有路由器将和 DR、BDR 同时形成邻接关系，DR 和 BDR 之间也将形成邻接关系。如果 DR 失效了，BDR 将成为新的 DR，从而实现了冗余。

DR 和 BDR 的选择可以采用自动或手动两种方式。为了将性能较强的路由器设置为 DR 或者 BDR，建议采用手动选择方式。手动选择 DR 和 BDR，需要设置路由器的优先级。因为 DR 和 BDR 的选择是基于区域的，所以在路由器接口模式下可以配置特定区域中路由器的优先级（Router Priority），大小范围是 0～255，默认值为 1，其值越大优先级越高；如果将路由器优先级设置为 0，则该路由器不参与 DR 和 BDR 选举。DR 和 BDR 选举过程如下：

一台路由器启动并发现其邻居路由器时，将去检查有效 DR 和 BDR，如若 DR 和 BDR 已存在，该路由器将接受已经存在的 DR 和 BDR；如果 BDR 不存在，将执行一个选举过程，选出具有最高优先级的路由器作为 BDR 路由器；如果存在多个优先级相同的路由器，Router ID 最大的则被选中；如果 DR 不存在，那么 BDR 将被提升为 DR，再通过选举获得 BDR。需要注意的是：优先级可以影响一个选举过程，但不能强制替换已经存在的 DR 或 BDR。即便一台具有更高优先级的路由器接入网络，也不会马上替换掉正常工作的 DR 或 BDR 中的任何一个。

4．路径度量

OSPF 用来度量路径优劣的度量值称为 Cost（开销），是指从该接口发送出去的数据包的出站接口开销。链路开销使用 16 位无符号整数表示，大小范围是 1～65 535，开销越小链路越优先。思科公司产品默认代价是 108/BW，其中 BW 指接口配置的带宽。路由器接口的开销值可以通过 ip ospf cost 命令改变。

7.2.4　报文类型

OSPF 信息不使用 TCP 或 UDP，它承载在 IP 数据包内，使用协议号 89（十进制）。OSPF 路由协议依靠五种不同类型的包来标识其邻居以及更新链路状态信息。这五种类型的包使得 OSPF 具备了高级和复杂的通信能力，具体如下：

- hello：用来建立邻居关系的包。
- database description（DBD）：用来检验路由器之间数据库的同步。
- link state request（LSR）：链路状态请求包。
- link state update（LSU）：特定链路之间的请求记录。
- link state acknowledgement（LSAck）：确认包。

7.2.5　建立邻接

OSPF 采用 hello 协议建立和保持邻居关系，采用多播地址 224.0.0.5，hello 包包含的信息如下：

- Router ID（RID）：路由器 32 位长的唯一标识符，选举规则是，如果 loopback 接口不存在的话，就选取物理接口中 IP 地址等级最高的那个；否则就选取 loopback 接口。
- hello/dead intervals：定义了发送 hello 包的频率（默认在一个多路访问网络中间隔为 10 s）；dead 间隔是 4 倍于 hello 包间隔。邻居路由器之间的这些计时器必须设置成一样。

- neighbors：邻居列表。
- area ID：为了能够通信，OSPF 路由器的接口必须属于同一网段中的同一区域（area），即共享子网以及子网掩码信息。
- router priority：优先级，选举 DR 和 BDR 时使用，8 位长的一串数字。
- DR/BDR IP address：DR/BDR 的 IP 地址信息。
- authentication password：如果启用了验证，邻居路由器之间必须交换相同的密码信息，此项可选。
- stub area flag：stub area 是通过使用默认路由代替路由更新的一种技术（有点像 EIGRP 中的 stub 功能）。

7.2.6 双向通信

如图 7-4 所示，开始 A 未和路由器交换信息，处于 down 状态，通过使用多播地址 224.0.0.5 开始发送 hello 包。

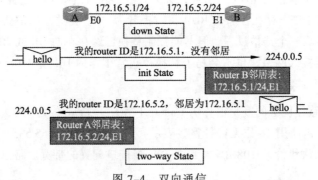

图 7-4 双向通信

（1）B 接收到 hello 包，把 A 加进自己的 neighbor table 中，并进入 init 状态，然后以单播的形式发送 hello 包对 A 做出应答。

（2）A 收到以后把所有从 hello 包中找到的 RID 加进自己的 neighbor table 中，进入 two-way 状态。

（3）如果链路是广播型网络（如以太网），接下来选举 DR 和 BDR，这一过程发生在交换信息之前。

（4）周期发送 hello 包保证信息交换。

7.2.7 交换链路状态

当选举了 DR 和 BDR，进入 exstart 状态，接下来就可以对链路状态信息进行发现并创建自己的 LSDB。

（1）在 exstart 状态下，邻接关系形成，路由器和 DR/BDR 形成主仆关系（RID 等级最高的为主，其他为辅）。

（2）主辅交换 DBD 包（DDP），路由器进入 exchange 状态。

DBD 包含了出现在 LSDB 中的 LSA 条目头部信息，条目信息可以为一条链路（link）或者一个网络。每个 LSA 条目头部信息包括链路状态类型，宣告路由器的地址，链路耗费和序列号（版本号）。

（3）路由器收到 DBD 之后，将使用 LSAck 做出确认；还将和自己本身就有的 DBD 进行比较，过程如图 7-5 所示。

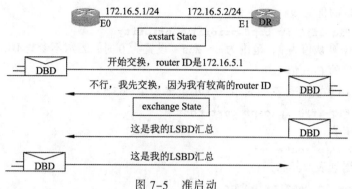

图 7-5　准启动

如果 DBD 信息中有更新更全的链路状态条目，路由器就发送 LSR 给其他路由器，进入 loading 状态；收到 LSR 之后，路由器做出响应，以 LSU 作为应答，其中包含了 LSR 所需要的完整信息；收到 LSU 之后，再次做出确认，发送 LSAck。

（4）路由器添加新的条目到 LSDB 中，进入 full 状态，接下来就可以对数据进行路由了。

7.2.8　路由更新

当链路状态发生变化以后，路由器将洪泛 LSA 来对其他路由器做出通知，如图 7-6 所示。

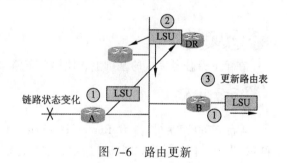

图 7-6　路由更新

（1）路由器意识到链路产生变化以后，对多播地址 224.0.0.6 和所有的 DR/BDR 发送 LSU，其中 LSU 包含更新了的 LSA 条目。

（2）DR 对 LSU 做出确认，接着对多播地址 224.0.0.5 继续洪泛，每个收到 LSU 的路由器对 DR 做出确认（反馈 LSAck）。

（3）如果路由器连接了其他网络，将通过转发 LSU 给 DR（在点到点网络中是转发给邻居路由器）来对其他网络进行洪泛。

（4）其他路由器通过 LSU 更新自己的 LSDB，然后使用 SPF 算法重新计算最佳路径。

（5）链路状态条目的最大生存周期是 60 min，60 min 后将从 LSDB 中被移除。

7.2.9　配置命令

（1）启动 OSPF 路由进程。在配置 OSPF 时需要配置进程号，进程号是本地路由器的进程号，用于标识一台路由器上的多个 OSPF 进程，其值为 1～65 535 之间选取。配置命令如下：

```
Router(config)# router ospf process-id
```
指定 OSPF 协议运行的接口和所在的区域，命令如下：

```
Router(config-router)# network address inverse-mask area area-id
```
其中，各参数分别表示如下含义：

address：网络号，可以是网段地址、子网地址或者一个路由器接口的地址。用于指出路由器所要通告的链路。

inverse-mask：反向掩码，用于精确匹配所通告的网络 ID。

area-id：区域号，指明同网络号相关的区域，如 0、1、2。

（2）修改接口的优先级：

`Router(config-if)# ip ospf priority priority`

其中，priority 默认值为 1，范围为 0~255。设置为 0 时，表示不参与 DR 和 BDR 的选举。

（3）修改接口的 Cost 值：

Cost 值使用 16 位无符号整数表示，大小范围为 1~65 535。

`Router(config-if)# ip ospf cost cost`

（4）查看路由表：

`Router# show ip route`

（5）查看邻居列表及其状态：

`Router# show ip ospf neighbor`

（6）查看 OSPF 配置：

`Router# show ip ospf`

（7）查看 OSPF 接口数据：

`Router# show ip ospf interface type number`

实战 26　静态路由连通园区网络

实战描述

在第 6 章任务完成的基础上，使用静态路由方式将园区网络骨干连通。

所需资源

4 台 3560 交换机，2 台 Router-PT-Empty（含相应模块），1 台 2600 路由器，2960 交换机和 PC 若干。拓扑结构如图 7-7 所示、端口连接和地址分配如表 7-1 和表 7-2 所示。

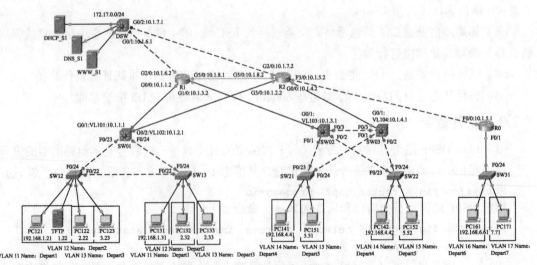

图 7-7　园区骨干网络拓扑结构

表 7-1　端口连接

设　备	本　地　端　口	对　端　设　备	对　端　端　口
SW01	F0/23	SW12	F0/24
	F0/24	SW13	F0/24
	G0/1	R1	G0/0
	G0/2	R2	G0/0
SW02	F0/1	SW21	F0/23
	F0/2	SW22	F0/23
	F0/3	SW03	F0/3
	G0/1	R1	G1/0
SW03	F0/1	SW21	F0/24
	F0/2	SW22	F0/24
	F0/3	SW02	F0/3
	G0/1	R2	G1/0
R0	F0/1	SW31	F0/24
	F0/0	R2	F0/3
R1	G2/0	DSW	G0/1
	G5/0	R2	G5/0
R2	G2/0	DSW	G0/2

表 7-2　地址分配

设　备	二　层　口	三　层　口	IP 地址	二层口属性
SW01	F0/23			trunk
	F0/23			trunk
	G0/1			access VL101
	G0/2			access VL102
		VL101	10.1.1.1/24	
		VL102	10.1.2.1/24	
SW02	F0/1			trunk
	F0/2			trunk
	G0/1			access VL103
		VL103	10.1.3.1/24	
SW03	F0/1			trunk
	F0/2			trunk
	G0/1			access VL104
		VL104	10.1.4.1/24	
R0		F0/0	10.1.5.1/24	
R1		G0/0	10.1.1.2/24	
		G1/0	10.1.3.2/24	

续表

设 备	二 层 口	三 层 口	IP 地址	二层口属性
R1		G2/0	10.1.6.2/24	
		G5/0	10.1.8.1/24	
R2		G0/0	10.1.2.2/24	
		G1/0	10.1.4.2/24	
		G2/0	10.1.7.2/24	
		G5/0	10.1.8.2/24	
		F3/0	10.1.5.2/24	
DSW		G0/1	10.1.6.1/24	
		G0/2	10.1.7.1/24	
		VL21	172.17.0.1/24	
	F0/1～10			access VL21
DHCP_S1	F0/0		172.17.0.11/24	
DNS_S1	F0/0		172.17.0.12/24	
WWW_S1	F0/0		172.17.0.13/24	

 操作步骤

1. 检查前阶段配置

（1）查看 SW01 路由表，确保获取 VLAN 11、12、13 所对应网络直连路由。

```
SW01#sh ip route
Codes: C - connected, S - static, I - IGRP, R - RIP, M - mobile, B - BGP
       D - EIGRP, EX - EIGRP external, O - OSPF, IA - OSPF inter area
       N1 - OSPF NSSA external type 1, N2 - OSPF NSSA external type 2
       E1 - OSPF external type 1, E2 - OSPF external type 2, E - EGP
       i - IS-IS, L1 - IS-IS level-1, L2 - IS-IS level-2, ia - IS-IS inter area
       * - candidate default, U - per-user static route, o - ODR
       P - periodic downloaded static route


Gateway of last resort is not set

C    192.168.1.0/24 is directly connected, Vlan11
C    192.168.2.0/24 is directly connected, Vlan12
C    192.168.3.0/24 is directly connected, Vlan13
```

（2）查看 SW02 路由表，确保获取 VLAN14、15 所对应网络直连路由。

```
SW02#sh ip route
Codes: C - connected, S - static, I - IGRP, R - RIP, M - mobile, B - BGP
       D - EIGRP, EX - EIGRP external, O - OSPF, IA - OSPF inter area
       N1 - OSPF NSSA external type 1, N2 - OSPF NSSA external type 2
       E1 - OSPF external type 1, E2 - OSPF external type 2, E - EGP
       i - IS-IS, L1 - IS-IS level-1, L2 - IS-IS level-2, ia - IS-IS inter area
       * - candidate default, U - per-user static route, o - ODR
       P - periodic downloaded static route
```

Gateway of last resort is not set

C   192.168.4.0/24 is directly connected, Vlan14
C   192.168.5.0/24 is directly connected, Vlan15
（3）查看 SW03 路由表，确保获取 VLAN 14、15 所对应网络直连路由。

SW03#sh ip route
Codes: C - connected, S - static, I - IGRP, R - RIP, M - mobile, B - BGP
       D - EIGRP, EX - EIGRP external, O - OSPF, IA - OSPF inter area
       N1 - OSPF NSSA external type 1, N2 - OSPF NSSA external type 2
       E1 - OSPF external type 1, E2 - OSPF external type 2, E - EGP
       i - IS-IS, L1 - IS-IS level-1, L2 - IS-IS level-2, ia - IS-IS inter area
       * - candidate default, U - per-user static route, o - ODR
       P - periodic downloaded static route

Gateway of last resort is not set

C   192.168.4.0/24 is directly connected, Vlan14
C   192.168.5.0/24 is directly connected, Vlan15
（4）查看 R0 路由表，确保获取两个子接口所对应网络直连路由。

R0#sh ip route
Codes: C - connected, S - static, I - IGRP, R - RIP, M - mobile, B - BGP
       D - EIGRP, EX - EIGRP external, O - OSPF, IA - OSPF inter area
       N1 - OSPF NSSA external type 1, N2 - OSPF NSSA external type 2
       E1 - OSPF external type 1, E2 - OSPF external type 2, E - EGP
       i - IS-IS, L1 - IS-IS level-1, L2 - IS-IS level-2, ia - IS-IS inter area
       * - candidate default, U - per-user static route, o - ODR
        P - periodic downloaded static route

Gateway of last resort is not set

C   192.168.6.0/24 is directly connected, FastEthernet0/1.16
C   192.168.7.0/24 is directly connected, FastEthernet0/1.17

2. 配置 DSW 交换机

（1）考虑到实战所使用命令都已练习过，采用撰写配置脚本和粘贴配置方式，快速完成设备配置。

（2）创建 VLAN 21，将端口 F0/1～10 划入 VLAN，配置 VLAN 的 IP 地址，在文本编辑器中编写脚本：

```
en
conf t
host DSW
vlan 21
ex
int range f0/1 - 10
sw mo acc
sw acc vlan 21
exi
int vlan 21
```

```
no sh
ip add 172.17.0.1 255.255.255.0
end
show vlan
```

（3）复制上述脚本，在 DSW 的 ">" 模式下右击，在弹出的快捷菜单中选择 paste 命令，如图 7-8 所示，将配置整体写入 CLI。

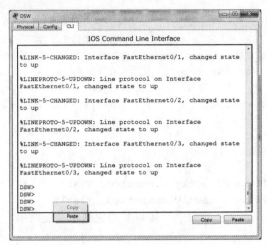

图 7-8　粘贴配置文件至 CLI

（4）验证并确认 VLAN 配置。

3. 配置设备 IP 地址

（1）按照地址规划表格，创建交换机、路由器三层口地址配置脚本。

```
**********SW01_IP***************
en
conf t
vlan 101
ex
int gi 0/1
sw mo acc
sw acc vlan 101
exi
int vlan 101
no sh
ip add 10.1.1.1 255.255.255.0
exi
vlan 102
ex
int gi 0/2
sw mo acc
sw acc vlan 102
exi
int vlan 102
no sh
ip add 10.1.2.1 255.255.255.0
exi
```

```
**********SW02_IP**************
en
conf t
vlan 103
ex
int gi 0/1
sw mo acc
sw acc vlan 103
exi
int vlan 103
no sh
ip add 10.1.3.1 255.255.255.0
exi

**********SW03_IP**************
en
conf t
vlan 104
ex
int gi 0/1
sw mo acc
sw acc vlan 104
exi
int vlan 104
no sh
ip add 10.1.4.1 255.255.255.0
exi

**********R0_IP**************
en
conf t
int f0/0
no sh
ip add 10.1.5.1 255.255.255.0
exi

**********R1_IP**************
en
conf t
int g0/0
no sh
ip add 10.1.1.2 255.255.255.0
exi
int g1/0
no sh
ip add 10.1.3.2 255.255.255.0
exi
int g2/0
no sh
```

```
ip add 10.1.6.2 255.255.255.0
exi
int g5/0
no sh
ip add 10.1.8.1 255.255.255.0
exi


**********R2_IP**************
en
conf t
host R2
int g0/0
no sh
ip add 10.1.2.2 255.255.255.0
exi
int g1/0
no sh
ip add 10.1.4.2 255.255.255.0
exi
int g2/0
no sh
ip add 10.1.7.2 255.255.255.0
exi
int F3/0
no sh
ip add 10.1.5.2 255.255.255.0
exi
int g5/0
no sh
ip add 10.1.8.2 255.255.255.0
exi


**********DSW_IP**************
en
conf t
ip routing
int g0/1
no sw
no sh
ip add 10.1.6.1 255.255.255.0
exi
int g0/2
no sw
no sh
ip add 10.1.7.1 255.255.255.0
exi
```

（2）将配置文件贴至相应设备 CLI 中。

（3）查看端口 IP 地址，关注 10.*.*.*地址是否配置正确、齐全。

```
SW01#sh ip int b
Interface            IP-Address    OK? Method Status        Protocol
```

```
FastEthernet0/1        unassigned      YES unset  down                down

FastEthernet0/2        unassigned      YES unset  down                down

FastEthernet0/3        unassigned      YES unset  down                down

FastEthernet0/4        unassigned      YES unset  down                down

FastEthernet0/5        unassigned      YES unset  down                down

FastEthernet0/6        unassigned      YES unset  down                down

FastEthernet0/7        unassigned      YES unset  down                down

FastEthernet0/8        unassigned      YES unset  down                down

FastEthernet0/9        unassigned      YES unset  down                down

FastEthernet0/10       unassigned      YES unset  down                down

FastEthernet0/11       unassigned      YES unset  down                down

FastEthernet0/12       unassigned      YES unset  down                down

FastEthernet0/13       unassigned      YES unset  down                down

FastEthernet0/14       unassigned      YES unset  down                down

FastEthernet0/15       unassigned      YES unset  down                down

FastEthernet0/16       unassigned      YES unset  down                down

FastEthernet0/17       unassigned      YES unset  down                down

FastEthernet0/18       unassigned      YES unset  down                down

FastEthernet0/19       unassigned      YES unset  down                down

FastEthernet0/20       unassigned      YES unset  down                down

FastEthernet0/21       unassigned      YES unset  down                down

FastEthernet0/22       unassigned      YES unset  down                down

FastEthernet0/23       unassigned      YES unset  up                  up

FastEthernet0/24       unassigned      YES unset  up                  up

GigabitEthernet0/1     unassigned      YES unset  up                  up
```

```
GigabitEthernet0/2        unassigned        YES unset  up                        up

Vlan1                     unassigned        YES unset  administratively down down

Vlan11                    192.168.1.1       YES manual up                        up

Vlan12                    192.168.2.1       YES manual up                        up

Vlan13                    192.168.3.1       YES manual up                        up

Vlan101                   10.1.1.1          YES manual up                        up

Vlan102                   10.1.2.1          YES manual up                        up

SW02#sh ip int b
Interface                 IP-Address        OK? Method Status                Protocol

FastEthernet0/1           unassigned        YES unset  up                        up

FastEthernet0/2           unassigned        YES unset  up                        up

FastEthernet0/3           unassigned        YES unset  down                      down

FastEthernet0/4           unassigned        YES unset  down                      down

FastEthernet0/5           unassigned        YES unset  down                      down

FastEthernet0/6           unassigned        YES unset  down                      down

FastEthernet0/7           unassigned        YES unset  down                      down

FastEthernet0/8           unassigned        YES unset  down                      down

FastEthernet0/9           unassigned        YES unset  down                      down

FastEthernet0/10          unassigned        YES unset  down                      down

FastEthernet0/11          unassigned        YES unset  down                      down

FastEthernet0/12          unassigned        YES unset  down                      down

FastEthernet0/13          unassigned        YES unset  down                      down

FastEthernet0/14          unassigned        YES unset  down                      down

FastEthernet0/15          unassigned        YES unset  down                      down

FastEthernet0/16          unassigned        YES unset  down                      down
```

```
FastEthernet0/17        unassigned        YES unset  down                      down

FastEthernet0/18        unassigned        YES unset  down                      down

FastEthernet0/19        unassigned        YES unset  down                      down

FastEthernet0/20        unassigned        YES unset  down                      down

FastEthernet0/21        unassigned        YES unset  down                      down

FastEthernet0/22        unassigned        YES unset  down                      down

FastEthernet0/23        unassigned        YES unset  down                      down

FastEthernet0/24        unassigned        YES unset  down                      down

GigabitEthernet0/1      unassigned        YES unset  up                        up

GigabitEthernet0/2      unassigned        YES unset  up                        up

Vlan1                   unassigned        YES unset  administratively down down

Vlan14                  192.168.4.10      YES manual up                        up

Vlan15                  192.168.5.10      YES manual up                        up

Vlan103                 10.1.3.1          YES manual up                        up

SW03#sh ip int b
Interface               IP-Address        OK? Method Status                    Protocol

FastEthernet0/1         unassigned        YES unset  up                        up

FastEthernet0/2         unassigned        YES unset  up                        up

FastEthernet0/3         unassigned        YES unset  up                        up

FastEthernet0/4         unassigned        YES unset  down                      down

FastEthernet0/5         unassigned        YES unset  down                      down

FastEthernet0/6         unassigned        YES unset  down                      down

FastEthernet0/7         unassigned        YES unset  down                      down

FastEthernet0/8         unassigned        YES unset  down                      down

FastEthernet0/9         unassigned        YES unset  down                      down

FastEthernet0/10        unassigned        YES unset  down                      down
```

```
FastEthernet0/11          unassigned      YES unset  down                      down

FastEthernet0/12          unassigned      YES unset  down                      down

FastEthernet0/13          unassigned      YES unset  down                      down

FastEthernet0/14          unassigned      YES unset  down                      down

FastEthernet0/15          unassigned      YES unset  down                      down

FastEthernet0/16          unassigned      YES unset  down                      down

FastEthernet0/17          unassigned      YES unset  down                      down

FastEthernet0/18          unassigned      YES unset  down                      down

FastEthernet0/19          unassigned      YES unset  down                      down

FastEthernet0/20          unassigned      YES unset  down                      down

FastEthernet0/21          unassigned      YES unset  down                      down

FastEthernet0/22          unassigned      YES unset  down                      down

FastEthernet0/23          unassigned      YES unset  down                      down

FastEthernet0/24          unassigned      YES unset  down                      down

GigabitEthernet0/1        unassigned      YES unset  up                        up

GigabitEthernet0/2        unassigned      YES unset  down                      down

Vlan1                     unassigned      YES unset  administratively down down

Vlan14                    192.168.4.20    YES manual up                        up

Vlan15                    192.168.5.20    YES manual up                        up

Vlan104                   10.1.4.1        YES manual up                        up

R0#sh ip int b
Interface                 IP-Address      OK? Method Status                 Protocol

FastEthernet0/0           10.1.5.1        YES manual up                        up

FastEthernet0/1           unassigned      YES unset  up                        up

FastEthernet0/1.1         unassigned      YES unset  up                        up
```

```
FastEthernet0/1.16      192.168.6.1     YES manual up                      up

FastEthernet0/1.17      192.168.7.1     YES manual up                      up

R1#sh ip int b
Interface               IP-Address      OK? Method Status             Protocol

GigabitEthernet0/0      10.1.1.2        YES manual up                      up

GigabitEthernet1/0      10.1.3.2        YES manual up                      up

GigabitEthernet2/0      10.1.6.2        YES manual up                      up

GigabitEthernet3/0      unassigned      YES unset  administratively down down

GigabitEthernet4/0      unassigned      YES unset  administratively down down

GigabitEthernet5/0      10.1.8.1        YES manual up                      up

GigabitEthernet6/0      unassigned      YES unset  administratively down down

Serial7/0               unassigned      YES unset  administratively down down

Serial8/0               unassigned      YES unset  administratively down down

Serial9/0               unassigned      YES unset  administratively down down

R2#sh ip int b
Interface               IP-Address      OK? Method Status             Protocol

GigabitEthernet0/0      10.1.2.2        YES manual up                      up

GigabitEthernet1/0      10.1.4.2        YES manual up                      up

GigabitEthernet2/0      10.1.7.2        YES manual up                      up

FastEthernet3/0         10.1.5.2        YES manual up                      up

GigabitEthernet4/0      unassigned      YES unset  administratively down down

GigabitEthernet5/0      10.1.8.2        YES manual up                      up

GigabitEthernet6/0      unassigned      YES unset  administratively down down

Serial7/0               unassigned      YES unset  administratively down down

Serial8/0               unassigned      YES unset  administratively down down

Serial9/0               unassigned      YES unset  administratively down down
```

```
DSW#sh ip int b
Interface              IP-Address      OK? Method Status              Protocol

FastEthernet0/1        unassigned      YES unset  up                     up

FastEthernet0/2        unassigned      YES unset  up                     up

FastEthernet0/3        unassigned      YES unset  up                     up

FastEthernet0/4        unassigned      YES unset  down                   down

FastEthernet0/5        unassigned      YES unset  down                   down

FastEthernet0/6        unassigned      YES unset  down                   down

FastEthernet0/7        unassigned      YES unset  down                   down

FastEthernet0/8        unassigned      YES unset  down                   down

FastEthernet0/9        unassigned      YES unset  down                   down

FastEthernet0/10       unassigned      YES unset  down                   down

FastEthernet0/11       unassigned      YES unset  down                   down

FastEthernet0/12       unassigned      YES unset  down                   down

FastEthernet0/13       unassigned      YES unset  down                   down

FastEthernet0/14       unassigned      YES unset  down                   down

FastEthernet0/15       unassigned      YES unset  down                   down

FastEthernet0/16       unassigned      YES unset  down                   down

FastEthernet0/17       unassigned      YES unset  down                   down

FastEthernet0/18       unassigned      YES unset  down                   down

FastEthernet0/19       unassigned      YES unset  down                   down

FastEthernet0/20       unassigned      YES unset  down                   down

FastEthernet0/21       unassigned      YES unset  down                   down

FastEthernet0/22       unassigned      YES unset  down                   down

FastEthernet0/23       unassigned      YES unset  down                   down

FastEthernet0/24       unassigned      YES unset  down                   down
```

GigabitEthernet0/1	10.1.6.1	YES manual up	up
GigabitEthernet0/2	10.1.7.1	YES manual up	up
Vlan1	unassigned	YES unset administratively down	down
Vlan21	172.17.0.1	YES manual up	up

（4）查看设备路由表，关注增加的 10 打头的网段是否正确、齐全。

```
SW01#sh ip rou
Codes: C - connected, S - static, I - IGRP, R - RIP, M - mobile, B - BGP
       D - EIGRP, EX - EIGRP external, O - OSPF, IA - OSPF inter area
       N1 - OSPF NSSA external type 1, N2 - OSPF NSSA external type 2
       E1 - OSPF external type 1, E2 - OSPF external type 2, E - EGP
       i - IS-IS, L1 - IS-IS level-1, L2 - IS-IS level-2, ia - IS-IS inter area
       * - candidate default, U - per-user static route, o - ODR
       P - periodic downloaded static route

Gateway of last resort is not set

     10.0.0.0/24 is subnetted, 2 subnets
C       10.1.1.0 is directly connected, Vlan101
C       10.1.2.0 is directly connected, Vlan102
C    192.168.1.0/24 is directly connected, Vlan11
C    192.168.2.0/24 is directly connected, Vlan12
C    192.168.3.0/24 is directly connected, Vlan13


SW02#sh ip rou
Codes: C - connected, S - static, I - IGRP, R - RIP, M - mobile, B - BGP
       D - EIGRP, EX - EIGRP external, O - OSPF, IA - OSPF inter area
       N1 - OSPF NSSA external type 1, N2 - OSPF NSSA external type 2
       E1 - OSPF external type 1, E2 - OSPF external type 2, E - EGP
       i - IS-IS, L1 - IS-IS level-1, L2 - IS-IS level-2, ia - IS-IS inter area
       * - candidate default, U - per-user static route, o - ODR
       P - periodic downloaded static route

Gateway of last resort is not set

     10.0.0.0/24 is subnetted, 1 subnets
C       10.1.3.0 is directly connected, Vlan103
C    192.168.4.0/24 is directly connected, Vlan14
C    192.168.5.0/24 is directly connected, Vlan15


SW03#sho ip rou
Codes: C - connected, S - static, I - IGRP, R - RIP, M - mobile, B - BGP
       D - EIGRP, EX - EIGRP external, O - OSPF, IA - OSPF inter area
       N1 - OSPF NSSA external type 1, N2 - OSPF NSSA external type 2
       E1 - OSPF external type 1, E2 - OSPF external type 2, E - EGP
```

```
            i - IS-IS, L1 - IS-IS level-1, L2 - IS-IS level-2, ia - IS-IS inter area
            * - candidate default, U - per-user static route, o - ODR
            P - periodic downloaded static route


Gateway of last resort is not set

      10.0.0.0/24 is subnetted, 1 subnets
C        10.1.4.0 is directly connected, Vlan104
C     192.168.4.0/24 is directly connected, Vlan14
C     192.168.5.0/24 is directly connected, Vlan15


R0#sh ip rou
Codes: C - connected, S - static, I - IGRP, R - RIP, M - mobile, B - BGP
            D - EIGRP, EX - EIGRP external, O - OSPF, IA - OSPF inter area
            N1 - OSPF NSSA external type 1, N2 - OSPF NSSA external type 2
            E1 - OSPF external type 1, E2 - OSPF external type 2, E - EGP
            i - IS-IS, L1 - IS-IS level-1, L2 - IS-IS level-2, ia - IS-IS inter area
            * - candidate default, U - per-user static route, o - ODR
            P - periodic downloaded static route


Gateway of last resort is not set

      10.0.0.0/24 is subnetted, 1 subnets
C        10.1.5.0 is directly connected, FastEthernet0/0
C     192.168.6.0/24 is directly connected, FastEthernet0/1.16
C     192.168.7.0/24 is directly connected, FastEthernet0/1.17


R1#sh ip rou
Codes: C - connected, S - static, I - IGRP, R - RIP, M - mobile, B - BGP
            D - EIGRP, EX - EIGRP external, O - OSPF, IA - OSPF inter area
            N1 - OSPF NSSA external type 1, N2 - OSPF NSSA external type 2
            E1 - OSPF external type 1, E2 - OSPF external type 2, E - EGP
            i - IS-IS, L1 - IS-IS level-1, L2 - IS-IS level-2, ia - IS-IS inter area
            * - candidate default, U - per-user static route, o - ODR
            P - periodic downloaded static route


Gateway of last resort is not set

      10.0.0.0/24 is subnetted, 4 subnets
C        10.1.1.0 is directly connected, GigabitEthernet0/0
C        10.1.3.0 is directly connected, GigabitEthernet1/0
C        10.1.6.0 is directly connected, GigabitEthernet2/0
C        10.1.8.0 is directly connected, GigabitEthernet5/0

R2#sh ip route
Codes: C - connected, S - static, I - IGRP, R - RIP, M - mobile, B - BGP
            D - EIGRP, EX - EIGRP external, O - OSPF, IA - OSPF inter area
            N1 - OSPF NSSA external type 1, N2 - OSPF NSSA external type 2
```

```
     E1 - OSPF external type 1, E2 - OSPF external type 2, E - EGP
     i - IS-IS, L1 - IS-IS level-1, L2 - IS-IS level-2, ia - IS-IS inter area
     * - candidate default, U - per-user static route, o - ODR
     P - periodic downloaded static route

Gateway of last resort is not set

     10.0.0.0/24 is subnetted, 5 subnets
C     10.1.2.0 is directly connected, GigabitEthernet0/0
C     10.1.4.0 is directly connected, GigabitEthernet1/0
C     10.1.5.0 is directly connected, FastEthernet3/0
C     10.1.7.0 is directly connected, GigabitEthernet2/0
C     10.1.8.0 is directly connected, GigabitEthernet5/0

DSW#sh ip route
Codes: C - connected, S - static, I - IGRP, R - RIP, M - mobile, B - BGP
     D - EIGRP, EX - EIGRP external, O - OSPF, IA - OSPF inter area
     N1 - OSPF NSSA external type 1, N2 - OSPF NSSA external type 2
     E1 - OSPF external type 1, E2 - OSPF external type 2, E - EGP
     i - IS-IS, L1 - IS-IS level-1, L2 - IS-IS level-2, ia - IS-IS inter area
     * - candidate default, U - per-user static route, o - ODR
     P - periodic downloaded static route

Gateway of last resort is not set

     10.0.0.0/24 is subnetted, 2 subnets
C     10.1.6.0 is directly connected, GigabitEthernet0/1
C     10.1.7.0 is directly connected, GigabitEthernet0/2
     172.17.0.0/24 is subnetted, 1 subnets
C     172.17.0.0 is directly connected, Vlan21
```

4．静态路由分析

（1）按照地址规划，网络中网段信息如图 7-9 所示，一共 16 个网段，其中 8 个为业务网段（1–8），8 个为互联网段（9–16）。

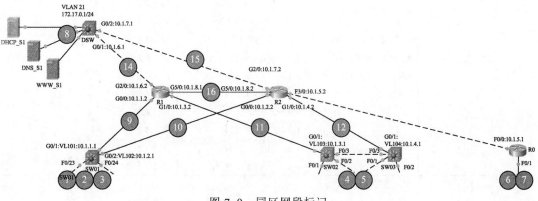

图 7-9　园区网段标记

（2）若要实现全网连通，各个设备都应具有 16 条路由信息，如表 7-3 所示。

表 7-3　各设备路由汇总表

设　　备	直 连 网 络	非直连网络	下一跳地址
SW01	1：192.168.1.0/24 2：192.168.2.0/24 3：192.168.3.0/24 9：10.1.1.0/24 10：10.1.2.0/24	4：192.168.4.0/24 5：192.168.5.0/24 6：192.168.6.0/24 7：192.168.7.0/24 8：172.17.0.0/24 11：10.1.3.0/24 12：10.1.4.0/24 13：10.1.5.0/24 14：10.1.6.0/24 15：10.1.7.0/24 16：10.1.8.0/24	10.1.1.2 或 10.1.2.2 10.1.1.2 或 10.1.2.2 10.1.1.2 或 10.1.2.2 10.1.1.2 或 10.1.2.2 10.1.1.2 或 10.1.2.2 10.1.1.2 10.1.2.2 10.1.2.2 10.1.1.2 10.1.2.2 10.1.1.2 或 10.1.2.2
SW02	4：192.168.4.0/24 5：192.168.5.0/24 11：10.1.3.0/24	1：192.168.1.0/24 2：192.168.2.0/24 3：192.168.3.0/24 6：192.168.6.0/24 7：192.168.7.0/24 8：172.17.0.0/24 9：10.1.1.0/24 10：10.1.2.0/24 12：10.1.4.0/24 13：10.1.5.0/24 14：10.1.6.0/24 15：10.1.7.0/24 16：10.1.8.0/24	10.1.3.2 10.1.3.2 10.1.3.2 10.1.3.2 10.1.3.2 10.1.3.2 10.1.3.2 10.1.3.2 10.1.3.2 10.1.3.2 10.1.3.2 10.1.3.2 10.1.3.2
SW03	4：192.168.4.0/24 5：192.168.5.0/24 12：10.1.4.0/24	1：192.168.1.0/24 2：192.168.2.0/24 3：192.168.3.0/24 6：192.168.6.0/24 7：192.168.7.0/24 8：172.17.0.0/24 9：10.1.1.0/24 10：10.1.2.0/24 11：10.1.3.0/24 13：10.1.5.0/24 14：10.1.6.0/24 15：10.1.7.0/24 16：10.1.8.0/24	10.1.4.2 10.1.4.2 10.1.4.2 10.1.4.2 10.1.4.2 10.1.4.2 10.1.4.2 10.1.4.2 10.1.4.2 10.1.4.2 10.1.4.2 10.1.4.2 10.1.4.2

续表

设　　备	直 连 网 络	非直连网络	下一跳地址
R0	6：192.168.6.0/24 7：192.168.7.0/24 13：10.1.5.0/24	1：192.168.1.0/24	10.1.5.2
		2：192.168.2.0/24	10.1.5.2
		3：192.168.3.0/24	10.1.5.2
		4：192.168.4.0/24	10.1.5.2
		5：192.168.5.0/24	10.1.5.2
		8：172.17.0.0/24	10.1.5.2
		9：10.1.1.0/24	10.1.5.2
		10：10.1.2.0/24	10.1.5.2
		11：10.1.3.0/24	10.1.5.2
		12：10.1.4.0/24	10.1.5.2
		14：10.1.6.0/24	10.1.5.2
		15：10.1.7.0/24	10.1.5.2
		16：10.1.8.0/24	10.1.5.2
DSW	8：172.17.0.0/24 14：10.1.6.0/24 15：10.1.7.0/24	1：192.168.1.0/24	10.1.6.2
		2：192.168.2.0/24	10.1.6.2
		3：192.168.3.0/24	10.1.6.2
		4：192.168.4.0/24	10.1.6.2 或 10.1.7.2
		5：192.168.5.0/24	10.1.6.2 或 10.1.7.2
		6：192.168.6.0/24	10.1.7.2
		7：192.168.7.0/24	10.1.7.2
		9：10.1.1.0/24	10.1.6.2
		10：10.1.2.0/24	10.1.6.2 或 10.1.7.2
		11：10.1.3.0/24	10.1.6.2
		12：10.1.4.0/24	10.1.7.2
		13：10.1.5.0/24	10.1.7.2
		16：10.1.8.0/24	10.1.6.2 或 10.1.7.2
R1	9：10.1.1.0/24 11：10.1.3.0/24 14：10.1.6.0/24 16：10.1.8.0/24	1：192.168.1.0/24	10.1.1.1
		2：192.168.2.0/24	10.1.1.1
		3：192.168.3.0/24	10.1.1.1
		4：192.168.4.0/24	10.1.3.1
		5：192.168.5.0/24	10.1.3.1
		6：192.168.6.0/24	10.1.3.1
		7：192.168.7.0/24	10.1.8.2
		8：172.17.0.0/24	10.1.8.2
		10：10.1.2.0/24	10.1.1.1 或 10.1.8.2
		12：10.1.4.0/24	10.1.8.2
		13：10.1.5.0/24	10.1.8.2
		15：10.1.7.0/24	10.1.8.2

设　　备	直 连 网 络	非直连网络	下一跳地址
R2	10：10.1.3.0/24 12：10.1.4.0/24 13：10.1.5.0/24 15：10.1.7.0/24 16：10.1.8.0/24	1：192.168.1.0/24	10.1.2.1
		2：192.168.2.0/24	10.1.2.1
		3：192.168.3.0/24	10.1.2.1
		4：192.168.4.0/24	10.1.4.1
		5：192.168.5.0/24	10.1.4.1
		6：192.168.6.0/24	10.1.5.1
		7：192.168.7.0/24	10.1.5.1
		8：172.17.0.0/24	10.1.7.1
		9：10.1.1.0/24	10.1.8.1
		11：10.1.3.0/24	10.1.8.1
		14：10.1.6.0/24	10.1.8.1

5．配置静态路由

（1）依据表 7-3 在 SW01 中配置相应静态路由。

```
SW01(config)#ip route 192.168.4.0 255.255.255.0 10.1.1.2
SW01(config)#ip route 192.168.5.0 255.255.255.0 10.1.1.2
SW01(config)#ip route 192.168.6.0 255.255.255.0 10.1.1.2
SW01(config)#ip route 192.168.7.0 255.255.255.0 10.1.1.2
SW01(config)#ip route 172.17.0.0 255.255.255.0 10.1.1.2
SW01(config)#ip route 10.1.3.0 255.255.255.0 10.1.1.2
SW01(config)#ip route 10.1.4.0 255.255.255.0 10.1.2.2
SW01(config)#ip route 10.1.5.0 255.255.255.0 10.1.2.2
SW01(config)#ip route 10.1.6.0 255.255.255.0 10.1.1.2
SW01(config)#ip route 10.1.7.0 255.255.255.0 10.1.2.2
SW01(config)#ip route 10.1.8.0 255.255.255.0 10.1.1.2
```

（2）查看 SW02 静态路由。

```
SW01#sh ip rou
Codes: C - connected, S - static, I - IGRP, R - RIP, M - mobile, B - BGP
       D - EIGRP, EX - EIGRP external, O - OSPF, IA - OSPF inter area
       N1 - OSPF NSSA external type 1, N2 - OSPF NSSA external type 2
       E1 - OSPF external type 1, E2 - OSPF external type 2, E - EGP
       i - IS-IS, L1 - IS-IS level-1, L2 - IS-IS level-2, ia - IS-IS inter area
       * - candidate default, U - per-user static route, o - ODR
       P - periodic downloaded static route

Gateway of last resort is not set

     10.0.0.0/24 is subnetted, 8 subnets
C       10.1.1.0 is directly connected, Vlan101
C       10.1.2.0 is directly connected, Vlan102
S       10.1.3.0 [1/0] via 10.1.1.2
S       10.1.4.0 [1/0] via 10.1.2.2
S       10.1.5.0 [1/0] via 10.1.2.2
S       10.1.6.0 [1/0] via 10.1.1.2
S       10.1.7.0 [1/0] via 10.1.2.2
```

```
S       10.1.8.0 [1/0] via 10.1.1.2
    172.17.0.0/24 is subnetted, 1 subnets
S       172.17.0.0 [1/0] via 10.1.1.2
C    192.168.1.0/24 is directly connected, Vlan11
C    192.168.2.0/24 is directly connected, Vlan12
C    192.168.3.0/24 is directly connected, Vlan13
S    192.168.4.0/24 [1/0] via 10.1.1.2
S    192.168.5.0/24 [1/0] via 10.1.1.2
S    192.168.6.0/24 [1/0] via 10.1.1.2
S    192.168.7.0/24 [1/0] via 10.1.1.2
```

（3）依据表 7-3 在 SW02 中配置相应静态路由。

```
SW02(config)#ip route 192.168.1.0 255.255.255.0 10.1.3.2
SW02(config)#ip route 192.168.2.0 255.255.255.0 10.1.3.2
SW02(config)#ip route 192.168.3.0 255.255.255.0 10.1.3.2
SW02(config)#ip route 192.168.6.0 255.255.255.0 10.1.3.2
SW02(config)#ip route 192.168.7.0 255.255.255.0 10.1.3.2
SW02(config)#ip route 172.17.0.0 255.255.255.0 10.1.3.2
SW02(config)#ip route 10.1.1.0 255.255.255.0 10.1.3.2
SW02(config)#ip route 10.1.2.0 255.255.255.0 10.1.3.2
SW02(config)#ip route 10.1.4.0 255.255.255.0 10.1.3.2
SW02(config)#ip route 10.1.5.0 255.255.255.0 10.1.3.2
SW02(config)#ip route 10.1.6.0 255.255.255.0 10.1.3.2
SW02(config)#ip route 10.1.7.0 255.255.255.0 10.1.3.2
SW02(config)#ip route 10.1.8.0 255.255.255.0 10.1.3.2
```

（4）查看 SW02 静态路由。

```
SW02#sh ip route
Codes: C - connected, S - static, I - IGRP, R - RIP, M - mobile, B - BGP
       D - EIGRP, EX - EIGRP external, O - OSPF, IA - OSPF inter area
       N1 - OSPF NSSA external type 1, N2 - OSPF NSSA external type 2
       E1 - OSPF external type 1, E2 - OSPF external type 2, E - EGP
       i - IS-IS, L1 - IS-IS level-1, L2 - IS-IS level-2, ia - IS-IS inter area
       * - candidate default, U - per-user static route, o - ODR
       P - periodic downloaded static route

Gateway of last resort is not set

    10.0.0.0/24 is subnetted, 8 subnets
S       10.1.1.0 [1/0] via 10.1.3.2
S       10.1.2.0 [1/0] via 10.1.3.2
C       10.1.3.0 is directly connected, Vlan103
S       10.1.4.0 [1/0] via 10.1.3.2
S       10.1.5.0 [1/0] via 10.1.3.2
S       10.1.6.0 [1/0] via 10.1.3.2
S       10.1.7.0 [1/0] via 10.1.3.2
S       10.1.8.0 [1/0] via 10.1.3.2
    172.17.0.0/24 is subnetted, 1 subnets
S       172.17.0.0 [1/0] via 10.1.3.2
S    192.168.1.0/24 [1/0] via 10.1.3.2
S    192.168.2.0/24 [1/0] via 10.1.3.2
S    192.168.3.0/24 [1/0] via 10.1.3.2
```

```
C    192.168.4.0/24 is directly connected, Vlan14
C    192.168.5.0/24 is directly connected, Vlan15
S    192.168.6.0/24 [1/0] via 10.1.3.2
S    192.168.7.0/24 [1/0] via 10.1.3.2
```

（5）依据表 7-3 在 SW03 中配置相应静态路由。

```
SW03(config)#ip route 192.168.1.0 255.255.255.0 10.1.4.2
SW03(config)#ip route 192.168.2.0 255.255.255.0 10.1.4.2
SW03(config)#ip route 192.168.3.0 255.255.255.0 10.1.4.2
SW03(config)#ip route 192.168.6.0 255.255.255.0 10.1.4.2
SW03(config)#ip route 192.168.7.0 255.255.255.0 10.1.4.2
SW03(config)#ip route 172.17.0.0 255.255.255.0 10.1.4.2
SW03(config)#ip route 10.1.1.0 255.255.255.0 10.1.4.2
SW03(config)#ip route 10.1.2.0 255.255.255.0 10.1.4.2
SW03(config)#ip route 10.1.3.0 255.255.255.0 10.1.4.2
SW03(config)#ip route 10.1.5.0 255.255.255.0 10.1.4.2
SW03(config)#ip route 10.1.6.0 255.255.255.0 10.1.4.2
SW03(config)#ip route 10.1.7.0 255.255.255.0 10.1.4.2
SW03(config)#ip route 10.1.8.0 255.255.255.0 10.1.4.2
```

（6）查看 SW03 静态路由。

```
SW03#sh ip rou
Codes: C - connected, S - static, I - IGRP, R - RIP, M - mobile, B - BGP
       D - EIGRP, EX - EIGRP external, O - OSPF, IA - OSPF inter area
       N1 - OSPF NSSA external type 1, N2 - OSPF NSSA external type 2
       E1 - OSPF external type 1, E2 - OSPF external type 2, E - EGP
       i - IS-IS, L1 - IS-IS level-1, L2 - IS-IS level-2, ia - IS-IS inter area
       * - candidate default, U - per-user static route, o - ODR
       P - periodic downloaded static route

Gateway of last resort is not set

     10.0.0.0/24 is subnetted, 8 subnets
S       10.1.1.0 [1/0] via 10.1.4.2
S       10.1.2.0 [1/0] via 10.1.4.2
S       10.1.3.0 [1/0] via 10.1.4.2
C       10.1.4.0 is directly connected, Vlan104
S       10.1.5.0 [1/0] via 10.1.4.2
S       10.1.6.0 [1/0] via 10.1.4.2
S       10.1.7.0 [1/0] via 10.1.4.2
S       10.1.8.0 [1/0] via 10.1.4.2
     172.17.0.0/24 is subnetted, 1 subnets
S       172.17.0.0 [1/0] via 10.1.4.2
S    192.168.1.0/24 [1/0] via 10.1.4.2
S    192.168.2.0/24 [1/0] via 10.1.4.2
S    192.168.3.0/24 [1/0] via 10.1.4.2
C    192.168.4.0/24 is directly connected, Vlan14
C    192.168.5.0/24 is directly connected, Vlan15
S    192.168.6.0/24 [1/0] via 10.1.4.2
S    192.168.7.0/24 [1/0] via 10.1.4.2
```

（7）依据表 7-4 在 R0 中配置相应静态路由。

```
R0(config)#ip route 192.168.1.0 255.255.255.0 10.1.5.2
R0(config)#ip route 192.168.2.0 255.255.255.0 10.1.5.2
R0(config)#ip route 192.168.3.0 255.255.255.0 10.1.5.2
R0(config)#ip route 192.168.4.0 255.255.255.0 10.1.5.2
R0(config)#ip route 192.168.5.0 255.255.255.0 10.1.5.2
R0(config)#ip route 172.17.0.0 255.255.255.0 10.1.5.2
R0(config)#ip route 10.1.1.0 255.255.255.0 10.1.5.2
R0(config)#ip route 10.1.2.0 255.255.255.0 10.1.5.2
R0(config)#ip route 10.1.3.0 255.255.255.0 10.1.5.2
R0(config)#ip route 10.1.4.0 255.255.255.0 10.1.5.2
R0(config)#ip route 10.1.6.0 255.255.255.0 10.1.5.2
R0(config)#ip route 10.1.7.0 255.255.255.0 10.1.5.2
R0(config)#ip route 10.1.8.0 255.255.255.0 10.1.5.2
```

（8）查看 R0 静态路由。

```
R0#sh ip rou
Codes: C - connected, S - static, I - IGRP, R - RIP, M - mobile, B - BGP
       D - EIGRP, EX - EIGRP external, O - OSPF, IA - OSPF inter area
       N1 - OSPF NSSA external type 1, N2 - OSPF NSSA external type 2
       E1 - OSPF external type 1, E2 - OSPF external type 2, E - EGP
       i - IS-IS, L1 - IS-IS level-1, L2 - IS-IS level-2, ia - IS-IS inter area
       * - candidate default, U - per-user static route, o - ODR
       P - periodic downloaded static route


Gateway of last resort is not set

     10.0.0.0/24 is subnetted, 8 subnets
S       10.1.1.0 [1/0] via 10.1.5.2
S       10.1.2.0 [1/0] via 10.1.5.2
S       10.1.3.0 [1/0] via 10.1.5.2
S       10.1.4.0 [1/0] via 10.1.5.2
C       10.1.5.0 is directly connected, FastEthernet0/0
S       10.1.6.0 [1/0] via 10.1.5.2
S       10.1.7.0 [1/0] via 10.1.5.2
S       10.1.8.0 [1/0] via 10.1.5.2
     172.17.0.0/24 is subnetted, 1 subnets
S       172.17.0.0 [1/0] via 10.1.5.2
S    192.168.1.0/24 [1/0] via 10.1.5.2
S    192.168.2.0/24 [1/0] via 10.1.5.2
S    192.168.3.0/24 [1/0] via 10.1.5.2
S    192.168.4.0/24 [1/0] via 10.1.5.2
S    192.168.5.0/24 [1/0] via 10.1.5.2
C    192.168.6.0/24 is directly connected, FastEthernet0/1.16
C    192.168.7.0/24 is directly connected, FastEthernet0/1.17
```

（9）依据表 7-3 在 R1 中配置相应静态路由。

```
R1(config)#ip route 192.168.1.0 255.255.255.0 10.1.1.1
R1(config)#ip route 192.168.2.0 255.255.255.0 10.1.1.1
R1(config)#ip route 192.168.3.0 255.255.255.0 10.1.1.1
R1(config)#ip route 192.168.4.0 255.255.255.0 10.1.3.1
R1(config)#ip route 192.168.5.0 255.255.255.0 10.1.3.1
R1(config)#ip route 192.168.6.0 255.255.255.0 10.1.3.1
```

```
R1(config)#ip route 192.168.7.0 255.255.255.0 10.1.8.2
R1(config)#ip route 172.17.0.0 255.255.255.0 10.1.8.2
R1(config)#ip route 10.1.2.0 255.255.255.0 10.1.1.1
R1(config)#ip route 10.1.4.0 255.255.255.0 10.1.8.2
R1(config)#ip route 10.1.5.0 255.255.255.0 10.1.8.2
R1(config)#ip route 10.1.7.0 255.255.255.0 10.1.8.2
```

（10）查看 R1 静态路由。

```
R1#sh ip rou
Codes: C - connected, S - static, I - IGRP, R - RIP, M - mobile, B - BGP
       D - EIGRP, EX - EIGRP external, O - OSPF, IA - OSPF inter area
       N1 - OSPF NSSA external type 1, N2 - OSPF NSSA external type 2
       E1 - OSPF external type 1, E2 - OSPF external type 2, E - EGP
       i - IS-IS, L1 - IS-IS level-1, L2 - IS-IS level-2, ia - IS-IS inter area
       * - candidate default, U - per-user static route, o - ODR
       P - periodic downloaded static route

Gateway of last resort is not set

     10.0.0.0/24 is subnetted, 8 subnets
C       10.1.1.0 is directly connected, GigabitEthernet0/0
S       10.1.2.0 [1/0] via 10.1.1.1
C       10.1.3.0 is directly connected, GigabitEthernet1/0
S       10.1.4.0 [1/0] via 10.1.8.2
S       10.1.5.0 [1/0] via 10.1.8.2
C       10.1.6.0 is directly connected, GigabitEthernet2/0
S       10.1.7.0 [1/0] via 10.1.8.2
C       10.1.8.0 is directly connected, GigabitEthernet5/0
     172.17.0.0/24 is subnetted, 1 subnets
S       172.17.0.0 [1/0] via 10.1.8.2
S    192.168.1.0/24 [1/0] via 10.1.1.1
S    192.168.2.0/24 [1/0] via 10.1.1.1
S    192.168.3.0/24 [1/0] via 10.1.1.1
S    192.168.4.0/24 [1/0] via 10.1.3.1
S    192.168.5.0/24 [1/0] via 10.1.3.1
S    192.168.6.0/24 [1/0] via 10.1.3.1
S    192.168.7.0/24 [1/0] via 10.1.8.2
```

（11）依据表 7-3 在 R2 中配置相应静态路由。

```
R2(config)#ip route 192.168.1.0 255.255.255.0 10.1.2.1
R2(config)#ip route 192.168.2.0 255.255.255.0 10.1.2.1
R2(config)#ip route 192.168.3.0 255.255.255.0 10.1.2.1
R2(config)#ip route 192.168.4.0 255.255.255.0 10.1.4.1
R2(config)#ip route 192.168.5.0 255.255.255.0 10.1.4.1
R2(config)#ip route 192.168.6.0 255.255.255.0 10.1.5.1
R2(config)#ip route 192.168.7.0 255.255.255.0 10.1.5.1
R2(config)#ip route 172.17.0.0 255.255.255.0 10.1.7.1
R2(config)#ip route 10.1.1.0 255.255.255.0 10.1.8.1
R2(config)#ip route 10.1.3.0 255.255.255.0 10.1.8.1
R2(config)#ip route 10.1.6.0 255.255.255.0 10.1.8.1
```

（12）查看 R2 静态路由；

```
R2#sh ip rou
Codes: C - connected, S - static, I - IGRP, R - RIP, M - mobile, B - BGP
       D - EIGRP, EX - EIGRP external, O - OSPF, IA - OSPF inter area
       N1 - OSPF NSSA external type 1, N2 - OSPF NSSA external type 2
       E1 - OSPF external type 1, E2 - OSPF external type 2, E - EGP
       i - IS-IS, L1 - IS-IS level-1, L2 - IS-IS level-2, ia - IS-IS inter area
       * - candidate default, U - per-user static route, o - ODR
       P - periodic downloaded static route

Gateway of last resort is not set

     10.0.0.0/24 is subnetted, 8 subnets
S       10.1.1.0 [1/0] via 10.1.8.1
C       10.1.2.0 is directly connected, GigabitEthernet0/0
S       10.1.3.0 [1/0] via 10.1.8.1
C       10.1.4.0 is directly connected, GigabitEthernet1/0
C       10.1.5.0 is directly connected, FastEthernet3/0
S       10.1.6.0 [1/0] via 10.1.8.1
C       10.1.7.0 is directly connected, GigabitEthernet2/0
C       10.1.8.0 is directly connected, GigabitEthernet5/0
     172.17.0.0/24 is subnetted, 1 subnets
S       172.17.0.0 [1/0] via 10.1.7.1
S    192.168.1.0/24 [1/0] via 10.1.2.1
S    192.168.2.0/24 [1/0] via 10.1.2.1
S    192.168.3.0/24 [1/0] via 10.1.2.1
S    192.168.4.0/24 [1/0] via 10.1.4.1
S    192.168.5.0/24 [1/0] via 10.1.4.1
S    192.168.6.0/24 [1/0] via 10.1.5.1
S    192.168.7.0/24 [1/0] via 10.1.5.1
```

（13）依据表 7-3 在 DSW 中配置相应静态路由。

```
DSW(config)#ip route 192.168.1.0 255.255.255.0 10.1.6.2
DSW(config)#ip route 192.168.2.0 255.255.255.0 10.1.6.2
DSW(config)#ip route 192.168.3.0 255.255.255.0 10.1.6.2
DSW(config)#ip route 192.168.4.0 255.255.255.0 10.1.6.2
DSW(config)#ip route 192.168.5.0 255.255.255.0 10.1.6.2
DSW(config)#ip route 192.168.6.0 255.255.255.0 10.1.7.2
DSW(config)#ip route 192.168.7.0 255.255.255.0 10.1.7.2
DSW(config)#ip route 10.1.1.0 255.255.255.0 10.1.6.2
DSW(config)#ip route 10.1.2.0 255.255.255.0 10.1.6.2
DSW(config)#ip route 10.1.3.0 255.255.255.0 10.1.6.2
DSW(config)#ip route 10.1.4.0 255.255.255.0 10.1.7.2
DSW(config)#ip route 10.1.5.0 255.255.255.0 10.1.7.2
DSW(config)#ip route 10.1.8.0 255.255.255.0 10.1.6.2
```

（14）查看 DSW 静态路由；

```
DSW#sh ip rou
Codes: C - connected, S - static, I - IGRP, R - RIP, M - mobile, B - BGP
       D - EIGRP, EX - EIGRP external, O - OSPF, IA - OSPF inter area
       N1 - OSPF NSSA external type 1, N2 - OSPF NSSA external type 2
       E1 - OSPF external type 1, E2 - OSPF external type 2, E - EGP
       i - IS-IS, L1 - IS-IS level-1, L2 - IS-IS level-2, ia - IS-IS inter area
```

```
      * - candidate default, U - per-user static route, o - ODR
      P - periodic downloaded static route

Gateway of last resort is not set

      10.0.0.0/24 is subnetted, 8 subnets
S      10.1.1.0 [1/0] via 10.1.6.2
S      10.1.2.0 [1/0] via 10.1.6.2
S      10.1.3.0 [1/0] via 10.1.6.2
S      10.1.4.0 [1/0] via 10.1.7.2
S      10.1.5.0 [1/0] via 10.1.7.2
C      10.1.6.0 is directly connected, GigabitEthernet0/1
C      10.1.7.0 is directly connected, GigabitEthernet0/2
S      10.1.8.0 [1/0] via 10.1.6.2
      172.17.0.0/24 is subnetted, 1 subnets
C      172.17.0.0 is directly connected, Vlan21
S     192.168.1.0/24 [1/0] via 10.1.6.2
S     192.168.2.0/24 [1/0] via 10.1.6.2
S     192.168.3.0/24 [1/0] via 10.1.6.2
S     192.168.4.0/24 [1/0] via 10.1.6.2
S     192.168.5.0/24 [1/0] via 10.1.6.2
S     192.168.6.0/24 [1/0] via 10.1.7.2
S     192.168.7.0/24 [1/0] via 10.1.7.2
```

6. 配置默认路由

（1）在 SW01、SW02、SW03、R0 上，所有路由的下一跳都只有一个。因此，可以认为该区域所在网络为末节网络，使用一条默认路由代替所有静态路由。

（2）依据以下脚本重新配置四个设备。

```
**********sw01_default static route***************

no ip route 192.168.4.0 255.255.255.0 10.1.1.2
no ip route 192.168.5.0 255.255.255.0 10.1.1.2
no ip route 192.168.6.0 255.255.255.0 10.1.1.2
no ip route 192.168.7.0 255.255.255.0 10.1.1.2
no ip route 10.1.3.0 255.255.255.0 10.1.1.2
no ip route 10.1.4.0 255.255.255.0 10.1.2.2
no ip route 10.1.5.0 255.255.255.0 10.1.2.2
no ip route 10.1.6.0 255.255.255.0 10.1.1.2
no ip route 10.1.7.0 255.255.255.0 10.1.2.2
no ip route 10.1.8.0 255.255.255.0 10.1.1.2
no ip route 172.17.0.0 255.255.255.0 10.1.1.2
ip route 0.0.0.0 0.0.0.0 10.1.1.2

**********sw02_default static route***************

no ip route 192.168.1.0 255.255.255.0 10.1.3.2
no ip route 192.168.2.0 255.255.255.0 10.1.3.2
no ip route 192.168.3.0 255.255.255.0 10.1.3.2
no ip route 192.168.6.0 255.255.255.0 10.1.3.2
no ip route 192.168.7.0 255.255.255.0 10.1.3.2
```

```
no ip route 172.17.0.0 255.255.255.0 10.1.3.2
no ip route 10.1.1.0 255.255.255.0 10.1.3.2
no ip route 10.1.2.0 255.255.255.0 10.1.3.2
no ip route 10.1.4.0 255.255.255.0 10.1.3.2
no ip route 10.1.5.0 255.255.255.0 10.1.3.2
no ip route 10.1.6.0 255.255.255.0 10.1.3.2
no ip route 10.1.7.0 255.255.255.0 10.1.3.2
no ip route 10.1.8.0 255.255.255.0 10.1.3.2
ip route 0.0.0.0 0.0.0.0 10.1.3.2

**********sw03_default static route***************

no ip route 192.168.1.0 255.255.255.0 10.1.4.2
no ip route 192.168.2.0 255.255.255.0 10.1.4.2
no ip route 192.168.3.0 255.255.255.0 10.1.4.2
no ip route 192.168.6.0 255.255.255.0 10.1.4.2
no ip route 192.168.7.0 255.255.255.0 10.1.4.2
no ip route 172.17.0.0 255.255.255.0 10.1.4.2
no ip route 10.1.1.0 255.255.255.0 10.1.4.2
no ip route 10.1.2.0 255.255.255.0 10.1.4.2
no ip route 10.1.3.0 255.255.255.0 10.1.4.2
no ip route 10.1.5.0 255.255.255.0 10.1.4.2
no ip route 10.1.6.0 255.255.255.0 10.1.4.2
no ip route 10.1.7.0 255.255.255.0 10.1.4.2
no ip route 10.1.8.0 255.255.255.0 10.1.4.2
ip route 0.0.0.0 0.0.0.0 10.1.4.2

**********R0_default static route***************

no ip route 192.168.1.0 255.255.255.0 10.1.5.2
no ip route 192.168.2.0 255.255.255.0 10.1.5.2
no ip route 192.168.3.0 255.255.255.0 10.1.5.2
no ip route 192.168.4.0 255.255.255.0 10.1.5.2
no ip route 192.168.5.0 255.255.255.0 10.1.5.2
no ip route 172.17.0.0 255.255.255.0 10.1.5.2
no ip route 10.1.1.0 255.255.255.0 10.1.5.2
no ip route 10.1.2.0 255.255.255.0 10.1.5.2
no ip route 10.1.3.0 255.255.255.0 10.1.5.2
no ip route 10.1.4.0 255.255.255.0 10.1.5.2
no ip route 10.1.6.0 255.255.255.0 10.1.5.2
no ip route 10.1.7.0 255.255.255.0 10.1.5.2
no ip route 10.1.8.0 255.255.255.0 10.1.5.2
ip route 0.0.0.0 0.0.0.0 10.1.5.2
```

（3）检查四个设备路由表。

```
SW01#sh ip route
Codes: C - connected, S - static, I - IGRP, R - RIP, M - mobile, B - BGP
       D - EIGRP, EX - EIGRP external, O - OSPF, IA - OSPF inter area
       N1 - OSPF NSSA external type 1, N2 - OSPF NSSA external type 2
       E1 - OSPF external type 1, E2 - OSPF external type 2, E - EGP
       i - IS-IS, L1 - IS-IS level-1, L2 - IS-IS level-2, ia - IS-IS inter area
```

```
      * - candidate default, U - per-user static route, o - ODR
      P - periodic downloaded static route

Gateway of last resort is 10.1.1.2 to network 0.0.0.0

     10.0.0.0/24 is subnetted, 2 subnets
C       10.1.1.0 is directly connected, Vlan101
C       10.1.2.0 is directly connected, Vlan102
C    192.168.1.0/24 is directly connected, Vlan11
C    192.168.2.0/24 is directly connected, Vlan12
C    192.168.3.0/24 is directly connected, Vlan13
S*   0.0.0.0/0 [1/0] via 10.1.1.2


SW02#sh ip route
Codes: C - connected, S - static, I - IGRP, R - RIP, M - mobile, B - BGP
       D - EIGRP, EX - EIGRP external, O - OSPF, IA - OSPF inter area
       N1 - OSPF NSSA external type 1, N2 - OSPF NSSA external type 2
       E1 - OSPF external type 1, E2 - OSPF external type 2, E - EGP
       i - IS-IS, L1 - IS-IS level-1, L2 - IS-IS level-2, ia - IS-IS inter area
       * - candidate default, U - per-user static route, o - ODR
       P - periodic downloaded static route

Gateway of last resort is 10.1.3.2 to network 0.0.0.0

     10.0.0.0/24 is subnetted, 1 subnets
C       10.1.3.0 is directly connected, Vlan103
C    192.168.4.0/24 is directly connected, Vlan14
C    192.168.5.0/24 is directly connected, Vlan15
S*   0.0.0.0/0 [1/0] via 10.1.3.2


SW03#sh ip rou
Codes: C - connected, S - static, I - IGRP, R - RIP, M - mobile, B - BGP
       D - EIGRP, EX - EIGRP external, O - OSPF, IA - OSPF inter area
       N1 - OSPF NSSA external type 1, N2 - OSPF NSSA external type 2
       E1 - OSPF external type 1, E2 - OSPF external type 2, E - EGP
       i - IS-IS, L1 - IS-IS level-1, L2 - IS-IS level-2, ia - IS-IS inter area
       * - candidate default, U - per-user static route, o - ODR
       P - periodic downloaded static route

Gateway of last resort is 10.1.4.2 to network 0.0.0.0

     10.0.0.0/24 is subnetted, 1 subnets
C       10.1.4.0 is directly connected, Vlan104
C    192.168.4.0/24 is directly connected, Vlan14
C    192.168.5.0/24 is directly connected, Vlan15
S*   0.0.0.0/0 [1/0] via 10.1.4.2


R0#sh ip rou
Codes: C - connected, S - static, I - IGRP, R - RIP, M - mobile, B - BGP
       D - EIGRP, EX - EIGRP external, O - OSPF, IA - OSPF inter area
```

```
N1 - OSPF NSSA external type 1, N2 - OSPF NSSA external type 2
E1 - OSPF external type 1, E2 - OSPF external type 2, E - EGP
i - IS-IS, L1 - IS-IS level-1, L2 - IS-IS level-2, ia - IS-IS inter area
* - candidate default, U - per-user static route, o - ODR
P - periodic downloaded static route

Gateway of last resort is 10.1.5.2 to network 0.0.0.0

    10.0.0.0/24 is subnetted, 1 subnets
C       10.1.5.0 is directly connected, FastEthernet0/0
C    192.168.6.0/24 is directly connected, FastEthernet0/1.16
C    192.168.7.0/24 is directly connected, FastEthernet0/1.17
S*   0.0.0.0/0 [1/0] via 10.1.5.2
```

7. 连通性测试

使用 Ping 命令测试 PC121 与多个主机和端口间通信是否正常，结果如图 7-10 所示。

Fire	Last Status	Source	Destination	Type	Color	Time(sec)	Periodic	Num	Edit	Delete
●	Successful	PC121	DHCP_S1	ICMP	■	0.000	N	0	(edit)	(delete)
●	Successful	PC121	R1	ICMP	■	0.000	N	1	(edit)	(delete)
●	Successful	PC121	R2	ICMP	■	0.000	N	2	(edit)	(delete)
●	Successful	PC121	SW02	ICMP	■	0.000	N	3	(edit)	(delete)

图 7-10　在 PC121 上测试连通性

8. 故障分析与排查

静态路由故障主要包括两部分：一是路由表项缺失，二是路由表项错误。由于静态路由具有单向性，需要兼顾发送过程和回复过程两个方向的路由表。在一个通信过程中，只有源和目标端之间所有路由设备都具备正确的路由信息，才能保障网络通畅。因此，静态路由故障分析的首要任务是进行故障定位，才能有效排查故障。具体总结如表 7-4 所示。

表 7-4　Ping 测试故障汇总表

报 错 信 息	解　释	故 障 分 析	解 决 方 法
Reply from *.*.*.*: Destination host unreachable.	通信链路中某一设备（*.*.*.*）反馈目标网络无法到达	设备（*.*.*.*）缺少去目标网络的路由	在设备（*.*.*.*）检查路由表，增加或修改目标路由
Request timed out.	反馈超时	数据包无法回程	检查回程方向所有路由设备中目标网络路由表，并进行添加和修改

 提示

在规模网络中不建议使用静态路由部署，因为故障排查困难，网络灵活性差。

实战 27　OSPF 单区域路由连通园区网络

实战描述

在实战 26 任务第 3 步骤（配置设备 IP 地址）基础上，使用动态 OSPF 单区域路由，将园区网络骨干连通。

所需资源

　　4 台 3560 交换机，2 台 Router-PT-Empty（含相应模块），1 台 2600 路由器，2960 交换机和 PC 若干。拓扑结构端口连接和地址分配如图 7-11 和表 7-5、表 7-6 所示。

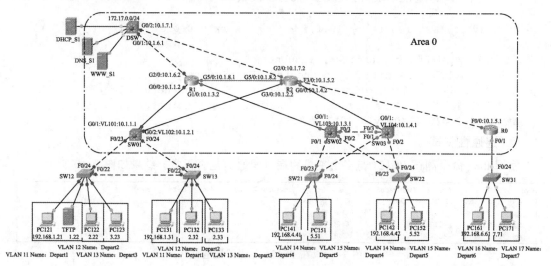

图 7-11　单区域 OSPF 规划结构

表 7-5　端口连接

设　备	本 地 端 口	对 端 设 备	对 端 端 口
SW01	F0/23	SW12	F0/24
	F0/24	SW13	F0/24
	G0/1	R1	G0/0
	G0/2	R2	G0/0
SW02	F0/1	SW21	F0/23
	F0/2	SW22	F0/23
	F0/3	SW03	F0/3
	G0/1	R1	G1/0
SW03	F0/1	SW21	F0/24
	F0/2	SW22	F0/24
	F0/3	SW02	F0/3
	G0/1	R2	G1/0
R0	F0/1	SW31	F0/24
	F0/0	R2	F0/3
R1	G2/0	DSW	G0/1
	G5/0	R2	G5/0
R2	G2/0	DSW	G0/2

表 7-6　地址分配

设　　备	二　层　口	三　层　口	IP 地址	二层口属性	OSPF 区域	Router ID
	F0/23			trunk		
	F0/23			trunk		
	G0/1			access VL101		
	G0/2			access VL102		
SW01		VL101	10.1.1.1/24		0	1.1.1.1
		VL102	10.1.2.1/24		0	
		VL11	192.168.1.1/24		0	
		VL12	192.168.2.1/24		0	
		VL13	192.168.3.1/24			
	F0/1			trunk		
	F0/2			trunk		
SW02	G0/1			access VL103		1.1.1.2
		VL103	10.1.3.1/24		0	
		VL14	192.168.4.10/24		0	
		VL15	192.168.5.10/24		0	
	F0/1			trunk		
	F0/2			trunk		
SW03	G0/1			access VL104		1.1.1.3
		VL104	10.1.4.1/24		0	
		VL14	192.168.4.20/24		0	
		VL15	192.168.5.20/24		0	
		F0/0	10.1.5.1/24		0	
R0		F0/1.16	192.168.6.1/24		0	1.1.1.4
		F0/1.17	192.168.7.1/24		0	
		G0/0	10.1.1.2/24		0	
		G1/0	10.1.3.2/24		0	
R1		G2/0	10.1.6.2/24		0	1.1.1.11
		G5/0	10.1.8.1/24		0	
		G0/0	10.1.2.2/24		0	
		G1/0	10.1.4.2/24		0	
R2		G2/0	10.1.7.2/24		0	1.1.1.12
		G5/0	10.1.8.2/24		0	
		F3/0	10.1.5.2/24		0	
		G0/1	10.1.6.1/24		0	
		G0/2	10.1.7.1/24		0	
DSW		VL21	172.17.0.1/24		0	1.1.1.5
	F0/1～10			access VL21		

续表

设 备	二 层 口	三 层 口	IP 地址	二层口属性	OSPF 区域	Router ID
DHCP_S1	F0/0		172.17.0.11/24			
DNS_S1	F0/0		172.17.0.12/24			
WWW_S1	F0/0		172.17.0.13/24			

 操作步骤

1. 检查前阶段配置

查看各个三层设备的直连路由：

SW01#sh ip rou
```
Codes: C - connected, S - static, I - IGRP, R - RIP, M - mobile, B - BGP
       D - EIGRP, EX - EIGRP external, O - OSPF, IA - OSPF inter area
       N1 - OSPF NSSA external type 1, N2 - OSPF NSSA external type 2
       E1 - OSPF external type 1, E2 - OSPF external type 2, E - EGP
       i - IS-IS, L1 - IS-IS level-1, L2 - IS-IS level-2, ia - IS-IS inter area
       * - candidate default, U - per-user static route, o - ODR
       P - periodic downloaded static route

Gateway of last resort is not set

     10.0.0.0/24 is subnetted, 2 subnets
C       10.1.1.0 is directly connected, Vlan101
C       10.1.2.0 is directly connected, Vlan102
C    192.168.1.0/24 is directly connected, Vlan11
C    192.168.2.0/24 is directly connected, Vlan12
C    192.168.3.0/24 is directly connected, Vlan13
```

SW02#sh ip rou
```
Codes: C - connected, S - static, I - IGRP, R - RIP, M - mobile, B - BGP
       D - EIGRP, EX - EIGRP external, O - OSPF, IA - OSPF inter area
       N1 - OSPF NSSA external type 1, N2 - OSPF NSSA external type 2
       E1 - OSPF external type 1, E2 - OSPF external type 2, E - EGP
       i - IS-IS, L1 - IS-IS level-1, L2 - IS-IS level-2, ia - IS-IS inter area
       * - candidate default, U - per-user static route, o - ODR
       P - periodic downloaded static route

Gateway of last resort is not set

     10.0.0.0/24 is subnetted, 1 subnets
C       10.1.3.0 is directly connected, Vlan103
C    192.168.4.0/24 is directly connected, Vlan14
C    192.168.5.0/24 is directly connected, Vlan15
```

SW03#sho ip rou
```
Codes: C - connected, S - static, I - IGRP, R - RIP, M - mobile, B - BGP
       D - EIGRP, EX - EIGRP external, O - OSPF, IA - OSPF inter area
       N1 - OSPF NSSA external type 1, N2 - OSPF NSSA external type 2
```

```
        E1 - OSPF external type 1, E2 - OSPF external type 2, E - EGP
        i - IS-IS, L1 - IS-IS level-1, L2 - IS-IS level-2, ia - IS-IS inter area
        * - candidate default, U - per-user static route, o - ODR
        P - periodic downloaded static route

Gateway of last resort is not set

     10.0.0.0/24 is subnetted, 1 subnets
C       10.1.4.0 is directly connected, Vlan104
C    192.168.4.0/24 is directly connected, Vlan14
C    192.168.5.0/24 is directly connected, Vlan15


R0#sh ip rou
Codes: C - connected, S - static, I - IGRP, R - RIP, M - mobile, B - BGP
        D - EIGRP, EX - EIGRP external, O - OSPF, IA - OSPF inter area
        N1 - OSPF NSSA external type 1, N2 - OSPF NSSA external type 2
        E1 - OSPF external type 1, E2 - OSPF external type 2, E - EGP
        i - IS-IS, L1 - IS-IS level-1, L2 - IS-IS level-2, ia - IS-IS inter area
        * - candidate default, U - per-user static route, o - ODR
        P - periodic downloaded static route

Gateway of last resort is not set

     10.0.0.0/24 is subnetted, 1 subnets
C       10.1.5.0 is directly connected, FastEthernet0/0
C    192.168.6.0/24 is directly connected, FastEthernet0/1.16
C    192.168.7.0/24 is directly connected, FastEthernet0/1.17


R1#sh ip rou
Codes: C - connected, S - static, I - IGRP, R - RIP, M - mobile, B - BGP
        D - EIGRP, EX - EIGRP external, O - OSPF, IA - OSPF inter area
        N1 - OSPF NSSA external type 1, N2 - OSPF NSSA external type 2
        E1 - OSPF external type 1, E2 - OSPF external type 2, E - EGP
        i - IS-IS, L1 - IS-IS level-1, L2 - IS-IS level-2, ia - IS-IS inter area
        * - candidate default, U - per-user static route, o - ODR
        P - periodic downloaded static route

Gateway of last resort is not set

     10.0.0.0/24 is subnetted, 4 subnets
C       10.1.1.0 is directly connected, GigabitEthernet0/0
C       10.1.3.0 is directly connected, GigabitEthernet1/0
C       10.1.6.0 is directly connected, GigabitEthernet2/0
C       10.1.8.0 is directly connected, GigabitEthernet5/0


R2#sh ip route
Codes: C - connected, S - static, I - IGRP, R - RIP, M - mobile, B - BGP
        D - EIGRP, EX - EIGRP external, O - OSPF, IA - OSPF inter area
        N1 - OSPF NSSA external type 1, N2 - OSPF NSSA external type 2
        E1 - OSPF external type 1, E2 - OSPF external type 2, E - EGP
```

```
            i - IS-IS, L1 - IS-IS level-1, L2 - IS-IS level-2, ia - IS-IS inter area
            * - candidate default, U - per-user static route, o - ODR
            P - periodic downloaded static route

Gateway of last resort is not set

     10.0.0.0/24 is subnetted, 5 subnets
C       10.1.2.0 is directly connected, GigabitEthernet0/0
C       10.1.4.0 is directly connected, GigabitEthernet1/0
C       10.1.5.0 is directly connected, FastEthernet3/0
C       10.1.7.0 is directly connected, GigabitEthernet2/0
C       10.1.8.0 is directly connected, GigabitEthernet5/0

DSW#sh ip route
Codes: C - connected, S - static, I - IGRP, R - RIP, M - mobile, B - BGP
       D - EIGRP, EX - EIGRP external, O - OSPF, IA - OSPF inter area
       N1 - OSPF NSSA external type 1, N2 - OSPF NSSA external type 2
       E1 - OSPF external type 1, E2 - OSPF external type 2, E - EGP
       i - IS-IS, L1 - IS-IS level-1, L2 - IS-IS level-2, ia - IS-IS inter area
       * - candidate default, U - per-user static route, o - ODR
       P - periodic downloaded static route

Gateway of last resort is not set

     10.0.0.0/24 is subnetted, 2 subnets
C       10.1.6.0 is directly connected, GigabitEthernet0/1
C       10.1.7.0 is directly connected, GigabitEthernet0/2
     172.17.0.0/24 is subnetted, 1 subnets
C       172.17.0.0 is directly connected, Vlan21
```

2. OSPF 配置

（1）启动 OSPF 路由进程，配置 router-id，通告直连网络。注意：直连网络必须发布全面，避免遗漏，否则邻居无法学习到。

```
SW01(config)#router ospf 1
SW01(config-router)#router-id 1.1.1.1
SW01(config-router)#network 10.1.1.0 0.0.0.255 area 0
SW01(config-router)#network 10.1.2.0 0.0.0.255 area 0
SW01(config-router)#network 192.168.1.0 0.0.0.255 area 0
SW01(config-router)#network 192.168.2.0 0.0.0.255 area 0
SW01(config-router)#network 192.168.3.0 0.0.0.255 area 0

SW02(config)#router ospf 1
SW02(config-router)#router-id 1.1.1.2
SW02(config-router)#network 10.1.3.0 0.0.0.255 area 0
SW02(config-router)#network 192.168.4.0 0.0.0.255 area 0
SW02(config-router)#network 192.168.5.0 0.0.0.255 area 0

SW03(config)#router ospf 1
SW03(config-router)#router-id 1.1.1.3
SW03(config-router)#network 10.1.4.0 0.0.0.255 area 0
```

```
SW03（config-router）#network 192.168.4.0 0.0.0.255 area 0
SW03（config-router）#network 192.168.5.0 0.0.0.255 area 0

R0(config)#router ospf 1
R0（config-router）#router-id 1.1.1.4
R0（config-router）#network 10.1.5.0 0.0.0.255 area 0
R0（config-router）#network 192.168.6.0 0.0.0.255 area 0
R0（config-router）#network 192.168.7.0 0.0.0.255 area 0

R1(config)#router ospf 1
R1（config-router）#router-id 1.1.1.11
R1（config-router）#network 10.1.1.0 0.0.0.255 area 0
R1（config-router）#network 10.1.3.0 0.0.0.255 area 0
R1（config-router）#network 10.1.6.0 0.0.0.255 area 0
R1（config-router）#network 10.1.8.0 0.0.0.255 area 0

R2(config)#router ospf 1
R2（config-router）#router-id 1.1.1.12
R2（config-router）#network 10.1.2.0 0.0.0.255 area 0
R2（config-router）#network 10.1.4.0 0.0.0.255 area 0
R2（config-router）#network 10.1.5.0 0.0.0.255 area 0
R2（config-router）#network 10.1.7.0 0.0.0.255 area 0
R2（config-router）#network 10.1.8.0 0.0.0.255 area 0

DSW(config)#router ospf 1
DSW（config-router）#router-id 1.1.1.5
DSW（config-router）#network 10.1.6.0 0.0.0.255 area 0
DSW（config-router）#network 10.1.7.0 0.0.0.255 area 0
DSW（config-router）#network 172.17.0.0 0.0.0.255 area 0
```

（2）查看各设备 OSPF 进程提示

SW01：与 1.1.1.11 和 1.1.1.12 建立邻接

```
00:44:50: %OSPF-5-ADJCHG: Process 1, Nbr 1.1.1.11 on Vlan101 from LOADING to
FULL, Loading Done

00:45:30: %OSPF-5-ADJCHG: Process 1, Nbr 1.1.1.12 on Vlan102 from LOADING to
FULL, Loading Done
```

SW02：与 1.1.1.3 和 1.1.1.11 建立邻接

```
00:43:26: %OSPF-5-ADJCHG: Process 1, Nbr 1.1.1.3 on Vlan14 from LOADING to FULL,
Loading Done

00:43:27: %OSPF-5-ADJCHG: Process 1, Nbr 1.1.1.3 on Vlan15 from LOADING to FULL,
Loading Done

00:44:52: %OSPF-5-ADJCHG: Process 1, Nbr 1.1.1.11 on Vlan103 from LOADING to
FULL, Loading Done
```

SW03：与 1.1.1.2 和 1.1.1.12 建立邻接

```
00:43:26: %OSPF-5-ADJCHG: Process 1, Nbr 1.1.1.2 on Vlan14 from LOADING to FULL,
Loading Done
```

00:43:27: %OSPF-5-ADJCHG: Process 1, Nbr 1.1.1.2 on Vlan15 from LOADING to FULL, Loading Done

SW03（config-router）#
00:45:31: %OSPF-5-ADJCHG: Process 1, Nbr 1.1.1.12 on Vlan104 from LOADING to FULL, Loading Done

R0: 与 1.1.1.12 建立邻接
00:45:35: %OSPF-5-ADJCHG: Process 1, Nbr 1.1.1.12 on FastEthernet0/0 from LOADING to FULL, Loading Done

R1: 与 1.1.1.1、1.1.1.2、1.1.1.12、1.1.1.5 建立邻接
00:44:50: %OSPF-5-ADJCHG: Process 1, Nbr 1.1.1.1 on GigabitEthernet0/0 from LOADING to FULL, Loading Done

00:44:52: %OSPF-5-ADJCHG: Process 1, Nbr 1.1.1.2 on GigabitEthernet1/0 from LOADING to FULL, Loading Done

00:45:38: %OSPF-5-ADJCHG: Process 1, Nbr 1.1.1.12 on GigabitEthernet5/0 from LOADING to FULL, Loading Done

00:46:02: %OSPF-5-ADJCHG: Process 1, Nbr 1.1.1.5 on GigabitEthernet2/0 from LOADING to FULL, Loading Done

R2: 与 1.1.1.1、1.1.1.3、1.1.1.14、1.1.1.11、1.1.1.5 建立邻接
00:45:30: %OSPF-5-ADJCHG: Process 1, Nbr 1.1.1.1 on GigabitEthernet0/0 from LOADING to FULL, Loading Done

00:45:31: %OSPF-5-ADJCHG: Process 1, Nbr 1.1.1.3 on GigabitEthernet1/0 from LOADING to FULL, Loading Done

00:45:35: %OSPF-5-ADJCHG: Process 1, Nbr 1.1.1.4 on FastEthernet3/0 from LOADING to FULL, Loading Done

00:45:38: %OSPF-5-ADJCHG: Process 1, Nbr 1.1.1.11 on GigabitEthernet5/0 from LOADING to FULL, Loading Done

00:46:07: %OSPF-5-ADJCHG: Process 1, Nbr 1.1.1.5 on GigabitEthernet2/0 from LOADING to FULL, Loading Done

3. 查看 OSPF 协议

（1）查看 OSPF 链路状态数据库（以 R1 为例）。

R1#show ip ospf database
　　　　　　OSPF Router with ID（1.1.1.11）（Process ID 1）
//该路由器的 ID 号和 OSPF 进程号

　　　　　　　Router Link States（Area 0）
//区域 0 中的路由器链路状态信息
// Link ID: Link-State ID，代表整个路由器而不是代表某个链路。这里是 Router Link，所以

要用通告它的路由器 ID 号代表

//ADV Router: 通告链路状态信息的路由器 ID 号，即 Link ID 名下的内容是由它通告的

// Age: LSA 条目的老化时间（1 800 s 到期）

//Seq#: LSA 的序列码

//Checksum: LSA 的校验和

//Link count: 通告路由器（ADV Router）在本区域（当前是区域 0）的链路数目。本例中路由器都有 3~5 条链路在区域 0 内

Link ID	ADV Router	Age	Seq#	Checksum	Link count
1.1.1.2	1.1.1.2	771	0x80000006	0x00cb48	3
1.1.1.1	1.1.1.1	733	0x80000007	0x006427	5
1.1.1.3	1.1.1.3	733	0x80000006	0x0054a7	3
1.1.1.4	1.1.1.4	726	0x80000004	0x0052cd	3
1.1.1.11	1.1.1.11	701	0x80000008	0x00a8d0	4
1.1.1.5	1.1.1.5	696	0x80000005	0x005db8	3
1.1.1.12	1.1.1.12	696	0x8000000a	0x00a892	5

Net Link States （Area 0）

//路由器链路状态信息

Link ID	ADV Router	Age	Seq#	Checksum
10.1.1.1	1.1.1.1	773	0x80000001	0x00f00b
192.168.4.20	1.1.1.3	858	0x80000001	0x001dac
192.168.5.20	1.1.1.3	857	0x80000002	0x0044a0
10.1.3.1	1.1.1.2	771	0x80000001	0x0070e1
10.1.2.1	1.1.1.1	733	0x80000002	0x007bd7
10.1.4.1	1.1.1.3	733	0x80000003	0x006be0
10.1.5.1	1.1.1.4	729	0x80000001	0x003543
10.1.8.1	1.1.1.11	726	0x80000001	0x00916b
10.1.6.2	1.1.1.11	701	0x80000002	0x0043fd
10.1.7.2	1.1.1.12	696	0x80000001	0x003e01

（2）查看 OSPF 路由器接口（以 R1 为例）。

R1#show ip ospf interface

```
GigabitEthernet0/0 is up, line protocol is up
  Internet address is 10.1.1.2/24, Area 0
  Process ID 1, Router ID 1.1.1.11, Network Type BROADCAST, Cost: 1
  // 显示 Rouer-id，网络类型为广播
  Transmit Delay is 1 sec, State BDR, Priority 1
  // 接口优先级默认为 1，为 BDR
  Designated Router (ID) 1.1.1.1, Interface address 10.1.1.1
  // 显示 DR 为 1.1.1.1
  Backup Designated Router (ID) 1.1.1.11, Interface address 10.1.1.2
  Timer intervals configured, Hello 10, Dead 40, Wait 40, Retransmit 5
    Hello due in 00:00:03
  Index 1/1, flood queue length 0
  Next 0x0 (0)/0x0 (0)
  Last flood scan length is 1, maximum is 1
  Last flood scan time is 0 msec, maximum is 0 msec
  Neighbor Count is 1, Adjacent neighbor count is 1
    Adjacent with neighbor 1.1.1.1 (Designated Router)
  Suppress hello for 0 neighbor (s)
```

```
GigabitEthernet1/0 is up, line protocol is up
  Internet address is 10.1.3.2/24, Area 0
  Process ID 1, Router ID 1.1.1.11, Network Type BROADCAST, Cost: 1
  Transmit Delay is 1 sec, State BDR, Priority 1
  Designated Router (ID) 1.1.1.2, Interface address 10.1.3.1
  Backup Designated Router (ID) 1.1.1.11, Interface address 10.1.3.2
  Timer intervals configured, Hello 10, Dead 40, Wait 40, Retransmit 5
    Hello due in 00:00:03
  Index 2/2, flood queue length 0
  Next 0x0 (0) /0x0 (0)
  Last flood scan length is 1, maximum is 1
  Last flood scan time is 0 msec, maximum is 0 msec
  Neighbor Count is 1, Adjacent neighbor count is 1
    Adjacent with neighbor 1.1.1.2 (Designated Router)
  Suppress hello for 0 neighbor (s)

GigabitEthernet2/0 is up, line protocol is up
  Internet address is 10.1.6.2/24, Area 0
  Process ID 1, Router ID 1.1.1.11, Network Type BROADCAST, Cost: 1
  Transmit Delay is 1 sec, State DR, Priority 1
  Designated Router (ID) 1.1.1.11, Interface address 10.1.6.2
  Backup Designated Router (ID) 1.1.1.5, Interface address 10.1.6.1
  Timer intervals configured, Hello 10, Dead 40, Wait 40, Retransmit 5
    Hello due in 00:00:03
  Index 3/3, flood queue length 0
  Next 0x0 (0) /0x0 (0)
  Last flood scan length is 1, maximum is 1
  Last flood scan time is 0 msec, maximum is 0 msec
  Neighbor Count is 1, Adjacent neighbor count is 1
    Adjacent with neighbor 1.1.1.5 (Backup Designated Router)
  Suppress hello for 0 neighbor (s)

GigabitEthernet5/0 is up, line protocol is up
  Internet address is 10.1.8.1/24, Area 0
  Process ID 1, Router ID 1.1.1.11, Network Type BROADCAST, Cost: 1
  Transmit Delay is 1 sec, State DR, Priority 1
  Designated Router (ID) 1.1.1.11, Interface address 10.1.8.1
  Backup Designated Router (ID) 1.1.1.12, Interface address 10.1.8.2
  Timer intervals configured, Hello 10, Dead 40, Wait 40, Retransmit 5
    Hello due in 00:00:04
  Index 4/4, flood queue length 0
  Next 0x0 (0) /0x0 (0)
  Last flood scan length is 1, maximum is 1
  Last flood scan time is 0 msec, maximum is 0 msec
  Neighbor Count is 1, Adjacent neighbor count is 1
    Adjacent with neighbor 1.1.1.12 (Backup Designated Router)
  Suppress hello for 0 neighbor (s)
```

（3）查看 OSPF 邻居（以 R1 为例）。

```
R1#show ip ospf neighbor
Neighbor ID     Pri  State          Dead Time   Address       Interface
```

```
1.1.1.1        ·1   FULL/DR      00:00:33      10.1.1.1         GigabitEthernet0/0
1.1.1.2        1    FULL/DR      00:00:36      10.1.3.1         GigabitEthernet1/0
1.1.1.5        1    FULL/BDR     00:00:31      10.1.6.1         GigabitEthernet2/0
1.1.1.12       1    FULL/BDR     00:00:32      10.1.8.2         GigabitEthernet5/0
```

（4）查看 R1 路由表，10.1.2.0 和 10.1.7.0 均有两条等价开销路径，因为都是千兆链路，开销相等。

```
R1#show ip route
Codes: C - connected, S - static, I - IGRP, R - RIP, M - mobile, B - BGP
       D - EIGRP, EX - EIGRP external, O - OSPF, IA - OSPF inter area
       N1 - OSPF NSSA external type 1, N2 - OSPF NSSA external type 2
       E1 - OSPF external type 1, E2 - OSPF external type 2, E - EGP
       i - IS-IS, L1 - IS-IS level-1, L2 - IS-IS level-2, ia - IS-IS inter area
       * - candidate default, U - per-user static route, o - ODR
       P - periodic downloaded static route

Gateway of last resort is not set

     10.0.0.0/24 is subnetted, 8 subnets
C       10.1.1.0 is directly connected, GigabitEthernet0/0
O       10.1.2.0 [110/2] via 10.1.1.1, 00:31:43, GigabitEthernet0/0
                  [110/2] via 10.1.8.2, 00:31:43, GigabitEthernet5/0
C       10.1.3.0 is directly connected, GigabitEthernet1/0
O       10.1.4.0 [110/2] via 10.1.8.2, 00:31:43, GigabitEthernet5/0
O       10.1.5.0 [110/2] via 10.1.8.2, 00:31:43, GigabitEthernet5/0
C       10.1.6.0 is directly connected, GigabitEthernet2/0
O       10.1.7.0 [110/2] via 10.1.6.1, 00:31:13, GigabitEthernet2/0
                  [110/2] via 10.1.8.2, 00:31:13, GigabitEthernet5/0
C       10.1.8.0 is directly connected, GigabitEthernet5/0
     172.17.0.0/24 is subnetted, 1 subnets
O       172.17.0.0 [110/2] via 10.1.6.1, 00:31:13, GigabitEthernet2/0
O    192.168.1.0/24 [110/2] via 10.1.1.1, 00:32:28, GigabitEthernet0/0
O    192.168.2.0/24 [110/2] via 10.1.1.1, 00:32:28, GigabitEthernet0/0
O    192.168.3.0/24 [110/2] via 10.1.1.1, 00:32:28, GigabitEthernet0/0
O    192.168.4.0/24 [110/2] via 10.1.3.1, 00:32:28, GigabitEthernet1/0
O    192.168.5.0/24 [110/2] via 10.1.3.1, 00:32:28, GigabitEthernet1/0
O    192.168.6.0/24 [110/3] via 10.1.8.2, 00:31:33, GigabitEthernet5/0
O    192.168.7.0/24 [110/3] via 10.1.8.2, 00:31:33, GigabitEthernet5/0
```

（5）查看 R2 路由表，10.1.1.0 和 10.1.6.0 均有两条等价开销路径，因为都是千兆链路，开销相等。

```
R2#sh ip route
Codes: C - connected, S - static, I - IGRP, R - RIP, M - mobile, B - BGP
       D - EIGRP, EX - EIGRP external, O - OSPF, IA - OSPF inter area
       N1 - OSPF NSSA external type 1, N2 - OSPF NSSA external type 2
       E1 - OSPF external type 1, E2 - OSPF external type 2, E - EGP
       i - IS-IS, L1 - IS-IS level-1, L2 - IS-IS level-2, ia - IS-IS inter area
       * - candidate default, U - per-user static route, o - ODR
       P - periodic downloaded static route

Gateway of last resort is not set
```

```
       10.0.0.0/24 is subnetted, 8 subnets
O      10.1.1.0 [110/2] via 10.1.2.1, 00:35:07, GigabitEthernet0/0
                  [110/2] via 10.1.8.1, 00:35:07, GigabitEthernet5/0
C      10.1.2.0 is directly connected, GigabitEthernet0/0
O      10.1.3.0 [110/2] via 10.1.8.1, 00:35:07, GigabitEthernet5/0
C      10.1.4.0 is directly connected, GigabitEthernet1/0
C      10.1.5.0 is directly connected, FastEthernet3/0
O      10.1.6.0 [110/2] via 10.1.7.1, 00:34:37, GigabitEthernet2/0
                  [110/2] via 10.1.8.1, 00:34:37, GigabitEthernet5/0
C      10.1.7.0 is directly connected, GigabitEthernet2/0
C      10.1.8.0 is directly connected, GigabitEthernet5/0
       172.17.0.0/24 is subnetted, 1 subnets
O      172.17.0.0 [110/2] via 10.1.7.1, 00:34:37, GigabitEthernet2/0
O    192.168.1.0/24 [110/2] via 10.1.2.1, 00:35:07, GigabitEthernet0/0
O    192.168.2.0/24 [110/2] via 10.1.2.1, 00:35:07, GigabitEthernet0/0
O    192.168.3.0/24 [110/2] via 10.1.2.1, 00:35:07, GigabitEthernet0/0
O    192.168.4.0/24 [110/2] via 10.1.4.1, 00:35:07, GigabitEthernet1/0
O    192.168.5.0/24 [110/2] via 10.1.4.1, 00:35:07, GigabitEthernet1/0
O    192.168.6.0/24 [110/2] via 10.1.5.1, 00:35:07, FastEthernet3/0
O    192.168.7.0/24 [110/2] via 10.1.5.1, 00:35:07, FastEthernet3/0
```

（6）查看 SW01 路由表，10.1.8.0 和 172.17.0.0 均有两条等价开销路径，因为都是千兆链路，开销相等。

```
SW01#sh ip rou
Codes: C - connected, S - static, I - IGRP, R - RIP, M - mobile, B - BGP
       D - EIGRP, EX - EIGRP external, O - OSPF, IA - OSPF inter area
       N1 - OSPF NSSA external type 1, N2 - OSPF NSSA external type 2
       E1 - OSPF external type 1, E2 - OSPF external type 2, E - EGP
       i - IS-IS, L1 - IS-IS level-1, L2 - IS-IS level-2, ia - IS-IS inter area
       * - candidate default, U - per-user static route, o - ODR
       P - periodic downloaded static route

Gateway of last resort is not set

       10.0.0.0/24 is subnetted, 8 subnets
C      10.1.1.0 is directly connected, Vlan101
C      10.1.2.0 is directly connected, Vlan102
O      10.1.3.0 [110/2] via 10.1.1.2, 00:05:38, Vlan101
O      10.1.4.0 [110/2] via 10.1.2.2, 00:05:38, Vlan102
O      10.1.5.0 [110/2] via 10.1.2.2, 00:01:58, Vlan102
O      10.1.6.0 [110/2] via 10.1.1.2, 00:05:38, Vlan101
O      10.1.7.0 [110/2] via 10.1.2.2, 00:05:38, Vlan102
O      10.1.8.0 [110/2] via 10.1.1.2, 00:05:38, Vlan101
                  [110/2] via 10.1.2.2, 00:05:38, Vlan102
       172.17.0.0/24 is subnetted, 1 subnets
O      172.17.0.0 [110/3] via 10.1.1.2, 00:05:38, Vlan101
                  [110/3] via 10.1.2.2, 00:05:38, Vlan102
C    192.168.1.0/24 is directly connected, Vlan11
C    192.168.2.0/24 is directly connected, Vlan12
C    192.168.3.0/24 is directly connected, Vlan13
```

```
O    192.168.4.0/24 [110/3] via 10.1.1.2, 00:05:38, Vlan101
O    192.168.5.0/24 [110/3] via 10.1.1.2, 00:05:38, Vlan101
O    192.168.6.0/24 [110/3] via 10.1.2.2, 00:01:58, Vlan102
O    192.168.7.0/24 [110/3] via 10.1.2.2, 00:01:58, Vlan102
```

（7）查看 SW02 路由表。

```
SW02#sh ip rou
Codes: C - connected, S - static, I - IGRP, R - RIP, M - mobile, B - BGP
       D - EIGRP, EX - EIGRP external, O - OSPF, IA - OSPF inter area
       N1 - OSPF NSSA external type 1, N2 - OSPF NSSA external type 2
       E1 - OSPF external type 1, E2 - OSPF external type 2, E - EGP
       i - IS-IS, L1 - IS-IS level-1, L2 - IS-IS level-2, ia - IS-IS inter area
       * - candidate default, U - per-user static route, o - ODR
       P - periodic downloaded static route


Gateway of last resort is not set


     10.0.0.0/24 is subnetted, 8 subnets
O       10.1.1.0 [110/2] via 10.1.3.2, 00:10:02, Vlan103
O       10.1.2.0 [110/3] via 10.1.3.2, 00:05:36, Vlan103
                 [110/3] via 192.168.4.20, 00:05:36, Vlan14
                 [110/3] via 192.168.5.20, 00:05:36, Vlan15
C       10.1.3.0 is directly connected, Vlan103
O       10.1.4.0 [110/2] via 192.168.4.20, 00:05:36, Vlan14
                 [110/2] via 192.168.5.20, 00:05:36, Vlan15
O       10.1.5.0 [110/3] via 10.1.3.2, 00:00:41, Vlan103
                 [110/3] via 192.168.4.20, 00:00:41, Vlan14
                 [110/3] via 192.168.5.20, 00:00:41, Vlan15
O       10.1.6.0 [110/2] via 10.1.3.2, 00:10:02, Vlan103
O       10.1.7.0 [110/3] via 10.1.3.2, 00:05:36, Vlan103
                 [110/3] via 192.168.4.20, 00:05:36, Vlan14
                 [110/3] via 192.168.5.20, 00:05:36, Vlan15
O       10.1.8.0 [110/2] via 10.1.3.2, 00:10:02, Vlan103
     172.17.0.0/24 is subnetted, 1 subnets
O       172.17.0.0 [110/3] via 10.1.3.2, 00:10:02, Vlan103
O    192.168.1.0/24 [110/3] via 10.1.3.2, 00:10:02, Vlan103
O    192.168.2.0/24 [110/3] via 10.1.3.2, 00:10:02, Vlan103
O    192.168.3.0/24 [110/3] via 10.1.3.2, 00:10:02, Vlan103
C    192.168.4.0/24 is directly connected, Vlan14
C    192.168.5.0/24 is directly connected, Vlan15
O    192.168.6.0/24 [110/4] via 10.1.3.2, 00:00:41, Vlan103
                    [110/4] via 192.168.4.20, 00:00:41, Vlan14
                    [110/4] via 192.168.5.20, 00:00:41, Vlan15
O    192.168.7.0/24 [110/4] via 10.1.3.2, 00:00:41, Vlan103
                    [110/4] via 192.168.4.20, 00:00:41, Vlan14
                    [110/4] via 192.168.5.20, 00:00:41, Vlan15
```

（8）查看 SW03 路由表。

```
SW03#sh ip route
Codes: C - connected, S - static, I - IGRP, R - RIP, M - mobile, B - BGP
       D - EIGRP, EX - EIGRP external, O - OSPF, IA - OSPF inter area
```

```
        N1 - OSPF NSSA external type 1, N2 - OSPF NSSA external type 2
        E1 - OSPF external type 1, E2 - OSPF external type 2, E - EGP
        i - IS-IS, L1 - IS-IS level-1, L2 - IS-IS level-2, ia - IS-IS inter area
        * - candidate default, U - per-user static route, o - ODR
        P - periodic downloaded static route


Gateway of last resort is not set


     10.0.0.0/24 is subnetted, 8 subnets
O       10.1.1.0 [110/3] via 10.1.4.2, 00:01:55, Vlan104
                 [110/3] via 192.168.4.10, 00:01:55, Vlan14
                 [110/3] via 192.168.5.10, 00:01:55, Vlan15
O       10.1.2.0 [110/2] via 10.1.4.2, 00:02:04, Vlan104
O       10.1.3.0 [110/2] via 192.168.4.10, 00:01:55, Vlan14
                 [110/2] via 192.168.5.10, 00:01:55, Vlan15
C       10.1.4.0 is directly connected, Vlan104
O       10.1.5.0 [110/2] via 10.1.4.2, 00:02:04, Vlan104
O       10.1.6.0 [110/3] via 10.1.4.2, 00:01:55, Vlan104
                 [110/3] via 192.168.4.10, 00:01:55, Vlan14
                 [110/3] via 192.168.5.10, 00:01:55, Vlan15
O       10.1.7.0 [110/2] via 10.1.4.2, 00:02:04, Vlan104
O       10.1.8.0 [110/2] via 10.1.4.2, 00:02:04, Vlan104
     172.17.0.0/24 is subnetted, 1 subnets
O       172.17.0.0 [110/3] via 10.1.4.2, 00:02:04, Vlan104
O    192.168.1.0/24 [110/3] via 10.1.4.2, 00:02:04, Vlan104
O    192.168.2.0/24 [110/3] via 10.1.4.2, 00:02:04, Vlan104
O    192.168.3.0/24 [110/3] via 10.1.4.2, 00:02:04, Vlan104
C    192.168.4.0/24 is directly connected, Vlan14
C    192.168.5.0/24 is directly connected, Vlan15
O    192.168.6.0/24 [110/3] via 10.1.4.2, 00:02:04, Vlan104
O    192.168.7.0/24 [110/3] via 10.1.4.2, 00:02:04, Vlan104
```

（9）查看 R0 路由表。

```
R0#sh ip route
Codes: C - connected, S - static, I - IGRP, R - RIP, M - mobile, B - BGP
        D - EIGRP, EX - EIGRP external, O - OSPF, IA - OSPF inter area
        N1 - OSPF NSSA external type 1, N2 - OSPF NSSA external type 2
        E1 - OSPF external type 1, E2 - OSPF external type 2, E - EGP
        i - IS-IS, L1 - IS-IS level-1, L2 - IS-IS level-2, ia - IS-IS inter area
        * - candidate default, U - per-user static route, o - ODR
        P - periodic downloaded static route


Gateway of last resort is not set


     10.0.0.0/24 is subnetted, 8 subnets
O       10.1.1.0 [110/3] via 10.1.5.2, 00:37:38, FastEthernet0/0
O       10.1.2.0 [110/2] via 10.1.5.2, 00:37:38, FastEthernet0/0
O       10.1.3.0 [110/3] via 10.1.5.2, 00:37:38, FastEthernet0/0
O       10.1.4.0 [110/2] via 10.1.5.2, 00:37:38, FastEthernet0/0
C       10.1.5.0 is directly connected, FastEthernet0/0
O       10.1.6.0 [110/3] via 10.1.5.2, 00:37:08, FastEthernet0/0
```

```
O       10.1.7.0 [110/2] via 10.1.5.2, 00:37:08, FastEthernet0/0
O       10.1.8.0 [110/2] via 10.1.5.2, 00:37:38, FastEthernet0/0
     172.17.0.0/24 is subnetted, 1 subnets
O        172.17.0.0 [110/3] via 10.1.5.2, 00:37:08, FastEthernet0/0
O    192.168.1.0/24 [110/3] via 10.1.5.2, 00:37:38, FastEthernet0/0
O    192.168.2.0/24 [110/3] via 10.1.5.2, 00:37:38, FastEthernet0/0
O    192.168.3.0/24 [110/3] via 10.1.5.2, 00:37:38, FastEthernet0/0
O    192.168.4.0/24 [110/3] via 10.1.5.2, 00:37:38, FastEthernet0/0
O    192.168.5.0/24 [110/3] via 10.1.5.2, 00:37:38, FastEthernet0/0
C    192.168.6.0/24 is directly connected, FastEthernet0/1.16
C    192.168.7.0/24 is directly connected, FastEthernet0/1.17
```

（10）查看 DSW 路由表。

```
DSW#sh ip route
Codes: C - connected, S - static, I - IGRP, R - RIP, M - mobile, B - BGP
       D - EIGRP, EX - EIGRP external, O - OSPF, IA - OSPF inter area
       N1 - OSPF NSSA external type 1, N2 - OSPF NSSA external type 2
       E1 - OSPF external type 1, E2 - OSPF external type 2, E - EGP
       i - IS-IS, L1 - IS-IS level-1, L2 - IS-IS level-2, ia - IS-IS inter area
       * - candidate default, U - per-user static route, o - ODR
       P - periodic downloaded static route

Gateway of last resort is not set

     10.0.0.0/24 is subnetted, 8 subnets
O       10.1.1.0 [110/2] via 10.1.6.2, 00:37:33, GigabitEthernet0/1
O       10.1.2.0 [110/2] via 10.1.7.2, 00:37:33, GigabitEthernet0/2
O       10.1.3.0 [110/2] via 10.1.6.2, 00:37:33, GigabitEthernet0/1
O       10.1.4.0 [110/2] via 10.1.7.2, 00:37:33, GigabitEthernet0/2
O       10.1.5.0 [110/2] via 10.1.7.2, 00:37:33, GigabitEthernet0/2
C       10.1.6.0 is directly connected, GigabitEthernet0/1
C       10.1.7.0 is directly connected, GigabitEthernet0/2
O       10.1.8.0 [110/2] via 10.1.6.2, 00:37:33, GigabitEthernet0/1
                 [110/2] via 10.1.7.2, 00:37:33, GigabitEthernet0/2
     172.17.0.0/24 is subnetted, 1 subnets
C        172.17.0.0 is directly connected, Vlan21
O    192.168.1.0/24 [110/3] via 10.1.6.2, 00:37:33, GigabitEthernet0/1
                    [110/3] via 10.1.7.2, 00:37:33, GigabitEthernet0/2
O    192.168.2.0/24 [110/3] via 10.1.6.2, 00:37:33, GigabitEthernet0/1
                    [110/3] via 10.1.7.2, 00:37:33, GigabitEthernet0/2
O    192.168.3.0/24 [110/3] via 10.1.6.2, 00:37:33, GigabitEthernet0/1
                    [110/3] via 10.1.7.2, 00:37:33, GigabitEthernet0/2
O    192.168.4.0/24 [110/3] via 10.1.6.2, 00:37:33, GigabitEthernet0/1
                    [110/3] via 10.1.7.2, 00:37:33, GigabitEthernet0/2
O    192.168.5.0/24 [110/3] via 10.1.6.2, 00:37:33, GigabitEthernet0/1
                    [110/3] via 10.1.7.2, 00:37:33, GigabitEthernet0/2
O    192.168.6.0/24 [110/3] via 10.1.7.2, 00:37:33, GigabitEthernet0/2
O    192.168.7.0/24 [110/3] via 10.1.7.2, 00:37:33, GigabitEthernet0/2
```

4. 路由震荡分析

（1）执行 clear ip ospf process 命令清除 SW02 OSPF 路由进程。

```
SW02#clear ip ospf process
Reset ALL OSPF processes? [no]: y

SW02#
19:07:44: %OSPF-5-ADJCHG: Process 1, Nbr 1.1.1.3 on Vlan15 from FULL to DOWN,
Neighbor Down: Adjacency forced to reset

19:07:44: %OSPF-5-ADJCHG: Process 1, Nbr 1.1.1.3 on Vlan15 from FULL to DOWN,
Neighbor Down: Interface down or detached

19:07:44: %OSPF-5-ADJCHG: Process 1, Nbr 1.1.1.11 on Vlan103 from FULL to DOWN,
Neighbor Down: Adjacency forced to reset

19:07:44: %OSPF-5-ADJCHG: Process 1, Nbr 1.1.1.11 on Vlan103 from FULL to DOWN,
Neighbor Down: Interface down or detached

19:07:44: %OSPF-5-ADJCHG: Process 1, Nbr 1.1.1.3 on Vlan14 from FULL to DOWN,
Neighbor Down: Adjacency forced to reset

19:07:44: %OSPF-5-ADJCHG: Process 1, Nbr 1.1.1.3 on Vlan14 from FULL to DOWN,
Neighbor Down: Interface down or detached

19:07:50: %OSPF-5-ADJCHG: Process 1, Nbr 1.1.1.11 on Vlan103 from LOADING to
FULL, Loading Done

19:07:50: %OSPF-5-ADJCHG: Process 1, Nbr 1.1.1.3 on Vlan15 from LOADING to FULL,
Loading Done

19:07:50: %OSPF-5-ADJCHG: Process 1, Nbr 1.1.1.3 on Vlan14 from LOADING to FULL,
Loading Done
```

（2）执行 clear ip route *命令清除 SW02 中 OSPF 路由表缓存，以便重新获取新的路由表。

```
SW02#clear ip route *
```

（3）重新查看 SW02 路由表。

```
SW02#sh ip route
Codes: C - connected, S - static, I - IGRP, R - RIP, M - mobile, B - BGP
       D - EIGRP, EX - EIGRP external, O - OSPF, IA - OSPF inter area
       N1 - OSPF NSSA external type 1, N2 - OSPF NSSA external type 2
       E1 - OSPF external type 1, E2 - OSPF external type 2, E - EGP
       i - IS-IS, L1 - IS-IS level-1, L2 - IS-IS level-2, ia - IS-IS inter area
       * - candidate default, U - per-user static route, o - ODR
       P - periodic downloaded static route

Gateway of last resort is not set

     10.0.0.0/24 is subnetted, 8 subnets
O       10.1.1.0 [110/2] via 10.1.3.2, 00:01:09, Vlan103
O       10.1.2.0 [110/3] via 10.1.3.2, 00:00:45, Vlan103
                 [110/3] via 192.168.4.20, 00:00:45, Vlan14
                 [110/3] via 192.168.5.20, 00:00:45, Vlan15
C       10.1.3.0 is directly connected, Vlan103
```

```
O        10.1.4.0 [110/2] via 192.168.4.20, 00:00:45, Vlan14
                  [110/2] via 192.168.5.20, 00:00:45, Vlan15
O        10.1.5.0 [110/3] via 10.1.3.2, 00:00:45, Vlan103
                  [110/3] via 192.168.4.20, 00:00:45, Vlan14
                  [110/3] via 192.168.5.20, 00:00:45, Vlan15
O        10.1.6.0 [110/2] via 10.1.3.2, 00:01:09, Vlan103
O        10.1.7.0 [110/3] via 10.1.3.2, 00:00:45, Vlan103
                  [110/3] via 192.168.4.20, 00:00:45, Vlan14
                  [110/3] via 192.168.5.20, 00:00:45, Vlan15
O        10.1.8.0 [110/2] via 10.1.3.2, 00:01:09, Vlan103
     172.17.0.0/24 is subnetted, 1 subnets
O        172.17.0.0 [110/3] via 10.1.3.2, 00:01:09, Vlan103
O     192.168.1.0/24 [110/3] via 10.1.3.2, 00:01:09, Vlan103
O     192.168.2.0/24 [110/3] via 10.1.3.2, 00:01:09, Vlan103
O     192.168.3.0/24 [110/3] via 10.1.3.2, 00:01:09, Vlan103
C     192.168.4.0/24 is directly connected, Vlan14
C     192.168.5.0/24 is directly connected, Vlan15
O     192.168.6.0/24 [110/4] via 10.1.3.2, 00:00:45, Vlan103
                     [110/4] via 192.168.4.20, 00:00:45, Vlan14
                     [110/4] via 192.168.5.20, 00:00:45, Vlan15
O     192.168.7.0/24 [110/4] via 10.1.3.2, 00:00:45, Vlan103
                     [110/4] via 192.168.4.20, 00:00:45, Vlan14
                     [110/4] via 192.168.5.20, 00:00:45, Vlan15
```

（4）发现路由表与前期查看结果不同。

（5）分析：由于区域 0 中路由器太多，造成 LSDB 过大，路由器资源消耗较大，导致收敛延缓。此外，一旦出现路由震荡，将造成大规模的 SPF 重新计算，造成路由器负荷过重引发更大规模的网络问题。

（6）为了减少 OSPF 资源的要求和屏蔽网络的震荡，需要对 OSPF 划分区域。

提示

当网络规模较小、网络链路较少时，可以使用单区域网络部署。

实战 28　OSPF 多区域路由连通园区网络

实战描述

为解决实战 27 中路由震荡问题，将网络细分为 5 个区域，在实战 27 的基础上，使用动态 OSPF 多区域路由将园区网络骨干连通，提高网络性能。

所需资源

4 台 3560 交换机，2 台 Router-PT-Empty（含相应模块），1 台 2600 路由器、2960 交换机和 PC 若干。拓扑结构端口连接和地址分配如图 7-12 和表 7-7、表 7-8 所示。

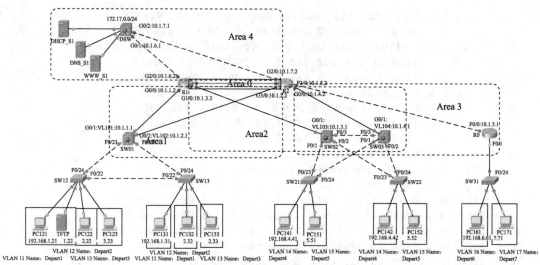

图 7-12　多区域 OSPF 规划结构

表 7-7　端口连接

设 备	本 地 端 口	对 端 设 备	对 端 端 口
	F0/23	SW12	F0/24
	F0/24	SW13	F0/24
SW01	G0/1	R1	G0/0
	G0/2	R2	G0/0
	F0/1	SW21	F0/23
	F0/2	SW22	F0/23
SW02	F0/3	SW03	F0/3
	G0/1	R1	G1/0
	F0/1	SW21	F0/24
	F0/2	SW22	F0/24
SW03	F0/3	SW02	F0/3
	G0/1	R2	G1/0
R0	F0/1	SW31	F0/24
	F0/0	R2	F0/3
R1	G2/0	DSW	G0/1
	G5/0	R2	G5/0
R2	G2/0	DSW	G0/2

表 7-8　地址分配

设 备	二 层 口	三 层 口	IP 地址	二层口属性	OSPF 区域	Router ID
	F0/23			trunk		
SW01	F0/23			trunk		1.1.1.1
	G0/1			access VL101		
	G0/2			access VL102		

续表

设　备	二　层　口	三　层　口	IP 地址	二层口属性	OSPF 区域	Router ID
SW01		VL101	10.1.1.1/24		1	1.1.1.1
		VL102	10.1.2.1/24		1	
		VL11	192.168.1.1/24		1	
		VL12	192.168.2.1/24		1	
		VL13	192.168.3.1/24			
SW02	F0/1			trunk		1.1.1.2
	F0/2			trunk		
	G0/1			access VL103		
		VL103	10.1.3.1/24		2	
		VL14	192.168.4.10/24		2	
		VL15	192.168.5.10/24		2	
SW03	F0/1			trunk		1.1.1.3
	F0/2			trunk		
	G0/1			access VL104		
		VL104	10.1.4.1/24		2	
		VL14	192.168.4.20/24		2	
		VL15	192.168.5.20/24		2	
R0		F0/0	10.1.5.1/24		3	1.1.1.4
		F0/1.16	192.168.6.1/24		3	
		F0/1.17	192.168.7.1/24		3	
R1		G0/0	10.1.1.2/24		1	1.1.1.11
		G1/0	10.1.3.2/24		2	
		G2/0	10.1.6.2/24		4	
		G5/0	10.1.8.1/24		0	
R2		G0/0	10.1.2.2/24		1	1.1.1.12
		G1/0	10.1.4.2/24		2	
		G2/0	10.1.7.2/24		4	
		G5/0	10.1.8.2/24		0	
		F3/0	10.1.5.2/24		3	
DSW		G0/1	10.1.6.1/24		4	1.1.1.5
		G0/2	10.1.7.1/24		4	
		VL21	172.17.0.1/24		4	
	F0/1～10			access VL21		
DHCP_S1	F0/0		172.17.0.11/24			
DNS_S1	F0/0		172.17.0.12/24			
WWW_S1	F0/0		172.17.0.13/24			

操作步骤

1. 删除 OSPF 进程

在路由设备上配置 no router ospf 1，删除 OSPF 进程。

```
SW01(config)#no router ospf 1
SW02(config)#no router ospf 1
SW03(config)#no router ospf 1
R0(config)#no router ospf 1
R1(config)#no router ospf 1
R2(config)#no router ospf 1
DSW(config)#no router ospf 1
```

2. 重新配置 OSPF 路由

（1）按照区域规划，配置 SW01 OSPF 路由。

```
SW01(config)#router ospf 1
SW01（config-router）#router-id 1.1.1.1
SW01（config-router）#network 10.1.1.0 0.0.0.255 area 1
SW01（config-router）#network 10.1.2.0 0.0.0.255 area 1
SW01（config-router）#network 192.168.1.0 0.0.0.255 area 1
SW01（config-router）#network 192.168.2.0 0.0.0.255 area 1
SW01（config-router）#network 192.168.3.0 0.0.0.255 area 1
```

（2）按照区域规划，配置 SW02 OSPF 路由。

```
SW02(config)#router ospf 1
SW02（config-router）#router-id 1.1.1.2
SW02（config-router）#network 10.1.3.0 0.0.0.255 area 2
SW02（config-router）#network 192.168.4.0 0.0.0.255 area 2
SW02（config-router）#network 192.168.5.0 0.0.0.255 area 2
```

（3）按照区域规划，配置 SW03 OSPF 路由。

```
SW03(config)#router ospf 1
SW03（config-router）#router-id 1.1.1.3
SW03（config-router）#network 10.1.4.0 0.0.0.255 area 2
SW03（config-router）#network 192.168.4.0 0.0.0.255 area 2
SW03（config-router）#network 192.168.5.0 0.0.0.255 area 2
```

（4）按照区域规划，配置 R0 OSPF 路由。

```
R0(config)#router ospf 1
R0（config-router）#router-id 1.1.1.4
R0（config-router）#network 10.1.5.0 0.0.0.255 area 3
R0（config-router）#network 192.168.6.0 0.0.0.255 area 3
R0（config-router）#network 192.168.7.0 0.0.0.255 area 3
```

（5）按照区域规划，配置 R1 OSPF 路由。

```
R1(config)#router ospf 1
R1（config-router）#router-id 1.1.1.11
R1（config-router）#network 10.1.1.0 0.0.0.255 area 1
R1（config-router）#network 10.1.3.0 0.0.0.255 area 2
R1（config-router）#network 10.1.6.0 0.0.0.255 area 4
R1（config-router）#network 10.1.8.0 0.0.0.255 area 0
```

（6）按照区域规划，配置 R2 OSPF 路由。

```
R2(config)#router ospf 1
```

```
R2（config-router）#router-id 1.1.1.12
R2（config-router）#network 10.1.2.0 0.0.0.255 area 1
R2（config-router）#network 10.1.4.0 0.0.0.255 area 2
R2（config-router）#network 10.1.5.0 0.0.0.255 area 3
R2（config-router）#network 10.1.7.0 0.0.0.255 area 4
R2（config-router）#network 10.1.8.0 0.0.0.255 area 0
```

（7）按照区域规划，配置 DSW OSPF 路由。

```
DSW(config)#router ospf 1
DSW（config-router）#router-id 1.1.1.5
DSW（config-router）#network 10.1.6.0 0.0.0.255 area 4
DSW（config-router）#network 10.1.7.0 0.0.0.255 area 4
DSW（config-router）#network 172.17.0.0 0.0.0.255 area 4
```

3. 查看链路状态数据

（1）查看 SW01 链路状态数据库：由于 SW01 在 area 1 中，因此，看到的区域内链路只有 3 条，其他的则是由边界骨干路由器汇总而得。

```
SW01#sh ip ospf database
            OSPF Router with ID （1.1.1.1）（Process ID 1）
//本地链路
            Router Link States （Area 1）

Link ID          ADV Router       Age         Seq#            Checksum   Link count
1.1.1.11         1.1.1.11         86          0x80000010      0x00f21a   1
1.1.1.12         1.1.1.12         86          0x8000000e      0x00fc0e   1
1.1.1.1          1.1.1.1          86          0x8000001d      0x00581b   5


            Net Link States （Area 1）
Link ID          ADV Router       Age         Seq#            Checksum
10.1.2.2         1.1.1.12         1381        0x80000004      0x0011a4
10.1.1.2         1.1.1.11         1130        0x80000005      0x00e6d4


// 汇总链路
            Summary Net Link States （Area 1）
Link ID          ADV Router       Age         Seq#            Checksum
10.1.8.0         1.1.1.11         1411        0x80000021      0x00120b
10.1.3.0         1.1.1.11         1401        0x80000022      0x0047d9
10.1.8.0         1.1.1.12         1378        0x80000024      0x000613
10.1.7.0         1.1.1.12         1373        0x80000025      0x000f0a
10.1.4.0         1.1.1.12         1363        0x80000026      0x002eec
10.1.5.0         1.1.1.12         1353        0x8000002a      0x001bfa
10.1.7.0         1.1.1.11         1350        0x80000026      0x001dfa
10.1.2.0         1.1.1.11         1350        0x80000027      0x0052c9
10.1.4.0         1.1.1.11         1350        0x80000028      0x003ade
10.1.5.0         1.1.1.11         1350        0x80000029      0x002de9
172.17.0.0       1.1.1.12         1323        0x8000002b      0x00570f
192.168.6.0      1.1.1.12         897         0x80000031      0x00e8c5
192.168.7.0      1.1.1.12         897         0x80000032      0x00dbd0
10.1.1.0         1.1.1.12         892         0x80000033      0x003fd0
10.1.3.0         1.1.1.12         892         0x80000034      0x0027e5
172.17.0.0       1.1.1.11         892         0x80000030      0x005d04
```

```
      192.168.6.0   1.1.1.11    892        0x80000031      0x00f8b5
      192.168.7.0   1.1.1.11    892        0x80000032      0x00ebc0
      192.168.4.0   1.1.1.12    76         0x8000004a      0x00ccca
      192.168.5.0   1.1.1.12    76         0x8000004b      0x00bfd5
      192.168.4.0   1.1.1.11    76         0x80000046      0x00dac1
      192.168.5.0   1.1.1.11    76         0x80000047      0x00cdcc
```

（2）查看 SW02 链路状态数据库：由于 SW02 在 area2 中，区域内链路有 4 条，其他的则是由边界骨干路由器汇总而得。

```
SW02#sh ip os da
        OSPF Router with ID （1.1.1.2）（Process ID 1）


          Router Link States （Area 2）

Link ID       ADV Router     Age      Seq#         Checksum  Link count
1.1.1.12      1.1.1.12       1372     0x8000000a   0x0031d9  1
1.1.1.11      1.1.1.11       412      0x80000010   0x001fe9  1
1.1.1.2       1.1.1.2        373      0x80000020   0x00a157  3
1.1.1.3       1.1.1.3        373      0x8000001c   0x0032b2  3


          Net Link States （Area 2）
Link ID       ADV Router     Age      Seq#         Checksum
192.168.4.20  1.1.1.3        1797     0x8000000a   0x00c988
192.168.5.20  1.1.1.3        1796     0x8000000b   0x00bc93
10.1.4.2      1.1.1.12       1701     0x80000004   0x00d7dd
10.1.3.2      1.1.1.11       1453     0x80000005   0x008cc7
10.1.4.1      1.1.1.3        1373     0x8000000c   0x008452


        Summary Net Link States （Area 2）
Link ID       ADV Router     Age      Seq#         Checksum
10.1.8.0      1.1.1.11       1739     0x80000020   0x00140a
10.1.1.0      1.1.1.11       1734     0x80000021   0x005fc4
10.1.8.0      1.1.1.12       1702     0x80000025   0x000414
10.1.7.0      1.1.1.12       1697     0x80000026   0x000d0b
10.1.2.0      1.1.1.12       1692     0x80000027   0x0042d9
10.1.1.0      1.1.1.12       1682     0x80000028   0x0055c5
10.1.3.0      1.1.1.12       1682     0x80000029   0x003dda
10.1.5.0      1.1.1.12       1677     0x8000002b   0x0019fb
172.17.0.0    1.1.1.12       1647     0x8000002c   0x005510
192.168.1.0   1.1.1.12       1377     0x8000002d   0x00288f
192.168.2.0   1.1.1.12       1377     0x8000002e   0x001b9a
192.168.3.0   1.1.1.12       1377     0x8000002f   0x000ea5
192.168.4.0   1.1.1.12       1367     0x80000030   0x000ba5
192.168.5.0   1.1.1.12       1367     0x80000031   0x00fdb0
10.1.7.0      1.1.1.11       1220     0x80000030   0x000905
10.1.2.0      1.1.1.11       1220     0x80000031   0x003ed3
10.1.4.0      1.1.1.11       1220     0x80000032   0x0026e8
10.1.5.0      1.1.1.11       1220     0x80000033   0x0019f3
172.17.0.0    1.1.1.11       1220     0x80000034   0x005508
192.168.6.0   1.1.1.11       1220     0x80000035   0x00f0b9
192.168.7.0   1.1.1.11       1220     0x80000036   0x00e3c4
```

192.168.1.0	1.1.1.11	1210	0x80000038	0x001895
192.168.2.0	1.1.1.11	1210	0x80000039	0x000ba0
192.168.3.0	1.1.1.11	1210	0x8000003a	0x00fdab
192.168.6.0	1.1.1.12	1225	0x80000035	0x00e0c9
192.168.7.0	1.1.1.12	1225	0x80000036	0x00d3d4
10.1.6.0	1.1.1.11	14	0x80000055	0x00d315

（3）查看 R1 链路状态数据库：由于 R1 为骨干路由器，连接 1、2、3、5 多个区域。链路状态数据依据区域进行显示。

```
R1#sh ip os da
            OSPF Router with ID （1.1.1.11） （Process ID 1）

            Router Link States （Area 0）

Link ID       ADV Router      Age       Seq#        Checksum   Link count
1.1.1.11      1.1.1.11        652       0x80000011  0x007e80   1
1.1.1.12      1.1.1.12        652       0x8000000d  0x00847b   1


            Net Link States （Area 0）
Link ID       ADV Router      Age       Seq#        Checksum
10.1.8.2      1.1.1.12        138       0x80000005  0x005e15


            Summary Net Link States （Area 0）
Link ID       ADV Router      Age       Seq#        Checksum
10.1.1.0      1.1.1.11        163       0x8000002e  0x0045d1
10.1.3.0      1.1.1.11        158       0x8000002f  0x002de6
192.168.6.0   1.1.1.12        1463      0x8000002c  0x00f2c0
192.168.7.0   1.1.1.12        1463      0x8000002d  0x00e5cb
10.1.2.0      1.1.1.11        1448      0x80000027  0x0052c9
192.168.1.0   1.1.1.11        1448      0x80000028  0x003885
192.168.2.0   1.1.1.11        1448      0x80000029  0x002b90
192.168.3.0   1.1.1.11        1448      0x8000002a  0x001e9b
10.1.1.0      1.1.1.12        642       0x80000044  0x001ee0
192.168.1.0   1.1.1.12        642       0x80000045  0x00f7a7
192.168.2.0   1.1.1.12        642       0x80000046  0x00eab2
192.168.3.0   1.1.1.12        642       0x80000047  0x00ddbd
192.168.4.0   1.1.1.11        642       0x8000002b  0x0011a6
192.168.5.0   1.1.1.11        642       0x8000002c  0x0004b1
192.168.4.0   1.1.1.12        642       0x80000048  0x00d0c8
192.168.5.0   1.1.1.12        642       0x80000049  0x00c3d3
10.1.7.0      1.1.1.12        138       0x80000055  0x00ae3a
10.1.2.0      1.1.1.12        133       0x80000056  0x00e408
10.1.4.0      1.1.1.12        128       0x80000057  0x00cb1e
10.1.5.0      1.1.1.12        118       0x80000058  0x00be29
172.17.0.0    1.1.1.12        88        0x8000005a  0x00f83e


            Router Link States （Area 1）

Link ID       ADV Router      Age       Seq#        Checksum   Link count
1.1.1.11      1.1.1.11        653       0x80000010  0x00f21a   1
1.1.1.12      1.1.1.12        653       0x8000000e  0x00fc0e   1
```

1.1.1.1	1.1.1.1	653	0x8000001d	0x00581b	5

Net Link States（Area 1）

Link ID	ADV Router	Age	Seq#	Checksum
10.1.1.2	1.1.1.11	1702	0x80000005	0x00e6d4
10.1.2.2	1.1.1.12	148	0x80000005	0x00dfd8

Summary Net Link States（Area 1）

Link ID	ADV Router	Age	Seq#	Checksum
10.1.8.0	1.1.1.11	182	0x80000052	0x00af3c
10.1.3.0	1.1.1.11	172	0x80000054	0x00e30b
10.1.7.0	1.1.1.11	121	0x80000056	0x00bc2b
10.1.2.0	1.1.1.11	121	0x80000057	0x00f2f8
10.1.4.0	1.1.1.11	121	0x80000058	0x00d90f
10.1.5.0	1.1.1.11	121	0x80000059	0x00cc1a
192.168.6.0	1.1.1.12	1466	0x80000031	0x00e8c5
192.168.7.0	1.1.1.12	1466	0x80000032	0x00dbd0
10.1.1.0	1.1.1.12	1461	0x80000033	0x003fd0
10.1.3.0	1.1.1.12	1461	0x80000034	0x0027e5
172.17.0.0	1.1.1.11	1461	0x80000030	0x005d04
192.168.6.0	1.1.1.11	1461	0x80000031	0x00f8b5
192.168.7.0	1.1.1.11	1461	0x80000032	0x00ebc0
192.168.4.0	1.1.1.11	643	0x80000046	0x00dac1
192.168.5.0	1.1.1.11	643	0x80000047	0x00cdcc
192.168.4.0	1.1.1.12	643	0x8000004a	0x00ccca
192.168.5.0	1.1.1.12	643	0x8000004b	0x00bfd5
10.1.8.0	1.1.1.12	145	0x80000057	0x009f46
10.1.7.0	1.1.1.12	140	0x80000059	0x00a63e
10.1.4.0	1.1.1.12	130	0x8000005a	0x00c521
10.1.5.0	1.1.1.12	120	0x8000005b	0x00b82c
172.17.0.0	1.1.1.12	90	0x8000005d	0x00f241

Router Link States（Area 2）

Link ID	ADV Router	Age	Seq#	Checksum	Link count
1.1.1.12	1.1.1.12	1611	0x8000000a	0x0031d9	1
1.1.1.11	1.1.1.11	652	0x80000010	0x001fe9	1
1.1.1.2	1.1.1.2	613	0x80000020	0x00a157	3
1.1.1.3	1.1.1.3	613	0x8000001c	0x0032b2	3

Net Link States（Area 2）

Link ID	ADV Router	Age	Seq#	Checksum
10.1.3.2	1.1.1.11	1691	0x80000005	0x008cc7
10.1.4.1	1.1.1.3	1612	0x8000000c	0x008452
192.168.4.20	1.1.1.3	237	0x8000000d	0x007971
192.168.5.20	1.1.1.3	236	0x8000000e	0x00b696
10.1.4.2	1.1.1.12	138	0x80000005	0x00d5de

Summary Net Link States（Area 2）

Link ID	ADV Router	Age	Seq#	Checksum

```
10.1.8.0        1.1.1.11        177         0x80000057      0x00a541
10.1.1.0        1.1.1.11        172         0x80000059      0x00effb
10.1.1.0        1.1.1.12        1921        0x80000028      0x0055c5
10.1.3.0        1.1.1.12        1921        0x80000029      0x003dda
192.168.1.0     1.1.1.12        1616        0x8000002d      0x00288f
192.168.2.0     1.1.1.12        1616        0x8000002e      0x001b9a
192.168.3.0     1.1.1.12        1616        0x8000002f      0x000ea5
192.168.4.0     1.1.1.12        1606        0x80000030      0x000ba5
192.168.5.0     1.1.1.12        1606        0x80000031      0x00fdb0
10.1.7.0        1.1.1.11        1459        0x80000030      0x000905
10.1.2.0        1.1.1.11        1459        0x80000031      0x003ed3
10.1.4.0        1.1.1.11        1459        0x80000032      0x0026e8
10.1.5.0        1.1.1.11        1459        0x80000033      0x0019f3
172.17.0.0      1.1.1.11        1459        0x80000034      0x005508
192.168.6.0     1.1.1.11        1459        0x80000035      0x00f0b9
192.168.7.0     1.1.1.11        1459        0x80000036      0x00e3c4
192.168.1.0     1.1.1.11        1449        0x80000038      0x001895
192.168.2.0     1.1.1.11        1449        0x80000039      0x000ba0
192.168.3.0     1.1.1.11        1449        0x8000003a      0x00fdab
192.168.6.0     1.1.1.12        1464        0x80000035      0x00e0c9
192.168.7.0     1.1.1.12        1464        0x80000036      0x00d3d4
10.1.8.0        1.1.1.12        139         0x8000005d      0x00934c
10.1.7.0        1.1.1.12        134         0x8000005e      0x009c43
10.1.2.0        1.1.1.12        129         0x8000005f      0x00d112
10.1.5.0        1.1.1.12        114         0x80000060      0x00ae31
172.17.0.0      1.1.1.12        84          0x80000062      0x00e846


                Router Link States（Area 4）


Link ID         ADV Router      Age         Seq#            Checksum  Link count
1.1.1.12        1.1.1.12        0           0x8000000a      0x007391  1
1.1.1.11        1.1.1.11        0           0x8000000f      0x0063a0  1
1.1.1.5         1.1.1.5         0           0x8000005e      0x00aa12  3


                Net Link States（Area 4）
Link ID         ADV Router      Age         Seq#            Checksum
10.1.6.2        1.1.1.11        3600        0x80000003      0x000d16
10.1.6.1        1.1.1.5         3600        0x80000003      0x00e1d9
10.1.7.2        1.1.1.12        0           0x80000005      0x00c0ee


                Summary Net Link States（Area 4）
Link ID         ADV Router      Age         Seq#            Checksum
10.1.8.0        1.1.1.11        3600        0x8000000b      0x003ef4
10.1.1.0        1.1.1.11        3600        0x8000000c      0x0089af
10.1.3.0        1.1.1.11        3600        0x8000000d      0x0071c4
192.168.4.0     1.1.1.11        3600        0x8000000e      0x004b89
192.168.5.0     1.1.1.11        3600        0x8000000f      0x003e94
10.1.7.0        1.1.1.11        3600        0x80000010      0x0049e4
10.1.2.0        1.1.1.11        3600        0x80000011      0x007eb3
10.1.4.0        1.1.1.11        3600        0x80000012      0x0066c8
```

```
10.1.5.0        1.1.1.11        3600        0x80000013        0x0059d3
10.1.6.0        1.1.1.11        3599        0x80000018        0x004ed7
172.17.0.0      1.1.1.11        3600        0x80000014        0x0095e7
192.168.6.0     1.1.1.12        0           0x80000036        0x00deca
192.168.7.0     1.1.1.12        0           0x80000037        0x00d1d5
10.1.1.0        1.1.1.12        0           0x80000038        0x0035d5
10.1.3.0        1.1.1.12        0           0x80000039        0x001dea
192.168.6.0     1.1.1.11        0           0x8000001c        0x0023a0
192.168.7.0     1.1.1.11        0           0x8000001d        0x0016ab
192.168.1.0     1.1.1.11        0           0x8000001e        0x004c7b
192.168.2.0     1.1.1.11        0           0x8000001f        0x003f86
192.168.3.0     1.1.1.11        0           0x80000020        0x003291
192.168.1.0     1.1.1.12        0           0x80000041        0x00ffa3
192.168.2.0     1.1.1.12        0           0x80000042        0x00f2ae
192.168.3.0     1.1.1.12        0           0x80000043        0x00e5b9
192.168.4.0     1.1.1.12        0           0x80000044        0x00d8c4
192.168.5.0     1.1.1.12        0           0x80000045        0x00cbcf
10.1.6.0        1.1.1.12        3600        0x80000046        0x00e215
10.1.8.0        1.1.1.12        0           0x80000047        0x00c035
10.1.2.0        1.1.1.12        0           0x80000048        0x00fffa
10.1.4.0        1.1.1.12        0           0x80000049        0x00e80f
10.1.5.0        1.1.1.12        0           0x8000004a        0x00db1a
```

（4）查看 R2 链路状态数据库：包含 0、1、2、3、4 多个区域。

```
R2#sh ip os da
            OSPF Router with ID（1.1.1.12）（Process ID 1）


            Router Link States（Area 0）

Link ID         ADV Router      Age         Seq#              Checksum  Link count
1.1.1.12        1.1.1.12        966         0x8000000d        0x00847b  1
1.1.1.11        1.1.1.11        966         0x80000011        0x007e80  1


            Net Link States（Area 0）
Link ID         ADV Router      Age         Seq#              Checksum
10.1.8.2        1.1.1.12        451         0x80000005        0x005e15


            Summary Net Link States（Area 0）
Link ID         ADV Router      Age         Seq#              Checksum
10.1.7.0        1.1.1.12        451         0x80000055        0x00ae3a
10.1.2.0        1.1.1.12        446         0x80000056        0x00e408
10.1.4.0        1.1.1.12        441         0x80000057        0x00cb1e
10.1.5.0        1.1.1.12        431         0x80000058        0x00be29
172.17.0.0      1.1.1.12        401         0x8000005a        0x00f83e
192.168.6.0     1.1.1.12        1780        0x8000002c        0x00f2c0
192.168.7.0     1.1.1.12        1780        0x8000002d        0x00e5cb
10.1.2.0        1.1.1.11        1765        0x80000027        0x0052c9
192.168.1.0     1.1.1.11        1765        0x80000028        0x003885
192.168.2.0     1.1.1.11        1765        0x80000029        0x002b90
192.168.3.0     1.1.1.11        1765        0x8000002a        0x001e9b
10.1.1.0        1.1.1.12        956         0x80000044        0x001ee0
```

192.168.1.0	1.1.1.12	956	0x80000045	0x00f7a7
192.168.2.0	1.1.1.12	956	0x80000046	0x00eab2
192.168.3.0	1.1.1.12	956	0x80000047	0x00ddbd
192.168.4.0	1.1.1.12	956	0x80000048	0x00d0c8
192.168.5.0	1.1.1.12	956	0x80000049	0x00c3d3
192.168.4.0	1.1.1.11	956	0x8000002b	0x0011a6
192.168.5.0	1.1.1.11	956	0x8000002c	0x0004b1
10.1.1.0	1.1.1.11	477	0x8000002e	0x0045d1
10.1.3.0	1.1.1.11	472	0x8000002f	0x002de6

Router Link States （Area 1）

Link ID	ADV Router	Age	Seq#	Checksum	Link count
1.1.1.11	1.1.1.11	966	0x80000010	0x00f21a	1
1.1.1.12	1.1.1.12	966	0x8000000e	0x00fc0e	1
1.1.1.1	1.1.1.1	966	0x8000001d	0x00581b	5

Net Link States （Area 1）

Link ID	ADV Router	Age	Seq#	Checksum
10.1.2.2	1.1.1.12	461	0x80000005	0x00dfd8
10.1.1.2	1.1.1.11	215	0x80000006	0x00e4d5

Summary Net Link States （Area 1）

Link ID	ADV Router	Age	Seq#	Checksum
10.1.8.0	1.1.1.12	458	0x80000057	0x009f46
10.1.7.0	1.1.1.12	453	0x80000059	0x00a63e
10.1.4.0	1.1.1.12	443	0x8000005a	0x00c521
10.1.5.0	1.1.1.12	433	0x8000005b	0x00b82c
172.17.0.0	1.1.1.12	403	0x8000005d	0x00f241
192.168.6.0	1.1.1.12	1780	0x80000031	0x00e8c5
192.168.7.0	1.1.1.12	1780	0x80000032	0x00dbd0
10.1.1.0	1.1.1.12	1775	0x80000033	0x003fd0
10.1.3.0	1.1.1.12	1775	0x80000034	0x0027e5
172.17.0.0	1.1.1.11	1775	0x80000030	0x005d04
192.168.6.0	1.1.1.11	1775	0x80000031	0x00f8b5
192.168.7.0	1.1.1.11	1775	0x80000032	0x00ebc0
192.168.4.0	1.1.1.12	956	0x8000004a	0x00ccca
192.168.5.0	1.1.1.12	956	0x8000004b	0x00bfd5
192.168.4.0	1.1.1.11	956	0x80000046	0x00dac1
192.168.5.0	1.1.1.11	956	0x80000047	0x00cdcc
10.1.8.0	1.1.1.11	496	0x80000052	0x00af3c
10.1.3.0	1.1.1.11	486	0x80000054	0x00e30b
10.1.7.0	1.1.1.11	435	0x80000056	0x00bc2b
10.1.2.0	1.1.1.11	435	0x80000057	0x00f2f8
10.1.4.0	1.1.1.11	435	0x80000058	0x00d90f
10.1.5.0	1.1.1.11	435	0x80000059	0x00cc1a
10.1.6.0	1.1.1.11	3600	0x80000063	0x00b723

Router Link States（Area 2）

Link ID	ADV Router	Age	Seq#	Checksum	Link count
1.1.1.11	1.1.1.11	1928	0x8000000c	0x0027e5	1
1.1.1.12	1.1.1.12	966	0x8000000e	0x0029dd	1
1.1.1.2	1.1.1.2	927	0x80000020	0x00a157	3
1.1.1.3	1.1.1.3	927	0x8000001c	0x0032b2	3

Net Link States（Area 2）

Link ID	ADV Router	Age	Seq#	Checksum
10.1.4.2	1.1.1.12	452	0x80000005	0x00d5de
10.1.4.1	1.1.1.3	1926	0x8000000c	0x008452
192.168.4.20	1.1.1.3	552	0x8000000d	0x007971
192.168.5.20	1.1.1.3	551	0x8000000e	0x00b696
10.1.3.2	1.1.1.11	205	0x80000006	0x00d4e2

Summary Net Link States（Area 2）

Link ID	ADV Router	Age	Seq#	Checksum
10.1.8.0	1.1.1.12	453	0x8000005d	0x00934c
10.1.7.0	1.1.1.12	448	0x8000005e	0x009c43
10.1.2.0	1.1.1.12	443	0x8000005f	0x00d112
10.1.5.0	1.1.1.12	428	0x80000060	0x00ae31
172.17.0.0	1.1.1.12	398	0x80000062	0x00e846
10.1.7.0	1.1.1.11	2223	0x80000023	0x0023f7
10.1.2.0	1.1.1.11	2223	0x80000024	0x0058c6
10.1.4.0	1.1.1.11	2223	0x80000025	0x0040db
10.1.5.0	1.1.1.11	2223	0x80000026	0x0033e6
172.17.0.0	1.1.1.11	1920	0x80000028	0x006dfb
192.168.1.0	1.1.1.11	1920	0x80000029	0x003686
192.168.2.0	1.1.1.11	1920	0x8000002a	0x002991
192.168.3.0	1.1.1.11	1920	0x8000002b	0x001c9c
192.168.6.0	1.1.1.12	1778	0x80000035	0x00e0c9
192.168.7.0	1.1.1.12	1778	0x80000036	0x00d3d4
10.1.1.0	1.1.1.12	1773	0x80000037	0x0037d4
10.1.3.0	1.1.1.12	1773	0x80000038	0x001fe9
192.168.4.0	1.1.1.12	119	0x80000069	0x0098de
192.168.5.0	1.1.1.12	119	0x8000006a	0x008be9
192.168.6.0	1.1.1.11	1773	0x80000035	0x00f0b9
192.168.7.0	1.1.1.11	1773	0x80000036	0x00e3c4
192.168.1.0	1.1.1.12	956	0x8000004e	0x00e5b0
192.168.2.0	1.1.1.12	956	0x8000004f	0x00d8bb
192.168.3.0	1.1.1.12	956	0x80000050	0x00cbc6
10.1.8.0	1.1.1.11	492	0x80000057	0x00a541
10.1.1.0	1.1.1.11	487	0x80000059	0x00effb
10.1.6.0	1.1.1.11	11	0x80000064	0x00b524

Router Link States（Area 3）

Link ID	ADV Router	Age	Seq#	Checksum	Link count
1.1.1.12	1.1.1.12	966	0x8000000e	0x003fc5	1

```
1.1.1.4          1.1.1.4          966        0x8000000f     0x0046cd  3

                 Net Link States （Area 3）
Link ID          ADV Router       Age        Seq#           Checksum
10.1.5.2         1.1.1.12         451        0x80000005     0x001331

                 Summary Net Link States （Area 3）
Link ID          ADV Router       Age        Seq#           Checksum
10.1.8.0         1.1.1.12         454        0x80000062     0x008951
10.1.7.0         1.1.1.12         449        0x80000064     0x009049
10.1.2.0         1.1.1.12         444        0x80000065     0x00c518
10.1.4.0         1.1.1.12         439        0x80000066     0x00ad2d
172.17.0.0       1.1.1.12         399        0x80000068     0x00dc4c
10.1.1.0         1.1.1.12         1773       0x80000038     0x0035d5
10.1.3.0         1.1.1.12         1773       0x80000039     0x001dea
192.168.1.0      1.1.1.12         956        0x80000052     0x00ddb4
192.168.2.0      1.1.1.12         956        0x80000053     0x00d0bf
192.168.3.0      1.1.1.12         956        0x80000054     0x00c3ca
192.168.4.0      1.1.1.12         956        0x80000055     0x00b6d5
192.168.5.0      1.1.1.12         956        0x80000056     0x00a9e0

                 Router Link States （Area 4）

Link ID          ADV Router       Age        Seq#           Checksum  Link count
1.1.1.12         1.1.1.12         966        0x8000000e     0x006b95  1
1.1.1.11         1.1.1.11         957        0x8000000f     0x0063a0  1
1.1.1.5          1.1.1.5          21         0x8000006e     0x008a22  3

                 Net Link States （Area 4）
Link ID          ADV Router       Age        Seq#           Checksum
10.1.7.2         1.1.1.12         408        0x80000005     0x00c0ee

                 Summary Net Link States （Area 4）
Link ID          ADV Router       Age        Seq#           Checksum
10.1.8.0         1.1.1.12         452        0x80000047     0x00c035
10.1.2.0         1.1.1.12         442        0x80000048     0x00fffa
10.1.4.0         1.1.1.12         437        0x80000049     0x00e80f
10.1.5.0         1.1.1.12         427        0x8000004a     0x00db1a
10.1.6.0         1.1.1.11         2000       0x80000018     0x004ed7
192.168.6.0      1.1.1.12         1779       0x80000036     0x00deca
192.168.7.0      1.1.1.12         1779       0x80000037     0x00d1d5
10.1.1.0         1.1.1.12         1774       0x80000038     0x0035d5
10.1.3.0         1.1.1.12         1774       0x80000039     0x001dea
192.168.6.0      1.1.1.11         1774       0x8000001c     0x0023a0
192.168.7.0      1.1.1.11         1774       0x8000001d     0x0016ab
192.168.1.0      1.1.1.11         1764       0x8000001e     0x004c7b
192.168.2.0      1.1.1.11         1764       0x8000001f     0x003f86
192.168.3.0      1.1.1.11         1764       0x80000020     0x003291
192.168.1.0      1.1.1.12         956        0x80000041     0x00ffa3
192.168.2.0      1.1.1.12         956        0x80000042     0x00f2ae
```

192.168.3.0	1.1.1.12	956	0x80000043	0x00e5b9
192.168.4.0	1.1.1.12	956	0x80000044	0x00d8c4
192.168.5.0	1.1.1.12	956	0x80000045	0x00cbcf

4. 查看路由表

（1）查看 SW01 设备路由：由于 SW01 的非直连网络都在其他区域，所以显示类型为 O IA。

```
SW01#sh ip route
Codes: C - connected, S - static, I - IGRP, R - RIP, M - mobile, B - BGP
       D - EIGRP, EX - EIGRP external, O - OSPF, IA - OSPF inter area
       N1 - OSPF NSSA external type 1, N2 - OSPF NSSA external type 2
       E1 - OSPF external type 1, E2 - OSPF external type 2, E - EGP
       i - IS-IS, L1 - IS-IS level-1, L2 - IS-IS level-2, ia - IS-IS inter area
       * - candidate default, U - per-user static route, o - ODR
       P - periodic downloaded static route


Gateway of last resort is not set

     10.0.0.0/24 is subnetted, 7 subnets
C       10.1.1.0 is directly connected, Vlan101
C       10.1.2.0 is directly connected, Vlan102
O IA    10.1.3.0 [110/2] via 10.1.1.2, 02:22:07, Vlan101
O IA    10.1.4.0 [110/2] via 10.1.2.2, 02:21:57, Vlan102
O IA    10.1.5.0 [110/2] via 10.1.2.2, 02:21:57, Vlan102
O IA    10.1.7.0 [110/2] via 10.1.2.2, 02:21:57, Vlan102
O IA    10.1.8.0 [110/2] via 10.1.1.2, 02:22:07, Vlan101
                 [110/2] via 10.1.2.2, 02:21:57, Vlan102
     172.17.0.0/24 is subnetted, 1 subnets
O IA    172.17.0.0 [110/3] via 10.1.2.2, 02:21:57, Vlan102
C    192.168.1.0/24 is directly connected, Vlan11
C    192.168.2.0/24 is directly connected, Vlan12
C    192.168.3.0/24 is directly connected, Vlan13
O IA 192.168.4.0/24 [110/3] via 10.1.2.2, 00:20:23, Vlan102
                    [110/3] via 10.1.1.2, 00:20:23, Vlan101
O IA 192.168.5.0/24 [110/3] via 10.1.2.2, 00:20:23, Vlan102
                    [110/3] via 10.1.1.2, 00:20:23, Vlan101
O IA 192.168.6.0/24 [110/3] via 10.1.2.2, 01:12:19, Vlan102
O IA 192.168.7.0/24 [110/3] via 10.1.2.2, 01:12:19, Vlan102
```

（2）查看 SW02 设备路由，除 10.1.4.0 网络，其他网络均为区域外。

```
SW02#sh ip route
Codes: C - connected, S - static, I - IGRP, R - RIP, M - mobile, B - BGP
       D - EIGRP, EX - EIGRP external, O - OSPF, IA - OSPF inter area
       N1 - OSPF NSSA external type 1, N2 - OSPF NSSA external type 2
       E1 - OSPF external type 1, E2 - OSPF external type 2, E - EGP
       i - IS-IS, L1 - IS-IS level-1, L2 - IS-IS level-2, ia - IS-IS inter area
       * - candidate default, U - per-user static route, o - ODR
       P - periodic downloaded static route


Gateway of last resort is not set

     10.0.0.0/24 is subnetted, 7 subnets
```

```
O IA    10.1.1.0 [110/2] via 10.1.3.2, 00:23:27, Vlan103
O IA    10.1.2.0 [110/3] via 10.1.3.2, 00:23:27, Vlan103
                 [110/3] via 192.168.4.20, 00:22:48, Vlan14
                 [110/3] via 192.168.5.20, 00:22:48, Vlan15
C       10.1.3.0 is directly connected, Vlan103
O       10.1.4.0 [110/2] via 192.168.4.20, 00:22:48, Vlan14
                 [110/2] via 192.168.5.20, 00:22:48, Vlan15
O IA    10.1.5.0 [110/3] via 10.1.3.2, 00:23:27, Vlan103
                 [110/3] via 192.168.4.20, 00:22:48, Vlan14
                 [110/3] via 192.168.5.20, 00:22:48, Vlan15
O IA    10.1.7.0 [110/3] via 10.1.3.2, 00:23:27, Vlan103
                 [110/3] via 192.168.4.20, 00:22:48, Vlan14
                 [110/3] via 192.168.5.20, 00:22:48, Vlan15
O IA    10.1.8.0 [110/2] via 10.1.3.2, 00:23:27, Vlan103
        172.17.0.0/24 is subnetted, 1 subnets
O IA    172.17.0.0 [110/4] via 10.1.3.2, 00:23:27, Vlan103
                   [110/4] via 192.168.4.20, 00:22:48, Vlan14
                   [110/4] via 192.168.5.20, 00:22:48, Vlan15
O IA 192.168.1.0/24 [110/3] via 10.1.3.2, 00:23:27, Vlan103
O IA 192.168.2.0/24 [110/3] via 10.1.3.2, 00:23:27, Vlan103
O IA 192.168.3.0/24 [110/3] via 10.1.3.2, 00:23:27, Vlan103
C    192.168.4.0/24 is directly connected, Vlan14
C    192.168.5.0/24 is directly connected, Vlan15
O IA 192.168.6.0/24 [110/4] via 10.1.3.2, 00:23:27, Vlan103
                    [110/4] via 192.168.4.20, 00:22:48, Vlan14
                    [110/4] via 192.168.5.20, 00:22:48, Vlan15
O IA 192.168.7.0/24 [110/4] via 10.1.3.2, 00:23:27, Vlan103
                    [110/4] via 192.168.4.20, 00:22:48, Vlan14
                    [110/4] via 192.168.5.20, 00:22:48, Vlan15
```

（3）查看 SW03 设备路由，与 SW02 类似。

```
SW03#sh ip rou
Codes: C - connected, S - static, I - IGRP, R - RIP, M - mobile, B - BGP
       D - EIGRP, EX - EIGRP external, O - OSPF, IA - OSPF inter area
       N1 - OSPF NSSA external type 1, N2 - OSPF NSSA external type 2
       E1 - OSPF external type 1, E2 - OSPF external type 2, E - EGP
       i - IS-IS, L1 - IS-IS level-1, L2 - IS-IS level-2, ia - IS-IS inter area
       * - candidate default, U - per-user static route, o - ODR
       P - periodic downloaded static route

Gateway of last resort is not set

     10.0.0.0/24 is subnetted, 8 subnets
O IA    10.1.1.0 [110/3] via 10.1.4.2, 00:26:12, Vlan104
                 [110/3] via 192.168.4.10, 00:25:32, Vlan14
                 [110/3] via 192.168.5.10, 00:25:32, Vlan15
O IA    10.1.2.0 [110/2] via 10.1.4.2, 00:26:12, Vlan104
O       10.1.3.0 [110/2] via 192.168.4.10, 00:25:32, Vlan14
                 [110/2] via 192.168.5.10, 00:25:32, Vlan15
C       10.1.4.0 is directly connected, Vlan104
O IA    10.1.5.0 [110/2] via 10.1.4.2, 00:26:12, Vlan104
```

```
O IA    10.1.6.0 [110/5] via 192.168.4.10, 00:00:17, Vlan14
                 [110/5] via 192.168.5.10, 00:00:17, Vlan15
O IA    10.1.7.0 [110/2] via 10.1.4.2, 00:26:12, Vlan104
O IA    10.1.8.0 [110/2] via 10.1.4.2, 00:26:12, Vlan104
     172.17.0.0/24 is subnetted, 1 subnets
O IA     172.17.0.0 [110/3] via 10.1.4.2, 00:26:12, Vlan104
O IA 192.168.1.0/24 [110/3] via 10.1.4.2, 00:26:12, Vlan104
O IA 192.168.2.0/24 [110/3] via 10.1.4.2, 00:26:12, Vlan104
O IA 192.168.3.0/24 [110/3] via 10.1.4.2, 00:26:12, Vlan104
C    192.168.4.0/24 is directly connected, Vlan14
C    192.168.5.0/24 is directly connected, Vlan15
O IA 192.168.6.0/24 [110/3] via 10.1.4.2, 00:26:12, Vlan104
O IA 192.168.7.0/24 [110/3] via 10.1.4.2, 00:26:12, Vlan104
```

（4）查看 R0 设备路由，与 SW01 类似，非直连网络都在其他区域。

```
R0#sh ip route
Codes: C - connected, S - static, I - IGRP, R - RIP, M - mobile, B - BGP
       D - EIGRP, EX - EIGRP external, O - OSPF, IA - OSPF inter area
       N1 - OSPF NSSA external type 1, N2 - OSPF NSSA external type 2
       E1 - OSPF external type 1, E2 - OSPF external type 2, E - EGP
       i - IS-IS, L1 - IS-IS level-1, L2 - IS-IS level-2, ia - IS-IS inter area
       * - candidate default, U - per-user static route, o - ODR
       P - periodic downloaded static route

Gateway of last resort is not set

     10.0.0.0/24 is subnetted, 7 subnets
O IA    10.1.1.0 [110/3] via 10.1.5.2, 01:18:36, FastEthernet0/0
O IA    10.1.2.0 [110/2] via 10.1.5.2, 01:18:46, FastEthernet0/0
O IA    10.1.3.0 [110/3] via 10.1.5.2, 01:18:36, FastEthernet0/0
O IA    10.1.4.0 [110/2] via 10.1.5.2, 01:18:46, FastEthernet0/0
C       10.1.5.0 is directly connected, FastEthernet0/0
O IA    10.1.7.0 [110/2] via 10.1.5.2, 01:18:46, FastEthernet0/0
O IA    10.1.8.0 [110/2] via 10.1.5.2, 01:18:46, FastEthernet0/0
     172.17.0.0/24 is subnetted, 1 subnets
O IA     172.17.0.0 [110/3] via 10.1.5.2, 01:18:46, FastEthernet0/0
O IA 192.168.1.0/24 [110/3] via 10.1.5.2, 01:18:11, FastEthernet0/0
O IA 192.168.2.0/24 [110/3] via 10.1.5.2, 01:18:11, FastEthernet0/0
O IA 192.168.3.0/24 [110/3] via 10.1.5.2, 01:18:11, FastEthernet0/0
O IA 192.168.4.0/24 [110/3] via 10.1.5.2, 00:26:47, FastEthernet0/0
O IA 192.168.5.0/24 [110/3] via 10.1.5.2, 00:26:47, FastEthernet0/0
C    192.168.6.0/24 is directly connected, FastEthernet0/1.16
C    192.168.7.0/24 is directly connected, FastEthernet0/1.17
```

（5）查看 R1 设备路由。

```
R1#sh ip route
Codes: C - connected, S - static, I - IGRP, R - RIP, M - mobile, B - BGP
       D - EIGRP, EX - EIGRP external, O - OSPF, IA - OSPF inter area
       N1 - OSPF NSSA external type 1, N2 - OSPF NSSA external type 2
       E1 - OSPF external type 1, E2 - OSPF external type 2, E - EGP
       i - IS-IS, L1 - IS-IS level-1, L2 - IS-IS level-2, ia - IS-IS inter area
       * - candidate default, U - per-user static route, o - ODR
```

```
            P - periodic downloaded static route

Gateway of last resort is not set

    10.0.0.0/24 is subnetted, 8 subnets
C       10.1.1.0 is directly connected, GigabitEthernet0/0
O IA    10.1.2.0 [110/2] via 10.1.8.2, 01:19:26, GigabitEthernet5/0
                 [110/2] via 10.1.1.1, 01:19:16, GigabitEthernet0/0
C       10.1.3.0 is directly connected, GigabitEthernet1/0
O IA    10.1.4.0 [110/2] via 10.1.8.2, 01:19:26, GigabitEthernet5/0
O IA    10.1.5.0 [110/2] via 10.1.8.2, 01:19:26, GigabitEthernet5/0
C       10.1.6.0 is directly connected, GigabitEthernet2/0
O IA    10.1.7.0 [110/2] via 10.1.8.2, 01:19:26, GigabitEthernet5/0
C       10.1.8.0 is directly connected, GigabitEthernet5/0
    172.17.0.0/24 is subnetted, 1 subnets
O IA    172.17.0.0 [110/3] via 10.1.8.2, 01:19:26, GigabitEthernet5/0
O   192.168.1.0/24 [110/2] via 10.1.1.1, 01:19:16, GigabitEthernet0/0
O   192.168.2.0/24 [110/2] via 10.1.1.1, 01:19:16, GigabitEthernet0/0
O   192.168.3.0/24 [110/2] via 10.1.1.1, 01:19:16, GigabitEthernet0/0
O   192.168.4.0/24 [110/2] via 10.1.3.1, 00:27:01, GigabitEthernet1/0
O   192.168.5.0/24 [110/2] via 10.1.3.1, 00:27:01, GigabitEthernet1/0
O IA 192.168.6.0/24 [110/3] via 10.1.8.2, 01:19:26, GigabitEthernet5/0
O IA 192.168.7.0/24 [110/3] via 10.1.8.2, 01:19:26, GigabitEthernet5/0
```
（6）查看 R2 设备路由。
```
R2#sh ip route
Codes: C - connected, S - static, I - IGRP, R - RIP, M - mobile, B - BGP
       D - EIGRP, EX - EIGRP external, O - OSPF, IA - OSPF inter area
       N1 - OSPF NSSA external type 1, N2 - OSPF NSSA external type 2
       E1 - OSPF external type 1, E2 - OSPF external type 2, E - EGP
       i - IS-IS, L1 - IS-IS level-1, L2 - IS-IS level-2, ia - IS-IS inter area
       * - candidate default, U - per-user static route, o - ODR
       P - periodic downloaded static route

Gateway of last resort is not set

    10.0.0.0/24 is subnetted, 8 subnets
O IA    10.1.1.0 [110/2] via 10.1.8.1, 01:20:12, GigabitEthernet5/0
                 [110/2] via 10.1.2.1, 00:28:22, GigabitEthernet0/0
C       10.1.2.0 is directly connected, GigabitEthernet0/0
O IA    10.1.3.0 [110/2] via 10.1.8.1, 01:20:12, GigabitEthernet5/0
C       10.1.4.0 is directly connected, GigabitEthernet1/0
C       10.1.5.0 is directly connected, FastEthernet3/0
O       10.1.6.0 [110/2] via 10.1.7.1, 00:00:06, GigabitEthernet2/0
C       10.1.7.0 is directly connected, GigabitEthernet2/0
C       10.1.8.0 is directly connected, GigabitEthernet5/0
    172.17.0.0/24 is subnetted, 1 subnets
O        172.17.0.0 [110/2] via 10.1.7.1, 4294967290:4294967242:4294967268,
GigabitEthernet2/0
O   192.168.1.0/24 [110/2] via 10.1.2.1, 00:28:22, GigabitEthernet0/0
O   192.168.2.0/24 [110/2] via 10.1.2.1, 00:28:22, GigabitEthernet0/0
O   192.168.3.0/24 [110/2] via 10.1.2.1, 00:28:22, GigabitEthernet0/0
```

```
O   192.168.4.0/24 [110/2] via 10.1.4.1, 00:27:57, GigabitEthernet1/0
O   192.168.5.0/24 [110/2] via 10.1.4.1, 00:27:47, GigabitEthernet1/0
O   192.168.6.0/24 [110/2] via 10.1.5.1, 01:20:17, FastEthernet3/0
O   192.168.7.0/24 [110/2] via 10.1.5.1, 01:20:17, FastEthernet3/0
```

（7）查看 DSW 设备路由。

```
DSW#sh ip rou
Codes: C - connected, S - static, I - IGRP, R - RIP, M - mobile, B - BGP
       D - EIGRP, EX - EIGRP external, O - OSPF, IA - OSPF inter area
       N1 - OSPF NSSA external type 1, N2 - OSPF NSSA external type 2
       E1 - OSPF external type 1, E2 - OSPF external type 2, E - EGP
       i - IS-IS, L1 - IS-IS level-1, L2 - IS-IS level-2, ia - IS-IS inter area
       * - candidate default, U - per-user static route, o - ODR
       P - periodic downloaded static route

Gateway of last resort is not set

     10.0.0.0/24 is subnetted, 8 subnets
O IA    10.1.1.0 [110/3] via 10.1.7.2, 01:20:32, GigabitEthernet0/2
O IA    10.1.2.0 [110/2] via 10.1.7.2, 02:30:24, GigabitEthernet0/2
O IA    10.1.3.0 [110/3] via 10.1.7.2, 01:20:32, GigabitEthernet0/2
O IA    10.1.4.0 [110/2] via 10.1.7.2, 02:30:24, GigabitEthernet0/2
O IA    10.1.5.0 [110/2] via 10.1.7.2, 02:30:24, GigabitEthernet0/2
C       10.1.6.0 is directly connected, GigabitEthernet0/1
C       10.1.7.0 is directly connected, GigabitEthernet0/2
O IA    10.1.8.0 [110/2] via 10.1.7.2, 02:30:24, GigabitEthernet0/2
     172.17.0.0/24 is subnetted, 1 subnets
C       172.17.0.0 is directly connected, Vlan21
O IA 192.168.1.0/24 [110/3] via 10.1.7.2, 01:20:07, GigabitEthernet0/2
O IA 192.168.2.0/24 [110/3] via 10.1.7.2, 01:20:07, GigabitEthernet0/2
O IA 192.168.3.0/24 [110/3] via 10.1.7.2, 01:20:07, GigabitEthernet0/2
O IA 192.168.4.0/24 [110/3] via 10.1.7.2, 00:28:47, GigabitEthernet0/2
O IA 192.168.5.0/24 [110/3] via 10.1.7.2, 00:28:47, GigabitEthernet0/2
O IA 192.168.6.0/24 [110/3] via 10.1.7.2, 01:20:42, GigabitEthernet0/2
O IA 192.168.7.0/24 [110/3] via 10.1.7.2, 01:20:42, GigabitEthernet0/2
```

 提示

为提高网络性能，建议大规模网络中划分多个区域，以提升网络性能。

小　结

本章主要介绍了路由规划与部署，读者需要重点掌握静态路由和动态路由原理。OSPF 路由作为当前企业园区网络中最为主流的路由协议，其功能特性复杂，建议读者在理解 OSPF 相关概念和工作机制的基础上，通过实验方式重点分析工作原理、配置特性以及实际应用效果，提高实战能力，从而切实理解各种技术的实际应用需求。

第8章 网络访问控制

8.1 基 本 概 念

访问控制列表（Access Control List，ACL）简称访问列表（Access Lists），通过包过滤技术实现网络流量识别，通过对数据报文协议、源地址、目的地址、端口号进行报文匹配，在指定路由器、三层交换机的接口输入或者输出数据流进行检查，依据预定义匹配条件（Conditions）决定是允许其通过（Permit）还是丢弃（Deny）数据报文。

8.2 ACL 分 类

访问列表规则可以针对数据流的源和目标 MAC、源和目标 IP 地址、TCP/UDP 上层协议、时间区域等信息，通常分为如下几种类型：IP 标准 ACL（Standard IP ACL）、IP 扩展 ACL（Extended IP ACL）、MAC 扩展 ACL、专家级 Expert ACL、IPv6 扩展 ACL、报文前 80 字节的 ACL 80 等，其中标准和扩展 ACL 应用较为广泛。

IP 标准访问控制列表（Standard IP ACL）针对源 IP 地址进行允许或拒绝流量，无须关注目标端地址或者协议。

IP 扩展访问控制列表（Extended IP ACL）可以采用协议类型、源 IP 地址、目的 IP 地址、源 TCP 或 UDP 端口、目的 TCP 或 UDP 端口等细节过滤 IP 数据包，进而实现网络数据报文的精确控制。

8.3 端 口 号

在 TCP/IP 模型中，为指定和区分特定应用服务，使用端口号方式指定常用协议，如表 8-1 所示。

表 8-1　常用端口与协议

常用服务	协　议	端 口 号
POP3	TCP	110
IMAP	TCP	143
SMTP	TCP	25
Telnet	TCP	23

常 用 服 务	协　议	端　口　号
终端服务	TCP	3389
PPTP	TCP	1723
HTTP	TCP	80
FTP（控制）	TCP	21
FTP（数据）	TCP	20
HTTPS	TCP	443
NTP	UDP	123
RADIUS	UDP	1645
DHCP	UDP	67
DNS	UDP	53
DNS	TCP	53
SNMP	UDP	161
IPSEC	UDP	500
TFTP	UDP	69
L2TP	UDP	1701

8.4　工　作　原　理

ACL 主要包括两项工作：定义规则和规则应用。对于包括多条规则的 ACL 而言，如图 8-1 所示，如果数据包报头与某条 ACL 语句匹配，则会跳过列表中的其他语句，由匹配的语句决定是允许还是拒绝该数据包。如果数据包报头与 ACL 语句不匹配，那么将使用列表中的下一条语句测试数据包。此匹配过程会一直继续，直到抵达列表末尾。最后一条隐含的语句适用于不满足之前任何条件的所有数据包。这条最后的测试条件与这些数据包匹配，并会发出"拒绝"指令。此时路由器不会让这些数据进入或送出接口，而是直接丢弃它们。最后这条语句通常称为"隐式 deny any 语句"或"拒绝所有流量"语句。由于该语句的存在，所以 ACL 中应该至少包含一条 permit 语句，否则 ACL 将阻止所有流量。

因此，ACL 配置应遵循以下原则：

- 一切未被允许的就是禁止的。三层设备缺省允许所有的信息流通过；而防火墙缺省封锁所有的信息流，然后对希望提供的服务逐项开放。
- 按规则链进行匹配：使用源地址、目的地址、源端口、目的端口、协议、时间段进行匹配。
- 从头到尾，至顶向下的匹配方式。
- 匹配成功马上停止。
- 立刻使用该规则的"允许、拒绝……"。

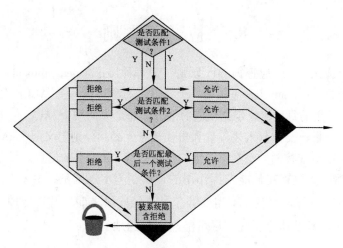

图 8-1　多条规则的 ACL 检查流程

ACL 应用可以在入口方向也可以是出口方向进行检查。入栈 ACL 传入数据包经过处理之后才会被路由到出站接口。入栈 ACL 可以丢弃不必要的数据包，可以节省执行路由查找的开销，其工作原理如图 8-2 所示。

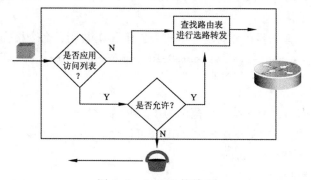

图 8-2　ACL 入栈检查

在数据包转发到出栈接口之前，路由器检查路由表以查看是否可以路由该数据包。如果该数据包不可路由，则丢弃它。随后，路由器检查出栈接口是否配置有 ACL。如果出栈接口没有配置 ACL，那么数据包可以发送到输出缓冲区，如图 8-3 所示。

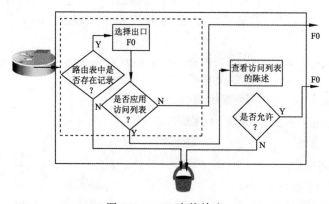

图 8-3　ACL 出栈检查

8.5 应 用 规 则

在三层设备上应用 ACL 应遵循 3P 原则，即每种协议（per protocol）、每个方向（per direction）、每个接口（per interface）配置一个 ACL。每种协议一个 ACL：要控制接口上的流量，必须为接口上启用的每种协议定义相应的 ACL。每个方向一个 ACL：一个 ACL 只能控制接口上一个方向的流量；要控制入栈流量和出栈流量，必须分别定义两个 ACL。每个接口一个 ACL：一个 ACL 只能控制一个接口（如快速以太网 0/0）上的流量。

每个 ACL 都应该放置在最能发挥作用的位置。基本规则是：将扩展 ACL 尽可能靠近要拒绝流量的源。这样，才能在不需要的流量流经网络之前将其过滤掉。因为标准 ACL 不会指定目的地址，所以其位置应该尽可能靠近目的地。

8.6 标 准 ACL

标准 ACL 仅对数据包中源 IP 地址进行过滤，所使用的访问控制列表号为 1～99。标准 ACL 占用路由器资源很少，是一种最基本和简单的访问控制列表格式。应用比较广泛，经常在要求控制级别较低的情况下使用。

要配置标准 ACL，首先要在全局配置模式中创建 ACL 规则，命令格式如下：

Router(config)#access-list *access-list-number* **{remark | permit | deny}** *protocol source source-wildcard* **[log]**

命令参数解释如下：

- access-list-number：ACL 编号，范围为 1～99。
- remark：可选项，添加备注以增强 ACL 的可读性。
- permit：条件匹配时允许访问。
- deny：条件匹配时拒绝访问。
- protocol：指定协议类型，如 IP、TCP、UDP、ICMP 等。
- source：源地址，包括网络地址或者主机地址。
- source-wildcard：通配符掩码，和源地址掩码对应。
- log：可选项，对符合条件的数据包生成日志消息，该消息将发送到控制台。

其次，配置标准 ACL 之后，必须在接口模式下采用 ip access-group 命令将其关联到具体接口，否则无法生效：

Router(config-if)#ip access-group *access-list-number* **{in | out}**

参数解释如下：

- ip access-group：关键字。
- access-list-number：所定义标准 ACL 编号。
- in：入栈方向检查。
- out：出栈方向检查。

8.7 扩 展 ACL

相比对 1～99 编号的标准 ACL 的粗略控制，可以使用编号 100～199 以及 2 000～2 699 的扩展 ACL 对网络流量做精细化过滤。除了可以检查源地址外，扩展 ACL 还可以检查目的地址、协议和端口号（或服务）。因此，管理员可根据更多因素构建 ACL。例如，扩展 ACL 可以允许从某网络到指定目的地的电子邮件流量，同时拒绝文件传输和网页浏览流量。由于扩展 ACL 具备根据协议和端口号进行过滤的功能，因此，管理员可以构建针对性极强的 ACL。利用具体端口号，用户可以通过配置端口号或公认端口名称指定应用程序。

要配置扩展 ACL，在全局配置模式中执行以下命令：

```
Router(config)#access-list access-list-number {remark | permit | deny} protocol
source [source-wildcard] [operator port]  destination  [destination-wildcard]
[operator port] [established] [log]
```

参数说明：

- access-list-number：扩展 ACL 编号，范围从 100～199 以及 2 000～2 699。
- remark：添加备注，增强 ACL 的易读性。
- permit：条件匹配时允许访问。
- deny：条件匹配时拒绝访问。
- protocol：指定协议类型：IP、TCP、UDP、ICMP 等。
- source：源地址。
- destination：目的地址。
- source-wildcard：源通配符掩码。
- destination-wildcard：目标通配符掩码。
- operator：lt，gt，eg，neg（小于、大于、等于、不等于）。
- port：端口号。
- established：TCP 协议中已建立的连接。
- log：对符合条件的数据包生成日志消息，该消息将发送到控制台。

扩展 ACL 在端口的应用规则与标准 ACL 完全相同，不再赘述。

实战 29 标准 ACL 部署

实战描述

在第六章全网路由联通基础上，合理部署访问控制列表，拒绝 VLAN11 网段访问其他网段。

所需资源

4 台 3560 交换机，2 台 Router-PT-Empty（含相应模块），1 台 2600 路由器，2960 交换机和 PC 若干。拓扑结构和地址分配如图 8-4 和表 8-2 所示。

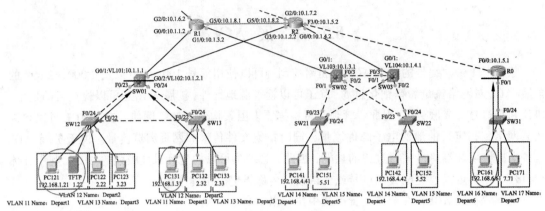

图 8-4　标准 ACL 部署拓扑结构

表 8-2　地址分配

设　　备	二 层 口	三 层 口	IP 地址	二层口属性	OSPF 区域	Router ID
	F0/23			trunk		
	F0/23			trunk		
	G0/1			access VL101		
	G0/2			access VL102		
SW01		VL101	10.1.1.1/24		0	1.1.1.1
		VL102	10.1.2.1/24		0	
		VL11	192.168.1.1/24		0	
		VL12	192.168.2.1/24		0	
		VL13	192.168.3.1/24			
	F0/1			trunk		
	F0/2			trunk		
	G0/1			access VL103		
SW02		VL103	10.1.3.1/24		0	1.1.1.2
		VL14	192.168.4.10/24		0	
		VL15	192.168.5.10/24		0	
	F0/1			trunk		
	F0/2			trunk		
	G0/1			access VL104		
SW03		VL104	10.1.4.1/24		0	1.1.1.3
		VL14	192.168.4.20/24		0	
		VL15	192.168.5.20/24		0	
		F0/0	10.1.5.1/24		0	
R0		F0/1.16	192.168.6.1/24		0	1.1.1.4
		F0/1.17	192.168.7.1/24		0	
R1		G0/0	10.1.1.2/24		0	1.1.1.11
		G1/0	10.1.3.2/24		0	

续表

设　　备	二　层　口	三　层　口	IP 地址	二层口属性	OSPF 区域	Router ID
R1		G2/0	10.1.6.2/24		0	1.1.1.11
		G5/0	10.1.8.1/24		0	
R2		G0/0	10.1.2.2/24		0	1.1.1.12
		G1/0	10.1.4.2/24		0	
		G2/0	10.1.7.2/24		0	
		G5/0	10.1.8.2/24		0	
		F3/0	10.1.5.2/24		0	
DSW		G0/1	10.1.6.1/24		0	1.1.1.5
		G0/2	10.1.7.1/24		0	
		VL21	172.17.0.1/24		0	
	F0/1~10			access VL21		
PC121	F0		192.168.1.21/24			
PC131	F0		192.168.1.31/24			

操作步骤

1．查看网络连通性

（1）查看各个三层设备路由表，确保全网任意两点连通。

（2）排查相关故障。

2．部署 SW01 编号 ACL

（1）在 SW01 上，定义 ACL，编号为 1，拒绝 192.168.1.0/24 网络，允许其他数据通过。

SW01(config)#access-list 1 deny 192.168.1.0 0.0.0.255
//拒绝 192.168.1.0/24
SW01(config)#access-list 1 permit any
//允许其他，如果没有该语句，则无法通过任何流量

（2）在 SW01 上检查 ACL 配置。

```
SW01#show access-lists 1
Standard IP access list 1
    deny 192.168.1.0 0.0.0.255
    permit any
```

（3）测试网络连通性：PC121 与 R1（见图 8-5）。

Fire	Last Status	Source	Destination	Type	Color	Time(sec)	Periodic	Num	Edit	Delete
●	Successful	PC121	R1	ICMP		0.000	N	0	(edit)	(delete)

图 8-5　ACL 部署前 PC121 与 R1 间联通性

（4）在 SW01 的 VLAN 11 的入口方向应用 access-list 1。

SW01(config)#interface vlan 11
SW01(config-if)#ip access-group 1 in

（5）在 SW01 上检查 ACL 应用。

SW01#show run

```
Building configuration...

Current configuration : 2014 bytes
!
version 12.2
no service timestamps log datetime msec
no service timestamps debug datetime msec
no service password-encryption
!
hostname SW01
!
!
ip routing
!
!
!
spanning-tree mode pvst
spanning-tree vlan 1,11-13 priority 8192
!
!
!
interface FastEthernet0/1
!
interface FastEthernet0/2
!
interface FastEthernet0/3
!
interface FastEthernet0/4
!
interface FastEthernet0/5
!
interface FastEthernet0/6
!
interface FastEthernet0/7
!
interface FastEthernet0/8
!
interface FastEthernet0/9
!
interface FastEthernet0/10
!
interface FastEthernet0/11
!
interface FastEthernet0/12
!
interface FastEthernet0/13
!
interface FastEthernet0/14
!
interface FastEthernet0/15
```

```
!
interface FastEthernet0/16
!
interface FastEthernet0/17
!
interface FastEthernet0/18
!
interface FastEthernet0/19
!
interface FastEthernet0/20
!
interface FastEthernet0/21
!
interface FastEthernet0/22
!
interface FastEthernet0/23
 switchport trunk encapsulation dot1q
 switchport mode trunk
!
interface FastEthernet0/24
 switchport trunk encapsulation dot1q
 switchport mode trunk
!
interface GigabitEthernet0/1
 switchport access vlan 101
 switchport mode access
!
interface GigabitEthernet0/2
 switchport access vlan 102
 switchport mode access
!
interface Vlan1
 no ip address
 shutdown
!
interface Vlan11
 ip address 192.168.1.1 255.255.255.0
 ip access-group 1 in
!
interface Vlan12
 ip address 192.168.2.1 255.255.255.0
!
interface Vlan13
 ip address 192.168.3.1 255.255.255.0
!
interface Vlan101
 ip address 10.1.1.1 255.255.255.0
!
interface Vlan102
 ip address 10.1.2.1 255.255.255.0
```

```
!
router ospf 1
 router-id 1.1.1.1
 log-adjacency-changes
 network 10.1.1.0 0.0.0.255 area 1
 network 10.1.2.0 0.0.0.255 area 1
 network 192.168.1.0 0.0.0.255 area 1
 network 192.168.2.0 0.0.0.255 area 1
 network 192.168.3.0 0.0.0.255 area 1
!
ip classless
!
ip flow-export version 9
!
!
access-list 1 deny 192.168.1.0 0.0.0.255
access-list 1 permit any
!
!!
line con 0
!
line aux 0
!
line vty 0 4
 login
!!
!
end
```

（6）测试网络连通性：PC121 与 SW01、R1、R2，结果均为失败，如图 8-6 所示。

Fire	Last Status	Source	Destination	Type	Color	Time(sec)	Periodic	Num	Edit		Delete
●	Failed	PC121	SW01	ICMP	▓	0.000	N	0	(edit)		(delete)
●	Failed	PC121	R1	ICMP	▓	0.000	N	1	(edit)		(delete)
●	Failed	PC121	R2	ICMP	▓	0.000	N	2	(edit)		(delete)

图 8-6　入口应用部署后连通性测试结果

（7）在 SW01 中将 VLAN 11 的入口方向应用删除，在 VLAN 101 和 VLAN 102 的入口方向应用。

```
SW01(config)#interface vlan 11
SW01(config-if)#no ip access-group 1 in
SW01(config-if)#exit
SW01(config)#interface vlan 101
SW01(config-if)#ip access-group 1 in
SW01(config-if)#exi
SW01(config)#interface vlan 102
SW01(config-if)#ip access-group 1 in
```

（8）再次测试网络连通性：PC121 与 SW01、R1、R2，均为成功，如图 8-7 所示。发现 ACL 并未生效，主要原因是在 VLAN 101 和 VLAN 102 的 in 方向上检查，无法找到 192.168.1.0/24 的源地址。

Fire	Last Status	Source	Destination	Type	Color	Time(sec)	Periodic	Num	Edit	Delete	
●	Successful	PC121	SW01	ICMP	■	0.000	N	0	(edit)		(delete)
●	Successful	PC121	R1	ICMP	■	0.000	N	1	(edit)		(delete)
●	Successful	PC121	R2	ICMP	■	0.000	N	2	(edit)		(delete)

图 8-7 入口错误部署后连通性测试结果

（9）在 SW01 中删除 VLAN 101 和 VLAN 102 的入口方向应用，在 VLAN 101 和 VLAN 102 的出口方向应用。

```
SW01(config)#interface vlan 101
SW01(config-if)#ip access-group 1 in
SW01(config-if)#exi
SW01(config)#interface vlan 102
SW01(config-if)#ip access-group 1 in
```

（10）再次测试网络连通性：PC121 与 SW01、R1、R2，如图 8-8 所示。可以发现 SW01 连通，R1、R2 无法连通，与步骤（6）中结果不同，建议采用步骤（6）中方式，即在入口应用检查。

Fire	Last Status	Source	Destination	Type	Color	Time(sec)	Periodic	Num	Edit	Delete	
●	Successful	PC121	SW01	ICMP	■	0.000	N	0	(edit)		(delete)
●	Failed	PC121	R1	ICMP	■	0.000	N	1	(edit)		(delete)
●	Failed	PC121	R2	ICMP	■	0.000	N	2	(edit)		(delete)

图 8-8 出口部署后连通性测试结果

3. 部署 SW01 命名 ACL

（1）除了可以采用基于编号的 ACL 外，还可以使用基于命名的 ACL。在 SW01 上，删除已定义的 ACL 1，并删除端口应用。

```
SW01(config)#no access-list 1
// 删除整个 ACL，如果要删除 ACL 中某一语句，也可以单独删除语句
SW01(config)#interface vlan 101
SW01(config-if)#no ip access-group 1 out
SW01(config-if)#exi
SW01(config)#interface vlan 102
SW01(config-if)#no ip access-group 1 out
```

（2）在 SW01 上，定义标准 ACL，名称为 s1，拒绝 192.168.1.0/24 网络，运行其他数据通过，功能与上述 ACL1 相同。

```
SW01(config)#ip access-list standard s1
// ACL 名称为 s1，并进入标准 ACL 模式
SW01（config-std-nacl)#deny 192.168.1.0 0.0.0.255
SW01（config-std-nacl)#permit any
```

（3）在 SW01 的 VLAN 11 的入口方向应用 s1。

```
SW01(config)#interface vlan 11
SW01(config-if)#ip access-group s1 in
```

（4）测试网络连通性：PC121 与 SW01、R1、R2，如图 8-9 所示。发现 SW01 连通。

Fire	Last Status	Source	Destination	Type	Color	Time(sec)	Periodic	Num	Edit	Delete	
●	Failed	PC121	SW01	ICMP	■	0.000	N	0	(edit)		(delete)
●	Failed	PC121	R1	ICMP	■	0.000	N	1	(edit)		(delete)
●	Failed	PC121	R2	ICMP	■	0.000	N	2	(edit)		(delete)

图 8-9 命名 ACL 部署后 PC121 连通性

（5）实验结果表明，基于命名和基于编号的 ACL 的基本功能一致。不过基于编号的 ACL 无法在现有语句中插入特定语句，而基于命名的 ACL 中可以添加序号，保留后续插入空间。

```
//使用编号添加 ACL 语句
SW01（config-std-nacl）#10 deny 192.168.1.0 0.0.0.255
SW01（config-std-nacl）#20 permit any

//后续插入新的语句至第二行，需要将编号控制在 11～19 即可
SW01(config)#ip access-list standard s2
SW01（config-std-nacl）#15 deny host 192.168.2.22

//查看 ACL
SW01#sh ip acc s2
Standard IP access list s2
    deny 192.168.1.0 0.0.0.255
    deny host 192.168.2.22
    permit any
```

提示

- ACL 通过过滤数据包并且丢弃不希望抵达目的地的数据包来控制通信流量。然而，网络能否有效地减少不必要的通信流量，这还要取决于网络管理员把 ACL 放置在哪个地方。
- 原则：根据减少不必要通信流量的通行准则，管理员应该尽可能地把 ACL 放置在靠近被拒绝的通信流量的来源处。例如，经常见到对常见病毒端口进行过滤的 ACL，那么这种 ACL 应用在哪里比较合适呢？对于网络中的用户来说，这个防病毒端口的过滤显然用在最接近用户的交换机上来做比较好，这样可以从源头上控制被感染的机器采用病毒端口进行通信，减少对其他交换机上用户影响。
- 如果要控制外网进来的流量对服务器的端口访问过滤，那么这种限制就应该放在这个网络的出口处较好，这样可以将这种非法流量从一开始就拒之门外。当然如果内网也需要对服务器的端口访问进行过滤，那么由于内网的源 IP 很多，目的 IP 一致的情况下，在靠近目标 IP 的地方进行 ACL 过滤，因为这样只需要一个 ACL 即可，否则需要在很多设备上去分别部署，因为要控制所有源到这个目的 IP 的访问，影响效率。而如果在接近服务器的交换机上部署 ACL，那么只需要一个 ACL 即可。

实战 30　扩展 ACL 部署

实战描述

在第 6 章全网路由连通基础上，合理部署访问控制列表，对于 192.168.6.0/24 业务网段仅允许访问 WWW_S1 的 Web 服务、DNS_FTP_S1 的 FTP 服务，其他网段不受影响；在 R0 所连接业务网段（192.168.6.0/24 和 192.168.7.0/24）中，对于 R1 和 R2 的 telnet 服务，仅 192.168.7.0/24 业务网段允许访问。

所需资源

4 台 3560 交换机，2 台 Router-PT-Empty（含相应模块），1 台 2600 路由器，2 台服务器，

2960 交换机和 PC 若干。拓扑结构和地址分配如图 8-10 和表 8-3 所示。

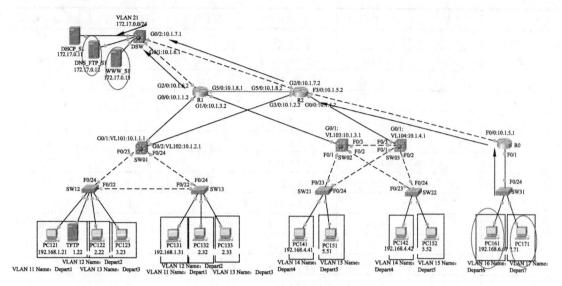

图 8-10　扩展 ACL 部署拓扑结构

表 8-3　地址分配

设　备	二　层　口	三　层　口	IP 地址	二层口属性	OSPF 区域	Router ID
	F0/23			trunk		
	F0/23			trunk		
	G0/1			access VL101		
	G0/2			access VL102		
SW01		VL101	10.1.1.1/24		0	1.1.1.1
		VL102	10.1.2.1/24		0	
		VL11	192.168.1.1/24		0	
		VL12	192.168.2.1/24		0	
		VL13	192.168.3.1/24			
	F0/1			trunk		
	F0/2			trunk		
	G0/1			access VL103		
SW02		VL103	10.1.3.1/24		0	1.1.1.2
		VL14	192.168.4.10/24		0	
		VL15	192.168.5.10/24		0	
	F0/1			trunk		
	F0/2			trunk		
	G0/1			access VL104		
SW03		VL104	10.1.4.1/24		0	1.1.1.3
		VL14	192.168.4.20/24		0	
		VL15	192.168.5.20/24		0	

设　备	二层口	三层口	IP 地址	二层口属性	OSPF 区域	Router ID
R0		F0/0	10.1.5.1/24		0	1.1.1.4
		F0/1.16	192.168.6.1/24		0	
		F0/1.17	192.168.7.1/24		0	
R1		G0/0	10.1.1.2/24		0	1.1.1.11
		G1/0	10.1.3.2/24		0	
		G2/0	10.1.6.2/24		0	
		G5/0	10.1.8.1/24		0	
R2		G0/0	10.1.2.2/24		0	1.1.1.12
		G1/0	10.1.4.2/24		0	
		G2/0	10.1.7.2/24		0	
		G5/0	10.1.8.2/24		0	
		F3/0	10.1.5.2/24			
DSW		G0/1	10.1.6.1/24		0	1.1.1.5
		G0/2	10.1.7.1/24		0	
		VL21	172.17.0.1/24		0	
	F0/1～10			access VL21		
PC161	F0		192.168.6.61/24			
PC171	F0		192.168.7.71/24			

操作步骤

1．查看网络连通性

（1）查看各个三层设备路由表，确保路由全网任意两点连通。

（2）排查相关故障。

2．部署 192.168.6.0 网段 ACL

（1）依据扩展 ACL 部署在接近目标端位置，在 DSW 上部署 ACL。

（2）进一步明确任务要求：对于 192.168.6.0/24 网段，仅允许访问 172.17.0.12 的 FTP 和 Web 服务，其他禁止访问；而对于非 192.168.6.0/24 网段，不做任何访问限制。

（3）在 DSW 中，定义名称为 only_web_ftp 的扩展 ACL。

```
DSW(config)#ip access-list extended only_web_ftp
DSW(config-ext-nacl)#permit tcp 192.168.6.0 0.0.0.255 host 172.17.0.12 eq ftp
DSW(config-ext-nacl)#permit tcp 192.168.6.0 0.0.0.255 host 172.17.0.12 eq www
DSW(config-ext-nacl)#deny ip 192.168.6.0 0.0.0.255 any
DSW(config-ext-nacl)#permit ip any any
```

（4）验证 only_web_ftp。

```
DSW#sh ip access-lists
Extended IP access list only_web_ftp
    10 permit tcp 192.168.6.0 0.0.0.255 host 172.17.0.12 eq ftp
    20 permit tcp 192.168.6.0 0.0.0.255 host 172.17.0.12 eq www
```

```
    30 deny ip 192.168.6.0 0.0.0.255 any
    40 permit ip any any
```
（5）在 DSW 的 VLAN 21 的出口方向应用 ACL，注意必须为 out，否则无法检查到响应流量。

```
DSW(config)#int vlan 21
DSW(config-if)#ip access-group only_web_ftp out
```

（6）单击右侧工具栏中的 Add Complex PDU 图标，单击 PC161，定义 FTP 通信报文，如图 8-11 所示。

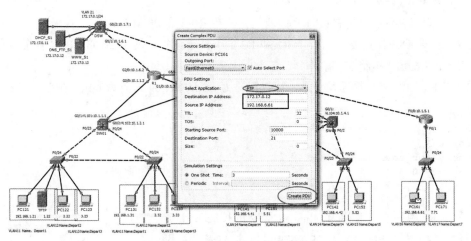

图 8-11　配置 FTP 协议通信报文

（7）单击 Create PDU 按钮，查看结果如图 8-12 所示。

Fire	Last Status	Source	Destination	Type	Color	Time(sec)	Periodic	Num	Edit	Delete
●	Successful	PC161	172.17.0.12	TCP		3.000	N	0	(edit)	(delete)

图 8-12　Complex PDU 通信结果

（8）此外，可以在 PC161 的命令行下，使用 ftp 172.17.0.12 命令登录服务器，提示输入用户名和密码，表明已经可以访问 FTP 服务器，如图 8-13 所示。

（9）分别输入 username 和 password，都为 cisco，即可访问 FTP 资源，如图 8-14 所示。

图 8-13　FTP 服务器登录界面

图 8-14　FTP 服务器登录后管理界面

（10）测试 Ping 连通性：PC161—DNS_FTP_S1，发现 Ping 无法连通，因为 ICMP 协议未被运行通过，如图 8-15 所示。

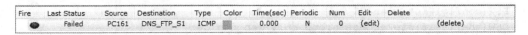

Fire	Last Status	Source	Destination	Type	Color	Time(sec)	Periodic	Num	Edit	Delete
●	Failed	PC161	DNS_FTP_S1	ICMP		0.000	N	0	(edit)	(delete)

图 8-15　PC161—DNS_FTP_S1 连通性

3. 部署 telnet 服务 ACL

（1）依据扩展 ACL 部署在接近目标端位置，在 R0 上部署 ACL。

（2）进一步明确任务要求：对于 R1 和 R2 的 telnet 服务，仅 192.168.7.0/24 业务网段允许访问，192.168.6.0/24 拒绝访问。

（3）在 R1、R2 中配置远程登录，特权密码为 enab，telnet 密码为 teln。在 R1、R2 中执行以下脚本：

```
en
conf t
enable sec enab
line vty 0 4
login
pass teln
```

（4）在 R0 中，定义名称为 telnet_R1_R2 的扩展 ACL。

```
R0(config)#ip access-list extended telnet_R1_R2
R0(config-ext-nacl)#permit tcp 192.168.7.0 0.0.0.255 host 10.1.3.2 eq telnet
R0(config-ext-nacl)#permit tcp 192.168.7.0 0.0.0.255 host 10.1.1.2 eq telnet
R0(config-ext-nacl)#permit tcp 192.168.7.0 0.0.0.255 host 10.1.6.2 eq telnet
R0(config-ext-nacl)#permit tcp 192.168.7.0 0.0.0.255 host 10.1.8.1 eq telnet
R0(config-ext-nacl)#permit tcp 192.168.7.0 0.0.0.255 host 10.1.2.2 eq telnet
R0(config-ext-nacl)#permit tcp 192.168.7.0 0.0.0.255 host 10.1.4.2 eq telnet
R0(config-ext-nacl)#permit tcp 192.168.7.0 0.0.0.255 host 10.1.5.2 eq telnet
R0(config-ext-nacl)#permit tcp 192.168.7.0 0.0.0.255 host 10.1.7.2 eq telnet
R0(config-ext-nacl)#permit tcp 192.168.7.0 0.0.0.255 host 10.1.8.2 eq telnet
```

（5）在 R0 的 F0/0 口应用 ACL，注意方向为 out。

```
R0(config)#interface f0/0
R0(config-if)#ip access-group telnet_R1_R2 out
```

（6）单击右侧工具栏中的 Add Complex PDU 图标，单击 PC171，定义 telnet 通信报文，如图 8-16 所示。

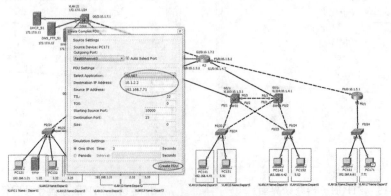

图 8-16　配置 telnet 协议通信报文

（7）单击 Create PDU 按钮，测试结果如图 8-17 所示，通信正常。

Fire	Last Status	Source	Destination	Type	Color	Time(sec)	Periodic	Num	Edit	Delete	
●	Successful	PC171	10.1.2.2	TCP	■	2.000	N	0	(edit)		(delete)

图 8-17　PC171—R2 telnet 连通性

（8）重复上述步骤（6）和步骤（7），测试 PC161 与 R2 间 telnet 连通性，结果失败，如图 8-18 所示。

Fire	Last Status	Source	Destination	Type	Color	Time(sec)	Periodic	Num	Edit	Delete	
●	Failed	PC161	10.1.2.2	TCP	■	2.000	N	0	(edit)		(delete)

图 8-18　PC161—R2 telnet 连通性

提示

- 对常见病毒端口过滤的 ACL 一般部署在接入层交换机上。
- 对外提供服务的服务器，一般建议在接近服务器的交换机上控制对其端口的访问。
- 对于网段间的互访，根据实际情况，可以选择在源或目的网段上进行控制，也可以在网络较大、网段互访规则较多的情况下，在中间核心设备上集中部署。
- 对于上下级机构、内外网访问规则间的访问控制，建议在边界设备上集中部署，比如出口路由器、防火墙等。

小　结

本章主要介绍了访问控制列表原理和部署方法，在熟练掌握配置语法格式的基础上，需要充分联系实际需求，分析标准 ACL 和扩展 ACL 的应用场景、部署位置，才能合理部署 ACL、优化网络流量管控，进而实现网络访问控制和应用管理等目标。

第9章 外网接入

9.1 广域网接入

9.1.1 广域网基础

广域网 WAN 用于连接多个局域网，确保企业园区中心网络（有一个或多个 LAN 中小企业网络，通过专用设备和技术连接到互联网）与分支结构（比园区规模较小的范围，通过 WAN 连接到互联网）和远程用户（在通过宽带技术连接到互联网的某个 LAN）之间信息互联，结构如图 9-1 所示。

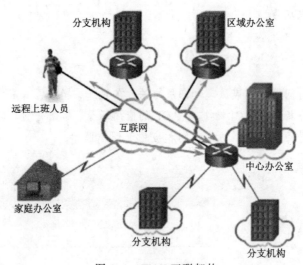

图 9-1　WAN 互联架构

广域网常见拓扑结构如图 9-2 所示，主要包括：点对点拓扑，主要用于专用线路连接，如 T1、E1 等租用线路；点对多点，又称中心辐射结构，使用虚拟接口与多个分支路由器互联；全网状（Full Mesh），所有路由器之间都两两互联；双宿主机，通过提供连接到两个中心路由器，为单宿主和中心辐射型拓扑提供冗余。

WAN 主要涉及 OSI 模型中下两层，即物理层和数据链路层，典型结构如图 9-3 所示，主要包括：调制解调器，将模拟信号和数字信号进行转换，主要用于公共电话网络和高速 DSL 宽带网络；接入服务器，管理拨号用户通信；CSU/DSU，将数字和租用线路信号转换为广域网帧；WAN 交换机，运营商网络中一种网间互联设备；路由器/多层交换机：支持 WAN 接入和高速转发。

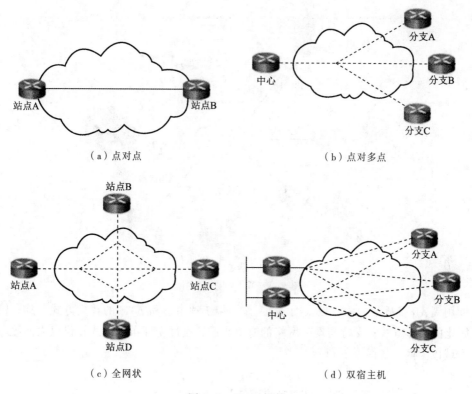

（a）点对点 （b）点对多点

（c）全网状 （d）双宿主机

图 9-2　WAN 拓扑

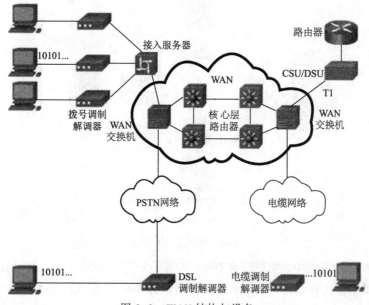

图 9-3　WAN 结构与设备

9.1.2　广域网接入

当前，企业网络接入 WAN 主要采用专用和共用两类方式，具体拓扑结构如图 9-4 所示。

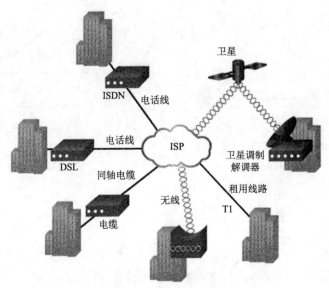

图 9-4　WAN 接入拓扑

在专用 WAN 基础设施中，以太网 WAN 作为传统帧中继和 ATM 的替换方式，具有较低的成本、简化的管理方式；支持与现有网络的有机集成；通过光纤布线方式提供以太网服务，因此称为城域以太网，如图 9-5 所示。

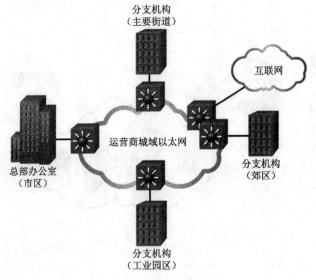

图 9-5　城域以太网拓扑

在公共 WAN 基础设施中，主要包括 DSL、电缆、无线、4G/5G。DSL 采用电话线传输高带宽数据，调制解调器负责将以太网信号和 DSL 信号进行转换。宽带无线主要包括 Wi-Fi、WiMAX 和卫星互联等技术；4G/5G 为当前主流蜂窝接入技术。

此外，为节约网络成本，可以在公共网络中传送加密数据，即利用 VPN 技术建立私有专用网络，主要包括 Site to Site 和 Remote VPN 两种类型。

9.1.3 点到点网络

点到点网络主要用于将多个 LAN 连接到 ISP 的 WAN 实现互联，点到点网络中对于 LAN 的物理位置没有具体要求，只要能成功连接上 ISP 即可，例如位于中国北京的公司办公室和位于美国纽约的办公室。

在 OSI 模型中，在相应链路上传输前，WAN 会将数据段封装成帧。常见的点到点网络的封装协议主要包括 HDLC 和 PPP 两种。默认情况下，串口链路（Serial）采用 HDLC 协议封装。由于 PPP 协议能控制链路建立、能配置和测试链路质量、具有协商机制等特性，已成为最广泛的广域网协议。

经验提示

同一链路的两个端口必须使用相同的封装协议，如果两端封装协议不同，则无法正常通信。在路由器 Serial 口封装特定协议的命令方式如下：

```
Router(config)#interface serial 0
Router(config-if)#encapsulation HDCL | PPP
```

9.1.4 PPP 配置

RFC 1334 中定义了两种 PPP 身份验证协议：PAP 和 CHAP。其中，PAP 为简单两次握手方式，在用户验证过程中，用户名和密码以明文形式发送，其通信过程如图 9-6 和图 9-7 所示。CHAP 通过三次握手交换共享密钥，验证过程中只在网络上传输用户名，而并不传输口令，安全性要比 PAP 高。

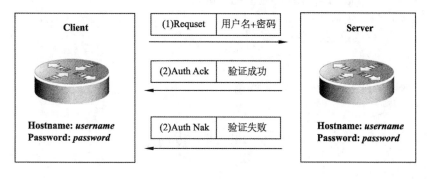

图 9-6 PAP 认证流程

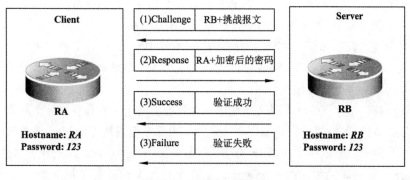

图 9-7 CHAP 认证流程

PAP 认证中，需要在服务器端配置用户名和密码，并在端口启用认证；客户端只需发送用户名和密码即可。配置命令如下：

服务端（验证方）：

```
Server (config)#username username password password
Server (config)#interface seril 0
Server (config-if)# encapsulation ppp
Server (config-if)#ppp authentication pap
```

客户端（被验证方）

```
Client(config)#interface seril 0
Client (config-if)# encapsulation ppp
Client (config-if)#ppp pap sent-username username password password
```

CHAP 认证中，需要在服务器端配置用户名和密码，并在端口启用认证；客户端使用两条命令分别验证用户名和密码。配置命令如下：

服务端（验证方）：

```
RB(config)#username username password password
RB(config)# serial 0
RB(config-if)#encapsulation ppp
RB(config-if)#ppp authentication chap
```

客户端（被验证方）：

```
RA(config)#interface serial 0
RA(config-if)#encapsulation ppp
RA(config-if)#ppp chap hostname username
RA(config-if)#ppp chap password password
```

PPP 认证调试命令包括：

```
Router#show interfaces serial 0
// 查看端口状态

Router#debug ppp authentication
//诊断 PPP 认证过程
```

9.2 地 址 转 换

9.2.1 地址转换

如前面章节所述，IPv4 地址分为公有和私有地址，私有地址只能在其内部网络内使用，以私有地址封装的报文在公有网络中直接被丢弃，只有公网地址封装的报文才能在互联网上传输。随着互联网接入设备和用户数量的迅速增加，当前 IPv4 的编址空间有限，公网地址早已无法满足设备公网地址接入需求。一种可以的方法是将私有地址和公有地址进行转换，多个私有地址对外共同使用一个公有地址。

网络地址转换（NAT）可以将网络地址从一个地址空间（常为私有地址）转换到另外一个地址空间（公有地址），NAT 的结构如图 9-8 所示。内部私有网络（Inside）为被转换对象，在内部网络，每台主机都分配一个内部 IP 地址，但与外部网络通信时，又表现为另外一个地址。每台主机的前一个地址又称内部本地地址，后一个地址又称外部全局地址。外部公有网络

（Outside）指内部网络需要连接的网络，一般指互联网，也可以是另外一个机构的网络。外部的地址也可以被转换，外部主机也同时具有内部地址和外部地址。为深入理解 NAT 的工作过程，需要掌握下面几个术语：

- 内部本地地址（Inside Local Address），指分配给内网主机的 IP 地址，该地址一般是未向相关机构注册的私有网络地址。
- 内部全局地址（Inside Global Address），指合法的全局可路由地址，在外部网络代表着一个或多个内部本地地址。
- 外部本地地址（Outside Local Address），是指外部网络的主机在内部网络中表现的 IP 地址，该地址是内部可路由地址，一般不是注册的全局唯一地址。
- 外部全局地址（Outside Global Address），指外部网络分配给外部主机的 IP 地址，为公网全局可路由地址。

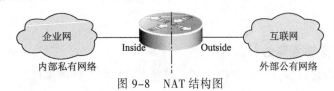

图 9-8　NAT 结构图

图 9-9 所示为 PC 通过 NAT 技术成功访问 Web 服务器的流程，读者可以依据流程进一步理解内部本地地址、内部全局地址和外部全局地址等基本术语。

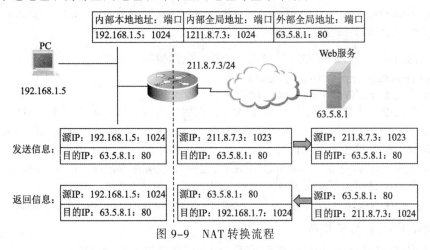

图 9-9　NAT 转换流程

　　NAT 主要分为两种类型：静态和动态。静态 NAT 是指内部本地地址和内部全局地址建立永久一对一映射关系，主要应用于需要向外界提供信息服务的内部服务器部署中。动态 NAT 是指将内部本地地址临时转换为内部全局地址，不需要强调永久一对一映射关系，主要用于访问外网服务，不对外提供信息服务端场合。

9.2.2　端口转换

　　端口转换（PAT）是将内部本地地址和端口同时转换为内部全局地址和端口的方式，其流程如图 9-10 所示。基于 PAT，可以解决 NAT 中公网地址空间问题，最少只需要提供一个公网地址。

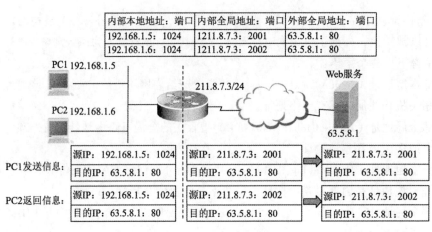

图 9-10   PAT 转换流程

9.2.3   配置命令

1. 静态 NAT 配置主要命令

（1）在内网相应接口的接口配置模式下，配置内部接口、外部接口。

```
Router(config-if)#ip nat inside
Router(config-if)#ip nat outside
```

（2）建立内部本地地址与内部全局地址间的静态映射关系。

```
Router(config)#ip nat insde source inside-local-address inside-global-address
```

2. 动态 NAT 配置主要命令

（1）在内网相应接口的接口配置模式下，配置内部接口、外部接口。

```
Router(config-if)#ip nat inside
Router(config-if)#ip nat outside
```

（2）在全局配置模式下定义一个标准 ACL，声明可以动态转换的内部本地地址范围。

```
Router(config)#access-list list-number permit source-address wildcard-mask
```

（3）在全局配置模式下定义内部全局地址池，注明起始地址和截止地址。

```
Router(config)#ip nat pool poolname start-address end-address netmask netmask
```

（4）在全局配置模式下定义预先定义的 ACL 与地址池进行转换。

```
Router(config)#ip nat inside source list list-number pool poolname
```

3. 动态 PAT 配置主要命令

（1）在内网相应接口的接口配置模式下，配置内部接口、外部接口。

```
Router(config-if)#ip nat inside
Router(config-if)#ip nat outside
```

（2）在全局配置模式下定义一个标准 ACL，声明可以动态转换的内部本地地址范围。

```
Router(config)#access-list list-number permit source-address wildcard-mask
```

（3）在全局配置模式下定义内部全局地址池，注明起始地址和截止地址。

```
Router(config)#ip nat pool poolname start-address end-address netmask netmask
```

（4）在全局配置模式下定义预先定义的 ACL 与地址池进行转换，注意关键字 overload。

```
Router(config)#ip nat inside source list list-number pool poolname overload
```

实战 31 采用 PPP 连接外网

实战描述

基于串口，将 R1 和 R2 连接到网络服务提供商 ISP1，分别使用 PAP 和 CHAP 认证将 R1 和 R2 连通至 ISP1。

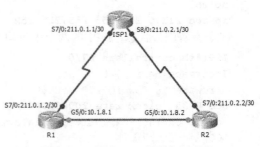

图 9-11 标准 ACL 部署拓扑结构

所需资源

3 台 Router-PT-Empty（含相应模块），3 根串口线缆。拓扑结构和地址分配如图 9-11 和表 9-1 所示。

表 9-1 地址分配

设　　备	端　　口	角　　色	IP 地址	认 证 角 色	账号与密码
ISP1	S7/0	DCE	211.0.1.1/30	PAP 服务端	r1、r1pwd
	S8/0	DCE	211.0.2.1/30	CHAP 服务端	R2、r2pwd
R1	S7/0	DCE	211.0.1.2/30	PAP 客户端	
R2	S7/0	DCE	211.0.2.2/30	CHAP 客户端	

操作步骤

1. 基本配置

（1）依据脚本配置设备端口地址。

```
**********ISP1***************
en
conf t
host ISP1
int s7/0
no sh
ip add 211.0.1.1 255.255.255.252
exi
int s8/0
no sh
ip add 211.0.2.1 255.255.255.252

**********R1***************
en
conf t
host R1
int s7/0
no sh
ip add 211.0.1.2 255.255.255.252
```

```
**********R2***************
en
conf t
host R2
int s7/0
no sh
ip add 211.0.2.2 255.255.255.252
```

（2）查看端口状态，ISP1 的两个串口均为 DCE，默认时钟频率为 2 000 000。

```
ISP1#sh controllers s7/0
Interface Serial7/0
Hardware is PowerQUICC MPC860
DCE V.35, clock rate 2000000
idb at 0x81081AC4, driver data structure at 0x81084AC0
SCC Registers:
General [GSMR]=0x2:0x00000000, Protocol-specific [PSMR]=0x8
Events [SCCE]=0x0000, Mask [SCCM]=0x0000, Status [SCCS]=0x00
Transmit on Demand [TODR]=0x0, Data Sync [DSR]=0x7E7E
Interrupt Registers:
Config [CICR]=0x00367F80, Pending [CIPR]=0x0000C000
Mask   [CIMR]=0x00200000, In-srv [CISR]=0x00000000
Command register [CR]=0x580
Port A [PADIR]=0x1030, [PAPAR]=0xFFFF
       [PAODR]=0x0010, [PADAT]=0xCBFF
Port B [PBDIR]=0x09C0F, [PBPAR]=0x0800E
       [PBODR]=0x00000, [PBDAT]=0x3FFFD
Port C [PCDIR]=0x00C, [PCPAR]=0x200
       [PCSO]=0xC20, [PCDAT]=0xDF2, [PCINT]=0x00F
Receive Ring
       rmd(68012830): status 9000 length 60C address 3B6DAC4
       rmd(68012838): status B000 length 60C address 3B6D444
Transmit Ring
       tmd(680128B0): status 0 length 0 address 0
       tmd(680128B8): status 0 length 0 address 0
       tmd(680128C0): status 0 length 0 address 0
       tmd(680128C8): status 0 length 0 address 0
       tmd(680128D0): status 0 length 0 address 0
       tmd(680128D8): status 0 length 0 address 0
       tmd(680128E0): status 0 length 0 address 0
       tmd(680128E8): status 0 length 0 address 0
       tmd(680128F0): status 0 length 0 address 0
       tmd(680128F8): status 0 length 0 address 0
       tmd(68012900): status 0 length 0 address 0
       tmd(68012908): status 0 length 0 address 0
       tmd(68012910): status 0 length 0 address 0
       tmd(68012918): status 0 length 0 address 0
       tmd(68012920): status 0 length 0 address 0
       tmd(68012928): status 2000 length 0 address 0

tx_limited=1(2)
```

```
SCC GENERAL PARAMETER RAM (at 0x68013C00)
Rx BD Base [RBASE]=0x2830, Fn Code [RFCR]=0x18
Tx BD Base [TBASE]=0x28B0, Fn Code [TFCR]=0x18
Max Rx Buff Len [MRBLR]=1548
Rx State [RSTATE]=0x0, BD Ptr [RBPTR]=0x2830
Tx State [TSTATE]=0x4000, BD Ptr [TBPTR]=0x28B0

SCC HDLC PARAMETER RAM (at 0x68013C38)
CRC Preset [C_PRES]=0xFFFF, Mask [C_MASK]=0xF0B8
Errors: CRC [CRCEC]=0, Aborts [ABTSC]=0, Discards [DISFC]=0
Nonmatch Addr Cntr [NMARC]=0
Retry Count [RETRC]=0
Max Frame Length [MFLR]=1608
Rx Int Threshold [RFTHR]=0, Frame Cnt [RFCNT]=0
User-defined Address 0000/0000/0000/0000
User-defined Address Mask 0x0000


buffer size 1524

PowerQUICC SCC specific errors:
0 input aborts on receiving flag sequence
0 throttles, 0 enables
0 overruns
0 transmitter underruns
0 transmitter CTS losts
0 aborted short frames

ISP1#sh controllers s8/0
Interface Serial8/0
Hardware is PowerQUICC MPC860
DCE V.35, clock rate 2000000
idb at 0x81081AC4, driver data structure at 0x81084AC0
SCC Registers:
General [GSMR]=0x2:0x00000000, Protocol-specific [PSMR]=0x8
Events [SCCE]=0x0000, Mask [SCCM]=0x0000, Status [SCCS]=0x00
Transmit on Demand [TODR]=0x0, Data Sync [DSR]=0x7E7E
Interrupt Registers:
Config [CICR]=0x00367F80, Pending [CIPR]=0x0000C000
Mask  [CIMR]=0x00200000, In-srv  [CISR]=0x00000000
Command register [CR]=0x580
Port A [PADIR]=0x1030, [PAPAR]=0xFFFF
      [PAODR]=0x0010, [PADAT]=0xCBFF
Port B [PBDIR]=0x09C0F, [PBPAR]=0x0800E
      [PBODR]=0x00000, [PBDAT]=0x3FFFD
Port C [PCDIR]=0x00C, [PCPAR]=0x200
      [PCSO]=0xC20, [PCDAT]=0xDF2, [PCINT]=0x00F
Receive Ring
      rmd(68012830): status 9000 length 60C address 3B6DAC4
      rmd(68012838): status B000 length 60C address 3B6D444
```

```
Transmit Ring
        tmd(680128B0): status 0 length 0 address 0
        tmd(680128B8): status 0 length 0 address 0
        tmd(680128C0): status 0 length 0 address 0
        tmd(680128C8): status 0 length 0 address 0
        tmd(680128D0): status 0 length 0 address 0
        tmd(680128D8): status 0 length 0 address 0
        tmd(680128E0): status 0 length 0 address 0
        tmd(680128E8): status 0 length 0 address 0
        tmd(680128F0): status 0 length 0 address 0
        tmd(680128F8): status 0 length 0 address 0
        tmd(68012900): status 0 length 0 address 0
        tmd(68012908): status 0 length 0 address 0
        tmd(68012910): status 0 length 0 address 0
        tmd(68012918): status 0 length 0 address 0
        tmd(68012920): status 0 length 0 address 0
        tmd(68012928): status 2000 length 0 address 0

tx_limited=1(2)

SCC GENERAL PARAMETER RAM (at 0x68013C00)
Rx BD Base [RBASE]=0x2830, Fn Code [RFCR]=0x18
Tx BD Base [TBASE]=0x28D0, Fn Code [TFCR]=0x18
Max Rx Buff Len [MRBLR]=1548
Rx State [RSTATE]=0x0, BD Ptr [RBPTR]=0x2830
Tx State [TSTATE]=0x4000, BD Ptr [TBPTR]=0x28B0

SCC HDLC PARAMETER RAM (at 0x68013C38)
CRC Preset [C_PRES]=0xFFFF, Mask [C_MASK]=0xF0B8
Errors: CRC [CRCEC]=0, Aborts [ABTSC]=0, Discards [DISFC]=0
Nonmatch Addr Cntr [NMARC]=0
Retry Count [RETRC]=0
Max Frame Length [MFLR]=1608
Rx Int Threshold [RFTHR]=0, Frame Cnt [RFCNT]=0
User-defined Address 0000/0000/0000/0000
User-defined Address Mask 0x0000

buffer size 1524

PowerQUICC SCC specific errors:
0 input aborts on receiving flag sequence
0 throttles, 0 enables
0 overruns
0 transmitter underruns
0 transmitter CTS losts
0 aborted short frames
```

（3）查看 R1 串口状态，DTE 端检测到时钟频率，协议层正常开启。

```
R1#show controllers serial 7/0
Interface Serial7/0
```

```
Hardware is PowerQUICC MPC860
DTE V.35 TX and RX clocks detected
idb at 0x81081AC4, driver data structure at 0x81084AC0
SCC Registers:
General [GSMR]=0x2:0x00000000, Protocol-specific [PSMR]=0x8
Events [SCCE]=0x0000, Mask [SCCM]=0x0000, Status [SCCS]=0x00
Transmit on Demand [TODR]=0x0, Data Sync [DSR]=0x7E7E
Interrupt Registers:
Config [CICR]=0x00367F80, Pending [CIPR]=0x0000C000
Mask   [CIMR]=0x00200000, In-srv  [CISR]=0x00000000
Command register [CR]=0x580
Port A [PADIR]=0x1030, [PAPAR]=0xFFFF
       [PAODR]=0x0010, [PADAT]=0xCBFF
Port B [PBDIR]=0x09C0F, [PBPAR]=0x0800E
       [PBODR]=0x00000, [PBDAT]=0x3FFFD
Port C [PCDIR]=0x00C, [PCPAR]=0x200
       [PCSO]=0xC20,  [PCDAT]=0xDF2, [PCINT]=0x00F
Receive Ring
       rmd(68012830): status 9000 length 60C address 3B6DAC4
       rmd(68012838): status B000 length 60C address 3B6D444
Transmit Ring
       tmd(680128B0): status 0 length 0 address 0
       tmd(680128B8): status 0 length 0 address 0
       tmd(680128C0): status 0 length 0 address 0
       tmd(680128C8): status 0 length 0 address 0
       tmd(680128D0): status 0 length 0 address 0
       tmd(680128D8): status 0 length 0 address 0
       tmd(680128E0): status 0 length 0 address 0
       tmd(680128E8): status 0 length 0 address 0
       tmd(680128F0): status 0 length 0 address 0
       tmd(680128F8): status 0 length 0 address 0
       tmd(68012900): status 0 length 0 address 0
       tmd(68012908): status 0 length 0 address 0
       tmd(68012910): status 0 length 0 address 0
       tmd(68012918): status 0 length 0 address 0
       tmd(68012920): status 0 length 0 address 0
       tmd(68012928): status 2000 length 0 address 0

tx_limited=1(2)

SCC GENERAL PARAMETER RAM (at 0x68013C00)
Rx BD Base [RBASE]=0x2830, Fn Code [RFCR]=0x18
Tx BD Base [TBASE]=0x28B0, Fn Code [TFCR]=0x18
Max Rx Buff Len [MRBLR]=1548
Rx State [RSTATE]=0x0, BD Ptr [RBPTR]=0x2830
Tx State [TSTATE]=0x4000, BD Ptr [TBPTR]=0x28B0

SCC HDLC PARAMETER RAM (at 0x68013C38)
CRC Preset [C_PRES]=0xFFFF, Mask [C_MASK]=0xF0B8
Errors: CRC [CRCEC]=0, Aborts [ABTSC]=0, Discards [DISFC]=0
```

```
Nonmatch Addr Cntr [NMARC]=0
Retry Count [RETRC]=0
Max Frame Length [MFLR]=1608
Rx Int Threshold [RFTHR]=0, Frame Cnt [RFCNT]=0
User-defined Address 0000/0000/0000/0000
User-defined Address Mask 0x0000


buffer size 1524

PowerQUICC SCC specific errors:
0 input aborts on receiving flag sequence
0 throttles, 0 enables
0 overruns
0 transmitter underruns
0 transmitter CTS losts
0 aborted short frames
```

2. 配置 PPP 封装

（1）将 IPS1 的串口封装为 PPP，默认为 HDLC；协议层为 down。

ISP1(config)#int s7/0
ISP1(config-if)#encap ppp
ISP1(config-if)#ex
ISP1(config)#int s8/0
ISP1(config-if)#encap ppp
ISP1(config-if)#

%LINEPROTO-5-UPDOWN: Line protocol on Interface Serial7/0, changed state to down
%LINEPROTO-5-UPDOWN: Line protocol on Interface Serial8/0, changed state to down

（2）执行 show ip int brief 命令查看；协议层为 down；因为对端默认为 HDLC，两端协议不匹配，则协议层为 down。

ISP1#show ip interface brief

Interface	IP-Address	OK? Method Status	Protocol
Serial7/0	211.0.1.1	YES manual up	**down**
Serial8/0	211.0.2.1	YES manual up	**down**

（3）在 R1、R2 上将串口封装为 PPP，并提示协议层转换为 up。

R1(config)#int s7/0
R1(config-if)#encap ppp
%LINEPROTO-5-UPDOWN: Line protocol on Interface Serial7/0, changed state to up

R2(config)#int s7/0
R2(config-if)#encap ppp
%LINEPROTO-5-UPDOWN: Line protocol on Interface Serial7/0, changed state to up

（4）再次查看端口信息，封装为 PPP。

ISP1#show interfaces s7/0
```
Serial7/0 is up, line protocol is up (connected)
  Hardware is HD64570
  Internet address is 211.0.1.1/30
  MTU 1500 bytes, BW 1544 Kbit, DLY 20000 usec,
```

```
      reliability 255/255, txload 1/255, rxload 1/255
  Encapsulation PPP, loopback not set, keepalive set（10 sec）
  LCP Open
  Open: IPCP, CDPCP
  Last input never, output never, output hang never
  Last clearing of "show interface" counters never
  Input queue: 0/75/0（size/max/drops）; Total output drops: 0
  Queueing strategy: weighted fair
  Output queue: 0/1000/64/0（size/max total/threshold/drops）
     Conversations  0/0/256（active/max active/max total）
     Reserved Conversations 0/0（allocated/max allocated）
     Available Bandwidth 1158 kilobits/sec
  5 minute input rate 0 bits/sec, 0 packets/sec
  5 minute output rate 0 bits/sec, 0 packets/sec
     0 packets input, 0 bytes, 0 no buffer
     Received 0 broadcasts, 0 runts, 0 giants, 0 throttles
     0 input errors, 0 CRC, 0 frame, 0 overrun, 0 ignored, 0 abort
     0 packets output, 0 bytes, 0 underruns
     0 output errors, 0 collisions, 2 interface resets
     0 output buffer failures, 0 output buffers swapped out
     0 carrier transitions
     DCD=up  DSR=up  DTR=up  RTS=up  CTS=up
```

3. 配置 PAP 认证

（1）配置 ISP1，作为 PAP 服务端，当启用认证，未接受到客户端认证信息后，协议层为 down。

```
ISP1(config)#int s7/0
ISP1(config)#username r1 password r1pwd
ISP1(config)#int s7/0
ISP1(config-if)#ppp authentication pap

%LINEPROTO-5-UPDOWN: Line protocol on Interface Serial7/0, changed state to down
%LINEPROTO-5-UPDOWN: Line protocol on Interface Serial8/0, changed state to down
```

（2）配置 R1，作为 PAP 客户端，认证成功后，协议层为 up。

```
ISP1(config)#int s7/0
ISP1(config-if)#encap ppp
ISP1(config-if)#ex
ISP1(config)#int s8/0
ISP1(config-if)#encap ppp
ISP1(config-if)#

%LINEPROTO-5-UPDOWN: Line protocol on Interface Serial7/0, changed state to up
```

（3）测试 ISP1 和 R1 间的连通性，结果正常通信，如图 9-12 所示。

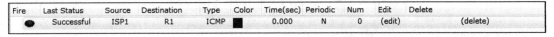

Fire	Last Status	Source	Destination	Type	Color	Time(sec)	Periodic	Num	Edit	Delete
●	Successful	ISP1	R1	ICMP	■	0.000	N	0	(edit)	(delete)

图 9-12　PAP 认证后 ISP1 和 R1 间的连通性

4. 配置 CHAP 认证

（1）配置 ISP1，作为 CHAP 服务端，当启用认证，未接收到客户端认证信息后，协议层为 down。

```
ISP1(config)#username r2 password r2pwd
ISP1(config)#int s8/0
ISP1(config-if)#ppp authentication chap

%LINEPROTO-5-UPDOWN: Line protocol on Interface Serial8/0, changed state to down
```

（2）通过 ISP1 分析 PPP 认证过程，命令行中将提示 PPP 认证协商过程。

```
ISP1#debug ppp authentication
// 认证协商
PPP authentication debugging is on
Serial8/0 IPCP: I CONFREQ [Closed] id 1 len 10

Serial8/0 IPCP: O CONFACK [Closed] id 1 len 10

Serial8/0 IPCP: I CONFREQ [Closed] id 1 len 10

Serial8/0 IPCP: O CONFACK [Closed] id 1 len 10

Serial8/0 IPCP: I CONFREQ [Closed] id 1 len 10

Serial8/0 IPCP: O CONFACK [Closed] id 1 len 10

Serial8/0 IPCP: I CONFREQ [Closed] id 1 len 10

Serial8/0 IPCP: O CONFACK [Closed] id 1 len 10
```

（3）配置 R2，作为 CHAP 客户端，认证成功后，协议层为 up，且 ISP1 中诊断提示信息结束。

```
ISP1(config)#int s7/0
ISP1(config-if)#ppp chap hostname r2
ISP1(config-if)#ppp chap password r2pwd

%LINEPROTO-5-UPDOWN: Line protocol on Interface Serial7/0, changed state to up
```

（4）ISP1 中关闭认证提示。

```
ISP1#undebug all
All possible debugging has been turned off
```

📝 提示

- 在串口链路上，必须在 DCE 端口配置时钟频率，否则将导致协议层为 down，无法正常通信。
- 如果 Packet Tracer 中部分设备不支持某些命令，可以尝试更换路由器型号。

实战 32　部署网络地址转换

实战描述

利用 NAT 技术，将 WWW_S1 服务器映射为公网地址对外提供服务；使用 PAT 技术，保障园区业务网段和分支机构业务网段可以访问外网。

所需资源

5 台 Router-PT-Empty（含相应模块），其他设备若干。拓扑结构和地址分配如图 9-13 和表 9-2 所示。

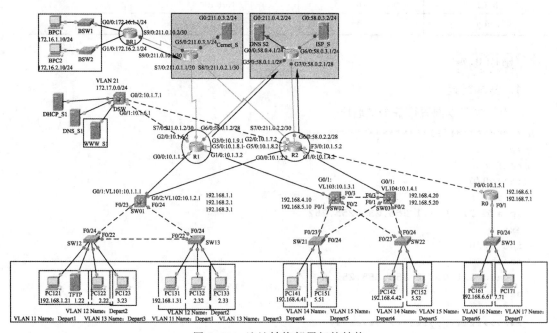

图 9-13　地址转换部署拓扑结构

表 9-2　地址分配

设　　备	端　　口	IP 地址	对端端口
ISP1	G5/0	211.0.3.1/24	Cernet_S：G0
	S9/0	211.0.10.1/30	BR1：S9/0
	S7/0	211.0.1.1/30	R1：S7/0
	S8/0	211.0.2.1/30	R2：S7/0
Cernet_S	G0	211.0.3.2/24	ISP1：G5/0
ISP2	G0/0	58.0.4.1/24	DNS_S2：G0
	G5/0	58.0.1.1/28	R1：G6/0
	G6/0	58.0.31/24	ISP_S：G0
	G7/0	58.0.2.1/28	R2：G7/0
BR1	S9/0	211.0.10.2/30	ISP1：S9/0
	G0/0	172.16.1.1/24	BSW1：G0/1
	G1/0	172.16.2.1/24	BSW1：G0/2
R1	S7/0	211.0.1.2/30	ISP1：S7/0
	G6/0	58.0.1.2/28	ISP2：G5/0
R2	S7/0	211.0.2.2/30	ISP1：S8/0
	G6/0	58.0.2.2/28	ISP2：G7/0

续表

设　　备	端　　口	IP 地址	对 端 端 口
WWW_S1	F0	172.17.0.13/24	
BPC1	F0	172.16.1.10/24	
BPC2	F0	172.16.1.10/24	

操作步骤

1．基本配置

（1）依据脚本配置设备端口地址。

```
**********ISP1***************
en
conf t
int s9/0
no sh
ip add 211.0.1.1 255.255.255.252
exi
int g5/0
no sh
ip add 211.0.3.1 255.255.255.0
exi


**********ISP2***************
en
conf t
host ISP2
int g5/0
no sh
ip add 58.0.1.1 255.255.255.240
ex
int g7/0
no sh
ip add 58.0.2.1 255.255.255.240
ex
int g0/0
no sh
ip add 58.0.4.1 255.255.255.240
ex
int g6/0
no sh
ip add 58.0.3.1 255.255.255.240
ex


**********R1***************
en
conf t
host R1
int g6/0
```

```
no sh
ip add 58.0.1.2 255.255.255.240
ex


**********R2***************
en
conf t
host R2
int g6/0
no sh
ip add 58.0.2.2 255.255.255.240
ex


**********BR1***************
en
conf t
host BR1
int s9/0
no sh
ip add 211.0.10.2 255.255.255.252
ex
```

（2）依据地址规划配置主机和服务器地址参数。

2. 完善路由

（1）在 R1、R2 上配置默认路由。

R1(config)#ip route 0.0.0.0 0.0.0.0 58.0.1.1

R2(config)#ip route 0.0.0.0 0.0.0.0 58.0.2.1

（2）在 R1、R2 的 OSPF 进程中发布默认路由。

R1(config)#router os 1
R1（config-router）#default-information originate

R2(config)#router os 1
R2（config-router）#default-information originate

（3）在 SW01 上查看路由表，发现通过 OSPF 学习到默认路由 O*E2。

```
SW01#sh ip route
Codes: C - connected, S - static, I - IGRP, R - RIP, M - mobile, B - BGP
       D - EIGRP, EX - EIGRP external, O - OSPF, IA - OSPF inter area
       N1 - OSPF NSSA external type 1, N2 - OSPF NSSA external type 2
       E1 - OSPF external type 1, E2 - OSPF external type 2, E - EGP
       i - IS-IS, L1 - IS-IS level-1, L2 - IS-IS level-2, ia - IS-IS inter area
       * - candidate default, U - per-user static route, o - ODR
       P - periodic downloaded static route

Gateway of last resort is 10.1.1.2 to network 0.0.0.0

     10.0.0.0/24 is subnetted, 8 subnets
C       10.1.1.0 is directly connected, Vlan101
C       10.1.2.0 is directly connected, Vlan102
```

```
O IA    10.1.3.0 [110/2] via 10.1.1.2, 05:39:22, Vlan101
O IA    10.1.4.0 [110/2] via 10.1.2.2, 05:39:22, Vlan102
O IA    10.1.5.0 [110/2] via 10.1.2.2, 05:39:22, Vlan102
O IA    10.1.6.0 [110/2] via 10.1.1.2, 05:39:22, Vlan101
O IA    10.1.7.0 [110/2] via 10.1.2.2, 05:39:22, Vlan102
O IA    10.1.8.0 [110/2] via 10.1.2.2, 05:39:22, Vlan102
                [110/2] via 10.1.1.2, 05:39:22, Vlan101
     172.17.0.0/24 is subnetted, 1 subnets
O IA    172.17.0.0 [110/3] via 10.1.2.2, 05:39:22, Vlan102
                  [110/3] via 10.1.1.2, 05:39:22, Vlan101
C    192.168.1.0/24 is directly connected, Vlan11
C    192.168.2.0/24 is directly connected, Vlan12
C    192.168.3.0/24 is directly connected, Vlan13
O IA 192.168.4.0/24 [110/3] via 10.1.2.2, 05:39:22, Vlan102
                  [110/3] via 10.1.1.2, 05:39:22, Vlan101
O IA 192.168.5.0/24 [110/3] via 10.1.2.2, 05:39:22, Vlan102
                  [110/3] via 10.1.1.2, 05:39:22, Vlan101
O IA 192.168.6.0/24 [110/3] via 10.1.2.2, 05:39:22, Vlan102
O IA 192.168.7.0/24 [110/3] via 10.1.2.2, 05:39:22, Vlan102
O*E2 0.0.0.0/0 [110/1] via 10.1.1.2, 00:00:52, Vlan101
```

（4）在 SW02 上查看路由表，发现通过 OSPF 学习到等价默认路由 O*E2；

```
SW02#sh ip rou
Codes: C - connected, S - static, I - IGRP, R - RIP, M - mobile, B - BGP
       D - EIGRP, EX - EIGRP external, O - OSPF, IA - OSPF inter area
       N1 - OSPF NSSA external type 1, N2 - OSPF NSSA external type 2
       E1 - OSPF external type 1, E2 - OSPF external type 2, E - EGP
       i - IS-IS, L1 - IS-IS level-1, L2 - IS-IS level-2, ia - IS-IS inter area
       * - candidate default, U - per-user static route, o - ODR
       P - periodic downloaded static route

Gateway of last resort is 10.1.3.2 to network 0.0.0.0

     10.0.0.0/24 is subnetted, 8 subnets
O IA    10.1.1.0 [110/2] via 10.1.3.2, 05:43:33, Vlan103
O IA    10.1.2.0 [110/3] via 10.1.3.2, 05:43:13, Vlan103
                [110/3] via 192.168.4.20, 02:20:47, Vlan14
                [110/3] via 192.168.5.20, 02:20:47, Vlan15
C    10.1.3.0 is directly connected, Vlan103
O    10.1.4.0 [110/2] via 192.168.4.20, 02:20:47, Vlan14
              [110/2] via 192.168.5.20, 02:20:47, Vlan15
O IA    10.1.5.0 [110/3] via 10.1.3.2, 05:43:13, Vlan103
                [110/3] via 192.168.4.20, 02:20:47, Vlan14
                [110/3] via 192.168.5.20, 02:20:47, Vlan15
O IA    10.1.6.0 [110/2] via 10.1.3.2, 05:43:33, Vlan103
O IA    10.1.7.0 [110/3] via 10.1.3.2, 05:43:13, Vlan103
                [110/3] via 192.168.4.20, 02:20:47, Vlan14
                [110/3] via 192.168.5.20, 02:20:47, Vlan15
O IA    10.1.8.0 [110/2] via 10.1.3.2, 05:43:33, Vlan103
     172.17.0.0/24 is subnetted, 1 subnets
O IA    172.17.0.0 [110/3] via 10.1.3.2, 05:43:13, Vlan103
```

```
O IA 192.168.1.0/24 [110/3] via 10.1.3.2, 05:43:13, Vlan103
O IA 192.168.2.0/24 [110/3] via 10.1.3.2, 05:43:13, Vlan103
O IA 192.168.3.0/24 [110/3] via 10.1.3.2, 05:43:13, Vlan103
C    192.168.4.0/24 is directly connected, Vlan14
C    192.168.5.0/24 is directly connected, Vlan15
O IA 192.168.6.0/24 [110/4] via 10.1.3.2, 05:43:13, Vlan103
                    [110/4] via 192.168.4.20, 02:20:47, Vlan14
                    [110/4] via 192.168.5.20, 02:20:47, Vlan15
O IA 192.168.7.0/24 [110/4] via 10.1.3.2, 05:43:13, Vlan103
                    [110/4] via 192.168.4.20, 02:20:47, Vlan14
                    [110/4] via 192.168.5.20, 02:20:47, Vlan15
O*E2 0.0.0.0/0 [110/1] via 10.1.3.2, 00:06:30, Vlan103
          [110/1] via 192.168.4.20, 00:00:18, Vlan14
          [110/1] via 192.168.5.20, 00:00:18, Vlan15
```

（5）在 SW03 上查看路由表，发现通过 OSPF 学习到等价默认路由 O*E2。

```
SW03#sh ip rou
Codes: C - connected, S - static, I - IGRP, R - RIP, M - mobile, B - BGP
       D - EIGRP, EX - EIGRP external, O - OSPF, IA - OSPF inter area
       N1 - OSPF NSSA external type 1, N2 - OSPF NSSA external type 2
       E1 - OSPF external type 1, E2 - OSPF external type 2, E - EGP
       i - IS-IS, L1 - IS-IS level-1, L2 - IS-IS level-2, ia - IS-IS inter area
       * - candidate default, U - per-user static route, o - ODR
       P - periodic downloaded static route

Gateway of last resort is 192.168.4.10 to network 0.0.0.0

    10.0.0.0/24 is subnetted, 8 subnets
O IA    10.1.1.0 [110/3] via 10.1.4.2, 05:45:19, Vlan104
             [110/3] via 192.168.4.10, 02:22:43, Vlan14
             [110/3] via 192.168.5.10, 02:22:43, Vlan15
O IA    10.1.2.0 [110/2] via 10.1.4.2, 05:45:29, Vlan104
O       10.1.3.0 [110/2] via 192.168.4.10, 02:22:43, Vlan14
             [110/2] via 192.168.5.10, 02:22:43, Vlan15
C       10.1.4.0 is directly connected, Vlan104
O IA    10.1.5.0 [110/2] via 10.1.4.2, 05:45:29, Vlan104
O IA    10.1.6.0 [110/3] via 10.1.4.2, 05:45:19, Vlan104
             [110/3] via 192.168.4.10, 02:22:43, Vlan14
             [110/3] via 192.168.5.10, 02:22:43, Vlan15
O IA    10.1.7.0 [110/2] via 10.1.4.2, 05:45:29, Vlan104
O IA    10.1.8.0 [110/2] via 10.1.4.2, 05:45:29, Vlan104
    172.17.0.0/24 is subnetted, 1 subnets
O IA    172.17.0.0 [110/3] via 10.1.4.2, 05:45:19, Vlan104
O IA 192.168.1.0/24 [110/3] via 10.1.4.2, 00:11:24, Vlan104
O IA 192.168.2.0/24 [110/3] via 10.1.4.2, 00:11:24, Vlan104
O IA 192.168.3.0/24 [110/3] via 10.1.4.2, 00:11:24, Vlan104
C    192.168.4.0/24 is directly connected, Vlan14
C    192.168.5.0/24 is directly connected, Vlan15
O IA 192.168.6.0/24 [110/3] via 10.1.4.2, 05:45:29, Vlan104
O IA 192.168.7.0/24 [110/3] via 10.1.4.2, 05:45:29, Vlan104
O*E2 0.0.0.0/0 [110/1] via 192.168.4.10, 00:06:52, Vlan14
```

```
      [110/1] via 192.168.5.10, 00:06:52, Vlan15
      [110/1] via 10.1.4.2, 00:00:41, Vlan104
```

（6）在 R0 上查看路由表，发现通过 OSPF 学习到默认路由 O*E2。

```
R0#sh ip ro
Codes: C - connected, S - static, I - IGRP, R - RIP, M - mobile, B - BGP
       D - EIGRP, EX - EIGRP external, O - OSPF, IA - OSPF inter area
       N1 - OSPF NSSA external type 1, N2 - OSPF NSSA external type 2
       E1 - OSPF external type 1, E2 - OSPF external type 2, E - EGP
       i - IS-IS, L1 - IS-IS level-1, L2 - IS-IS level-2, ia - IS-IS inter area
       * - candidate default, U - per-user static route, o - ODR
       P - periodic downloaded static route

Gateway of last resort is 10.1.5.2 to network 0.0.0.0

     10.0.0.0/24 is subnetted, 8 subnets
O IA    10.1.1.0 [110/3] via 10.1.5.2, 05:45:48, FastEthernet0/0
O IA    10.1.2.0 [110/2] via 10.1.5.2, 05:45:58, FastEthernet0/0
O IA    10.1.3.0 [110/3] via 10.1.5.2, 05:45:48, FastEthernet0/0
O IA    10.1.4.0 [110/2] via 10.1.5.2, 05:45:58, FastEthernet0/0
C       10.1.5.0 is directly connected, FastEthernet0/0
O IA    10.1.6.0 [110/3] via 10.1.5.2, 05:45:48, FastEthernet0/0
O IA    10.1.7.0 [110/2] via 10.1.5.2, 05:45:58, FastEthernet0/0
O IA    10.1.8.0 [110/2] via 10.1.5.2, 05:45:58, FastEthernet0/0
     172.17.0.0/24 is subnetted, 1 subnets
O IA    172.17.0.0 [110/3] via 10.1.5.2, 05:45:48, FastEthernet0/0
O IA 192.168.1.0/24 [110/3] via 10.1.5.2, 00:11:48, FastEthernet0/0
O IA 192.168.2.0/24 [110/3] via 10.1.5.2, 00:11:48, FastEthernet0/0
O IA 192.168.3.0/24 [110/3] via 10.1.5.2, 00:11:48, FastEthernet0/0
O IA 192.168.4.0/24 [110/3] via 10.1.5.2, 05:45:58, FastEthernet0/0
O IA 192.168.5.0/24 [110/3] via 10.1.5.2, 05:45:58, FastEthernet0/0
C    192.168.6.0/24 is directly connected, FastEthernet0/1.16
C    192.168.7.0/24 is directly connected, FastEthernet0/1.17
O*E2 0.0.0.0/0 [110/1] via 10.1.5.2, 00:07:06, FastEthernet0/0
```

（7）在 ISP2 配置内网路由。

```
ISP2(config)#ip route 192.168.0.0 255.255.0.0 58.0.1.2
ISP2(config)#ip route 192.168.0.0 255.255.0.0 58.0.2.2
```

（8）测试 PC121 与 ISP2 间的连通性，如图 9-14 所示。

Fire	Last Status	Source	Destination	Type	Color	Time(sec)	Periodic	Num	Edit	Delete
●	Successful	PC121	ISP2	ICMP	■	0.000	N	0	(edit)	(delete)

图 9-14　PC121—ISP2 连通性

3. 配置园区地址转换

（1）分析：由于 R1、R2 都为出口设备，而且内网地址较多、公网地址优先。因此，在两个设备上配置 PAT。

（2）配置内部和外部接口。

```
R1(config)#int g0/0
R1(config-if)#ip nat inside
```

```
R1(config-if)#exi
R1(config)#int g1/0
R1(config-if)#ip nat inside
R1(config-if)#exi
R1(config)#int g6/0
R1(config-if)#ip nat outside

R2(config)#int g0/0
R2(config-if)#ip nat inside
R2(config-if)#exi
R2(config)#int g1/0
R2(config-if)#ip nat inside
R2(config-if)#exi
R2(config)#int F3/0
R2(config-if)#ip nat inside
R2(config-if)#exi
R2(config)#int g6/0
R2(config-if)#ip nat outside
```

（3）配置访问控制列表，允许 192.168.打头的所有网络访问。

```
R1(config)#access-list 1 permit 192.168.0.0 0.0.255.255

R2(config)#access-list 1 permit 192.168.0.0 0.0.255.255
```

（4）配置地址池：R1 对应名称为 pool1，地址为 58.0.1.3～1.6；R12 对应名称为 pool1，地址为 58.0.2.3～2.6。

```
R1(config)#ip nat pool pool1 58.0.1.3 58.0.1.6 netmask 255.255.255.240

R2(config)#ip nat pool pool1 58.0.2.3 58.0.2.6 netmask 255.255.255.240
```

（5）关联 ACL 与地址池。

```
R1(config)#ip nat inside source list 1 pool pool1 overload

R2(config)# ip nat inside source list 1 pool pool1 overload
```

（6）测试地址转换：在 PC121 上 Ping ISP2 入口地址 58.0.1.1，使用 sh ip nat tran 命令。

```
R1#sh ip nat translations
Pro  Inside global     Inside local      Outside local     Outside global
icmp 58.0.1.3:16       192.168.1.21:16   58.0.1.1:16       58.0.1.1:16

R2#sh ip nat translations
Pro  Inside global     Inside local      Outside local     Outside global
icmp 58.0.2.3:17       192.168.1.21:17   58.0.1.1:17       58.0.1.1:17
```

（7）测试地址转换：在 PC131 上 Ping ISP2 入口地址 58.0.1.1，使用 sh ip nat tran 命令。

```
R1#sh ip nat translations
Pro  Inside global     Inside local      Outside local     Outside global
icmp 58.0.1.3:16       192.168.1.21:16   58.0.1.1:16       58.0.1.1:16
icmp 58.0.1.3:18       192.168.1.21:18   58.0.1.1:18       58.0.1.1:18

R2#sh ip nat translations
Pro  Inside global     Inside local      Outside local     Outside global
icmp 58.0.2.3:17       192.168.1.21:17   58.0.1.1:17       58.0.1.1:17
```

```
icmp 58.0.2.3:19        192.168.1.21:19      58.0.1.1:19         58.0.1.1:19
```

4. 配置分支网络地址转换

（1）分析：由于 BR1 所配置外网地址仅有 S9/0，配置 PAT 时，内网地址复用 211.0.10.2。

（2）完善 ISP1 和 BR1 的路由配置。

```
ISP1(config)#ip route 172.16.0.0 255.255.0.0 211.0.10.2

BR1(config)#ip route 0.0.0.0 0.0.0.0 211.0.10.1
```

（3）配置 BR1 的内部和外部接口。

```
BR1(config)#int s9/0
BR1(config-if)#ip nat outside
BR1(config-if)#exi
BR1(config)#int g0/0
BR1(config-if)#ip nat inside
BR1(config-if)#exi
BR1(config)#int g1/0
BR1(config-if)#ip nat inside
```

（4）配置 ACL 2，允许 172.16. 打头的网络访问。

```
BR1(config)#access-list 2 permit 172.16.0.0 0.0.255.255
```

（5）关联 ACL 2 和端口 S9/0 地址，启用复用模式。

```
BR1(config)#ip nat inside source list 2 interface s9/0 overload
```

（6）读者可以参考园区网络地址转换中的方式进行验证转换效果。

5. 配置服务器地址转换

（1）分析：将服务器 WWW_S1 的地址 172.17.0.13 静态映射为 R1 的 G6/0 地址（58.0.1.2），在 R1 中部署静态地址转换。

（2）增加 R1 的内部接口。

```
R1(config)#int g2/0
R1(config-if)#ip nat inside
```

（3）配置静态地址映射。

```
R1(config)#ip nat inside source static 172.17.0.13 58.0.1.2
```

（4）查看地址转换。

```
R1#sh ip nat translations
Pro  Inside global     Inside local      Outside local      Outside global
---  58.0.1.2          172.17.0.13       ---                ---
```

提示

静态地址 NAT 一直存在于转换表中，而动态地址转换，只有数据通信，有实际转换操作后才会出现在转换表中。

小　　结

本章主要介绍了广域网连接技术和地址转换技术，两点内容已成为园区网络接入外网的基本、常用技能，读者需重点掌握。

第二部分

网络服务系统部署

在网络平台构建基础上，下文将主要讲解典型网络应用服务器的工作原理、部署方法，主要包括 Web、FTP、DNS、DHCP 等典型应用网络服务。

第 10 章 Web 系统部署

Web 服务器作为当前互联网中最常见的一种服务，主要面向客户端提供页面服务，最典型应用即为网站服务网，又称 WWW 服务。Web 服务基于 TCP 协议的 80 端口，对外提供超文本传输（HTTP）服务。Web 服务器基于统一资源定位符（URL）发表页面信息内容。图 10-1 所示 Web 服务器工作原理，主要步骤包括：

（1）用户通过输入 URL 地址或者单击页面链接等方式发出浏览申请。

（2）浏览器与 Web 服务器建立 TCP 连接。

（3）浏览器将用户的事件按照 HTTP 或者 HTTPS 打包成数据包。

（4）浏览器将该上述数据包发送至 Internet，并最终递交到目标 Web 服务器。

（5）服务端程序获取数据包后进行解包。

（6）获知用户请求。

（7）将获取请求结果装入缓存。

（8）按照相应协议格式打包上述数据。

（9）服务器通过 Internet 将回应报文发送至客户端。

（10）客户端浏览器对收到的报文解包。

（11）将页面文件显示在客户端浏览器中。

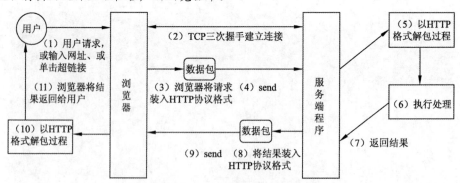

图 10-1　Web 服务器工作原理

Linux 环境下常用 Web 服务器包括 Apache、Nginx、Lighttpd、Tomcat、IBM WebSphere 等，应用最广泛的是 Apache。在 Windows Server 2003/2008 等平台下最常用的是 IIS。HTTP 服务器，默认端口号为 80/tcp（木马 Executor 开放此端口），HTTPS（securely transferring web pages）服务器，默认端口号为 443/tcp、443/udp。

实战 33　WWW 服务部署

实战任务

在第一部分全网路由连通基础上，基于不用安全协议发布内网和外网服务器的 Web 服务。

所需资源

3 台服务器，交换机和 PC 若干。拓扑结构和地址分配如图 10-2 和表 10-1 所示。

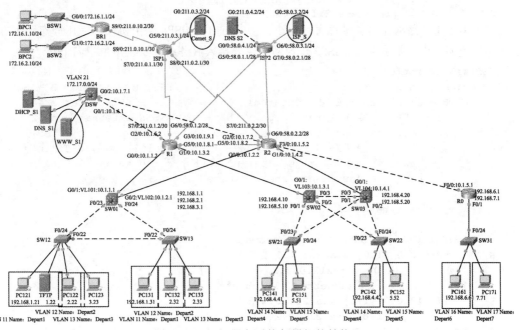

图 10-2　Web 服务系统部署拓扑结构

表 10-1　地址分配

区　　域	设 备 名 称	IP 地　　址	发 布 协 议
内网	WWW_S1	172.17.0.13	HTTP
ISP1	Cernet_S	211.0.3.2	HTTP、HTTPS
ISP2	ISP_S	58.0.3.2	HTTPS

操作步骤

1．基本信息配置

（1）配置三个服务器 IP 地址和网关。

（2）由于 BR1 所连接网络为末节网络，只需配置一条默认路由即可访问外网。

```
BR1#sh ip route
Codes: C - connected, S - static, I - IGRP, R - RIP, M - mobile, B - BGP
       D - EIGRP, EX - EIGRP external, O - OSPF, IA - OSPF inter area
       N1 - OSPF NSSA external type 1, N2 - OSPF NSSA external type 2
```

```
            E1 - OSPF external type 1, E2 - OSPF external type 2, E - EGP
            i - IS-IS, L1 - IS-IS level-1, L2 - IS-IS level-2, ia - IS-IS inter area
            * - candidate default, U - per-user static route, o - ODR
            P - periodic downloaded static route

Gateway of last resort is 211.0.10.1 to network 0.0.0.0

     172.16.0.0/24 is subnetted, 2 subnets
C        172.16.1.0 is directly connected, GigabitEthernet0/0
C        172.16.2.0 is directly connected, GigabitEthernet1/0
     211.0.10.0/30 is subnetted, 1 subnets
C        211.0.10.0 is directly connected, Serial9/0
S*   0.0.0.0/0 [1/0] via 211.0.10.1
```

（3）由于 ISP 路由器信息量过大，无法直接参与内网 OSPF 路由协议，使用静态路由方式确保网络连通；由于带宽原因，ISP2 作为网络主要接入服务商，默认路由指向 ISP2。

```
ISP1#sh ip route
Codes: C - connected, S - static, I - IGRP, R - RIP, M - mobile, B - BGP
       D - EIGRP, EX - EIGRP external, O - OSPF, IA - OSPF inter area
       N1 - OSPF NSSA external type 1, N2 - OSPF NSSA external type 2
       E1 - OSPF external type 1, E2 - OSPF external type 2, E - EGP
       i - IS-IS, L1 - IS-IS level-1, L2 - IS-IS level-2, ia - IS-IS inter area
       * - candidate default, U - per-user static route, o - ODR
       P - periodic downloaded static route

Gateway of last resort is not set

     58.0.0.0/16 is subnetted, 1 subnets
S        58.0.0.0 [1/0] via 211.0.1.2
                  [1/0] via 211.0.2.2
     172.17.0.0/24 is subnetted, 1 subnets
S        172.17.0.0 [1/0] via 211.0.1.2
                  [1/0] via 211.0.2.2
S    192.168.0.0/16 [1/0] via 211.0.1.2
                  [1/0] via 211.0.2.2
     211.0.1.0/24 is variably subnetted, 2 subnets, 2 masks
C        211.0.1.0/30 is directly connected, Serial7/0
C        211.0.1.2/32 is directly connected, Serial7/0
     211.0.2.0/24 is variably subnetted, 2 subnets, 2 masks
C        211.0.2.0/30 is directly connected, Serial8/0
C        211.0.2.2/32 is directly connected, Serial8/0
C    211.0.3.0/24 is directly connected, GigabitEthernet5/0


ISP2#sh ip route
Codes: C - connected, S - static, I - IGRP, R - RIP, M - mobile, B - BGP
       D - EIGRP, EX - EIGRP external, O - OSPF, IA - OSPF inter area
       N1 - OSPF NSSA external type 1, N2 - OSPF NSSA external type 2
       E1 - OSPF external type 1, E2 - OSPF external type 2, E - EGP
       i - IS-IS, L1 - IS-IS level-1, L2 - IS-IS level-2, ia - IS-IS inter area
       * - candidate default, U - per-user static route, o - ODR
       P - periodic downloaded static route
```

```
Gateway of last resort is not set

     58.0.0.0/28 is subnetted, 4 subnets
C       58.0.1.0 is directly connected, GigabitEthernet5/0
C       58.0.2.0 is directly connected, GigabitEthernet7/0
C       58.0.3.0 is directly connected, GigabitEthernet6/0
C       58.0.4.0 is directly connected, GigabitEthernet0/0
S    172.16.0.0/16 [1/0] via 58.0.1.2
                   [1/0] via 58.0.2.2
S    172.17.0.0/16 [1/0] via 58.0.1.2
                   [1/0] via 58.0.2.2
S    192.168.0.0/16 [1/0] via 58.0.2.2
                    [1/0] via 58.0.1.2
S    211.0.0.0/16 [1/0] via 58.0.1.2
                  [1/0] via 58.0.2.2


R1#sh ip route
Codes: C - connected, S - static, I - IGRP, R - RIP, M - mobile, B - BGP
       D - EIGRP, EX - EIGRP external, O - OSPF, IA - OSPF inter area
       N1 - OSPF NSSA external type 1, N2 - OSPF NSSA external type 2
       E1 - OSPF external type 1, E2 - OSPF external type 2, E - EGP
       i - IS-IS, L1 - IS-IS level-1, L2 - IS-IS level-2, ia - IS-IS inter area
       * - candidate default, U - per-user static route, o - ODR
       P - periodic downloaded static route

Gateway of last resort is 58.0.1.1 to network 0.0.0.0

     10.0.0.0/24 is subnetted, 8 subnets
C       10.1.1.0 is directly connected, GigabitEthernet0/0
O IA    10.1.2.0 [110/2] via 10.1.8.2, 00:44:31, GigabitEthernet5/0
                  [110/2] via 10.1.1.1, 00:44:16, GigabitEthernet0/0
C       10.1.3.0 is directly connected, GigabitEthernet1/0
O IA    10.1.4.0 [110/2] via 10.1.8.2, 00:44:31, GigabitEthernet5/0
O IA    10.1.5.0 [110/2] via 10.1.8.2, 00:44:31, GigabitEthernet5/0
C       10.1.6.0 is directly connected, GigabitEthernet2/0
O IA    10.1.7.0 [110/2] via 10.1.8.2, 00:44:31, GigabitEthernet5/0
                  [110/2] via 10.1.6.1, 00:44:06, GigabitEthernet2/0
C       10.1.8.0 is directly connected, GigabitEthernet5/0
     58.0.0.0/28 is subnetted, 1 subnets
C       58.0.1.0 is directly connected, GigabitEthernet6/0
     172.16.0.0/24 is subnetted, 1 subnets
S       172.16.1.0 [1/0] via 211.0.1.1
     172.17.0.0/24 is subnetted, 1 subnets
O       172.17.0.0 [110/2] via 10.1.6.1, 00:44:51, GigabitEthernet2/0
O    192.168.1.0/24 [110/2] via 10.1.1.1, 00:44:16, GigabitEthernet0/0
O    192.168.2.0/24 [110/2] via 10.1.1.1, 00:44:16, GigabitEthernet0/0
O    192.168.3.0/24 [110/2] via 10.1.1.1, 00:44:16, GigabitEthernet0/0
O    192.168.4.0/24 [110/2] via 10.1.3.1, 00:44:11, GigabitEthernet1/0
O    192.168.5.0/24 [110/2] via 10.1.3.1, 00:44:11, GigabitEthernet1/0
O IA 192.168.6.0/24 [110/3] via 10.1.8.2, 00:44:31, GigabitEthernet5/0
O IA 192.168.7.0/24 [110/3] via 10.1.8.2, 00:44:31, GigabitEthernet5/0
     211.0.1.0/24 is variably subnetted, 2 subnets, 2 masks
C       211.0.1.0/30 is directly connected, Serial7/0
```

```
C       211.0.1.1/32 is directly connected, Serial7/0
S    211.0.3.0/24 [1/0] via 211.0.1.1
S*   0.0.0.0/0 [1/0] via 58.0.1.1

R2#sh ip route
Codes: C - connected, S - static, I - IGRP, R - RIP, M - mobile, B - BGP
       D - EIGRP, EX - EIGRP external, O - OSPF, IA - OSPF inter area
       N1 - OSPF NSSA external type 1, N2 - OSPF NSSA external type 2
       E1 - OSPF external type 1, E2 - OSPF external type 2, E - EGP
       i - IS-IS, L1 - IS-IS level-1, L2 - IS-IS level-2, ia - IS-IS inter area
       * - candidate default, U - per-user static route, o - ODR
       P - periodic downloaded static route

Gateway of last resort is 58.0.2.1 to network 0.0.0.0

     10.0.0.0/24 is subnetted, 8 subnets
O IA    10.1.1.0 [110/2] via 10.1.8.1, 00:45:30, GigabitEthernet5/0
                 [110/2] via 10.1.2.1, 00:45:25, GigabitEthernet0/0
C       10.1.2.0 is directly connected, GigabitEthernet0/0
O IA    10.1.3.0 [110/2] via 10.1.8.1, 00:45:30, GigabitEthernet5/0
C       10.1.4.0 is directly connected, GigabitEthernet1/0
C       10.1.5.0 is directly connected, FastEthernet3/0
O IA    10.1.6.0 [110/2] via 10.1.8.1, 00:45:30, GigabitEthernet5/0
                 [110/2] via 10.1.7.1, 00:45:20, GigabitEthernet2/0
C       10.1.7.0 is directly connected, GigabitEthernet2/0
C       10.1.8.0 is directly connected, GigabitEthernet5/0
     58.0.0.0/28 is subnetted, 1 subnets
C       58.0.2.0 is directly connected, GigabitEthernet6/0
     172.16.0.0/24 is subnetted, 1 subnets
S    172.16.1.0 [1/0] via 211.0.2.1
     172.17.0.0/24 is subnetted, 1 subnets
O       172.17.0.0 [110/2] via 10.1.7.1, 00:45:20, GigabitEthernet2/0
O    192.168.1.0/24 [110/2] via 10.1.2.1, 00:45:25, GigabitEthernet0/0
O    192.168.2.0/24 [110/2] via 10.1.2.1, 00:45:25, GigabitEthernet0/0
O    192.168.3.0/24 [110/2] via 10.1.2.1, 00:45:25, GigabitEthernet0/0
O    192.168.4.0/24 [110/2] via 10.1.4.1, 00:45:10, GigabitEthernet1/0
O    192.168.5.0/24 [110/2] via 10.1.4.1, 00:45:10, GigabitEthernet1/0
O    192.168.6.0/24 [110/2] via 10.1.5.1, 00:45:35, FastEthernet3/0
O    192.168.7.0/24 [110/2] via 10.1.5.1, 00:45:35, FastEthernet3/0
     211.0.2.0/24 is variably subnetted, 2 subnets, 2 masks
C       211.0.2.0/30 is directly connected, Serial7/0
C       211.0.2.1/32 is directly connected, Serial7/0
S    211.0.3.0/24 [1/0] via 211.0.2.1
S*   0.0.0.0/0 [1/0] via 58.0.2.1e
```

（4）当多个网络接入时，需要考虑合理部署路由配置，确保网络连通和性能最优。

2. 配置 HTTP 服务器

（1）单击 WWW_S1 服务器，进入 Service 标签，单击 HTTP 服务；查看默认情况下 HTTP 和 HTTPS 服务同时开启；并存在包含 index.html 在内的 5 个文件。

（2）单击 HTTPS 右侧的 Off 选项，关闭 HTTPS 服务，如图 10-3 所示。

（3）为区分各个不同服务器，需要对网站首页内容进行简单编辑，具体编辑方法读者可参考相关 HTML 教程。编辑 index.html 文件，使用下面内容替换原有文档。

```html
<html>
<center><font size='+4' color='blue'>WWW_S1
</font></center>
<hr>Welcome to WWW_S1.
</html>
```

（4）采用同样的方式开启 Cernet_S 服务器的 HTTP 和 HTTPS 服务，如图 10-4 所示。

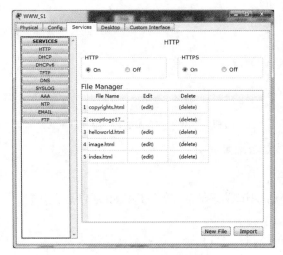

图 10-3　HTTP 默认配置

图 10-4　同时开启 HTTP 和 HTTPS 服务

（5）编辑 index.html 文件，使用下面内容替换原有文档。

```html
<html>
<center><font size='+4' color='blue'>Cernet_S
</font></center>
<hr>Welcome to Cernet_S.
</html>
```

（6）采用同样的方式开启 ISP_S 服务器的 HTTPS 服务，如图 10-5 所示。

（7）编辑 index.html 文件，使用下面内容替换原有文档。

```html
<html>
<center><font size='+4' color='blue'>
ISP_S
</font></center>
<hr>Welcome to ISP_S.
</html>
```

3．HTTP 服务本地测试

（1）单击 WWW_S1 服务器，进入 Desktop 标签，单击 Web Browser 浏览器；在 URL 文本框中输入"http://172.17.0.13"，单击 Go 按钮，则可浏览本地服务器网页内容，如图 10-6 所示。

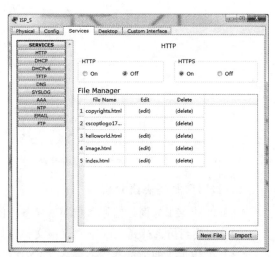

图 10-5　仅开启 HTTPS 服务

（2）由于 WWW_S1 服务器仅开启 HTTP 服务，在 URL 文本框中输入 "https://172.17.0.13" 后，则无法浏览本地服务器网页内容，如图 10-7 所示。

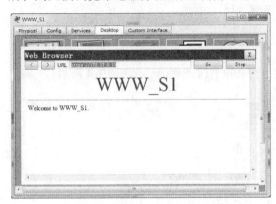
图 10-6　WWW_S1 的 HTTP 服务本地浏览

图 10-7　WWW_S1 无法访问 HTTPS 服务

（3）读者可以参考上述方法检查其他服务器是否配置成功。

4．HTTP 服务客户端测试

（1）在业务网段中任选一台 PC（如 PC121），测试服务器 WWW_S1 中 80 端口是否开放；测试结果表明 80 端口开放，如图 10-8 所示。

（2）以 PC121 为例，测试服务器 WWW_S1 中 443 端口是否开放；测试结果表明，443 端口未开放，如图 10-9 所示。

图 10-8　WWW_S1 服务器 80 端口开放

图 10-9　WWW_S1 服务器 443 关闭

5．HTTP 服务协议分析

（1）以 PC121 为例，给服务器 WWW_S1 中发送 http 服务请求，分析数据封装信息。

（2）切换到仿真模式，筛选协议报文，仅保留 http，如图 10-10 所示。

（3）在 PC121 的浏览器中，输入 "172.17.0.13"，单击 Go 按钮。

（4）逐一单击 Caputre/Forwd 按钮，显示 http 请求流程。

（5）基于路由，数据包成功发送到服务器 WWW_S1，单击报文，查看数据封装格式，如图 10-11 所示。

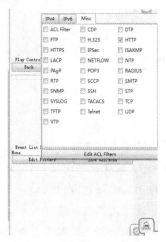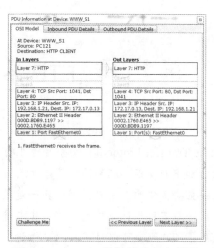

图 10-10　仅筛选 HTTP 协议　　　　图 10-11　HTTP 协议请求报文封装

（6）查看各层封装细节，对比申请与应答报文格式，如图 10-12 所示。

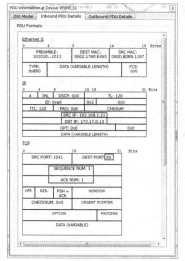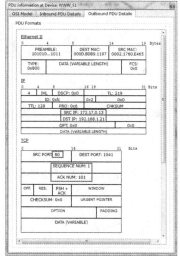

图 10-12　HTTP 协议请求与应答报文对比

(提示)

Packet 中 HTTP 报文可以帮助读者分析 HTTP 协议流程与数据包结构，建议使用仿真模式进行验证、分析。

小　　结

本章主要介绍了 Web 服务器的工作原理，通过实战训练，读者可以加深对服务器应用系统部署的理解。

第 **11** 章　FTP 系统部署

FTP（File Transfer Protocol）服务器的目的是通过网络提供文件数据存储和访问服务，即提供文件上传和下载功能。FTP 协议基于 TCP 协议的 20 和 21 端口提供连接和数据传输服务。

FTP 服务主要提供两类用户访问：其一是匿名用户，即不需要任何身份认证，任意用户都可以进行访问，通常用于对公信息门户；其二是授权账户，通过用户名和密码授权，供特定用户访问和使用。FTP 服务可以对用户权限做进一步限定，如读取、写入、执行、新建、删除等权限进行操作，可以对用户存储数据配额做限定，也可以设置访问客户 IP 的范围。

常见的 FTP 服务系统主要包括：Windows 系统中的 IIS、Linux 架构下的 VsFTP 和商业软件 Server-U 等，其功能细节可能存在一定差异，但工作原理基本一致。

实战 34　FTP 服务部署

实战任务

在第一部分全网路由连通基础上，部署 FTP 服务。

所需资源

1 台服务器，交换机和 PC 若干。拓扑结构和地址分配如图 11-1 和表 11-1 所示。

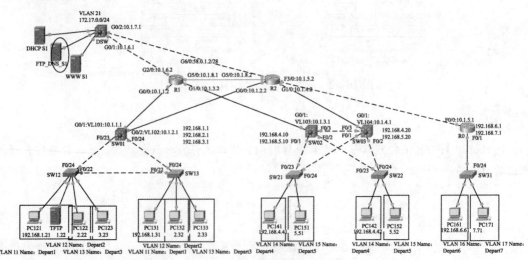

图 11-1　FTP 服务系统部署拓扑结构

表 11-1　地址分配

区　域	设备名称	IP 地址	账　号	密　码
内网	FTP_DNS_S1	172.17.0.13	cisco	cisco
			user	usr

操作步骤

1．基本信息配置

（1）配置服务器 IP 地址和网关。

（2）确保全网路由畅通。

2．FTP 服务器配置

（1）单击 FTP_DNS_S1 服务器，进入 Service 标签，单击 FTP 服务；查看默认状态下 FTP 开启。

（2）在底部查看到当前 FTP 目录中存储的多个 bin 文件，如图 11-2 所示。

（3）在 User Setup 中，可以发现默认账号 cisco 及其密码，如图 11-3 所示。

（4）单击 cisco 默认用户，查看其权限。

图 11-2　FTP 默认目录文件　　　　　　　　图 11-3　FTP 中默认账户权限

（5）在 Username 和 Password 栏中，分别输入 user 和 usr；勾选相应权限。

（6）单击 Add 按钮即可创建新账号，如图 11-4 所示。

（7）选中当前新建账号，可以同步修改相应权限，单击 Save 按钮保持即可，如图 11-5 所示。

图 11-4　新建账号　　　　　　　　　　　　图 11-5　FTP 创建账号

3. FTP 客户端访问

（1）在 PC121 上访问 FTP 服务，进入命令行界面，输入 ftp 命令，提示要求输入 "ftp +服务器地址"。

```
Packet Tracer PC Command Line 1.0
PC>ftp
Packet Tracer PC Ftp

Usage: ftp target

PC>
```

（2）提示输入登录账号。

```
PC>ftp 172.17.0.12
Trying to connect...172.17.0.12
Connected to 172.17.0.12
220- Welcome to PT Ftp server
Username:
```

（3）输入新建账号 user。

```
Username:user
331- Username ok, need password
Password:
```

（4）提示输入密码，输入新建账号密码 usr，提示登录成功。

```
Password:
230- Logged in
(passive mode On)
ftp>
```

（5）执行 dir 命令，可查看文件列表。

```
ftp>dir

Listing /ftp directory from 172.17.0.12:
0   : asa842-k8.bin                               5571584
1   : c1841-advipservicesk9-mz.124-15.T1.bin      33591768
2   : c1841-ipbase-mz.123-14.T7.bin              13832032
3   : c1841-ipbasek9-mz.124-12.bin               16599160
4   : c2600-advipservicesk9-mz.124-15.T1.bin      33591768
5   : c2600-i-mz.122-28.bin                       5571584
6   : c2600-ipbasek9-mz.124-8.bin                13169700
7   : c2800nm-advipservicesk9-mz.124-15.T1.bin    50938004
8   : c2800nm-advipservicesk9-mz.151-4.M4.bin     33591768
9   : c2800nm-ipbase-mz.123-14.T7.bin             5571584
10  : c2800nm-ipbasek9-mz.124-8.bin              15522644
11  : c2950-i6q4l2-mz.121-22.EA4.bin              3058048
12  : c2950-i6q4l2-mz.121-22.EA8.bin              3117390
13  : c2960-lanbase-mz.122-25.FX.bin              4414921
14  : c2960-lanbase-mz.122-25.SEE1.bin            4670455
15  : c2960-lanbasek9-mz.150-2.SE4.bin            4670455
16  : c3560-advipservicesk9-mz.122-37.SE1.bin     8662192
17  : pt1000-i-mz.122-28.bin                      5571584
18  : pt3000-i6q4l2-mz.121-22.EA4.bin             3117390
ftp>
```

（6）执行"？"命令查看 Packet Tracer 软件中 FTP 常用命令；

```
ftp>?
        ?
        cd
        delete
        dir
        get
        help
        passive
        put
        pwd
        quit
        rename
ftp>
```

（7）尝试使用 delete asa842-k8.bin 命令删除文件 asa842-k8.bin，提示失败。

```
ftp>delete asa842-k8.bin

Deleting file asa842-k8.bin from 172.17.0.12: ftp>
%Error ftp://172.17.0.12/asa842-k8.bin（No such file or directory Or Permission
denied）
550-Requested action not taken. permission denied）.
```

（8）基于上述方法，读者可以自行设置账号权限，并测试相应命令功能。

提示

Packet 中 ftp 报文可以帮助读者分析 ftp 协议流程与数据包结构，建议使用仿真模式进行验证、分析。

小　　结

本章主要介绍了 FTP 服务器工作原理，通过实战训练，读者可以加深对 FTP 服务器应用系统部署的理解。

第12章 DNS 系统部署

DNS（Domain Name System，域名系统）是当前网络中最典型的应用服务之一，主要实现域名和服务器 IP 地址之间的转换。DNS 转发主要采用迭代、递归两种方式进行查询，图 12-1 展示了主机查询服务器框架流程。

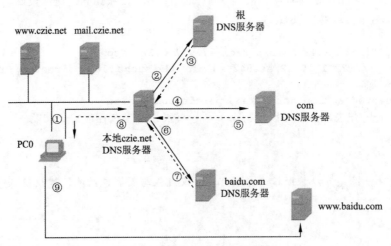

图 12-1　主机查询服务器流程

（1）当主机 PC0 通过浏览器发出域名 www.baidu.com 解析请求时，首先会在自己系统的 DNS 缓存中查找是否有相应记录，如果有，直接转换为相应 IP 地址；若无，则向系统中配置的本地（首选）DNS 服务器发起查询。

（2）若首选 DNS 服务器缓存内没有相应记录，则本地 DNS 会向离自己比较近的根服务器发起查询申请，若根服务器发现以 com 为结尾的所有域名解析的工作委派给了另一个其下级 DNS 服务器；则根会把负责解析 com 结尾的 DNS 服务器的 IP 返回给查询请求的首选服务器。

（3）首选服务器通过根服务器回复的 IP 找到下一级 DNS 服务器，并提交 baidu.com 的查询请求，此时，此二级服务器通过查询发现 www.baidu.com 服务器 IP 记录。

（4）当 PC0 获得域名和 IP 对应关系后，将查询结果放入自身缓存中；如果在缓存的有效期内有其他 DNS 客户再次请求这个域名，本地（首选）DNS 服务器就会利用自己缓存中的结果响应用户，而不用重复上述查询过程。

DNS 查看命令主要为 nslookup，其用法如下：

① 在命令行中，输入 nslookup 命令，显示当前服务器地址：

```
C:\Users\ffzs>nslookup
默认服务器: promote.cache-dns.local
Address:  192.168.1.1

>
```

② 输入查询域名，如 www.baidu.com，则显示相应 IP 信息：

```
> www.baidu.com
服务器: promote.cache-dns.local
Address:  192.168.1.1

非权威应答:
名称:    www.a.shifen.com
Addresses:  111.13.100.92
        111.13.100.91
Aliases:  www.baidu.com

>
```

实战 35　DNS 服务部署

实战任务

在第二部分全网路由连通的基础上，部署 DNS 服务，实现指定服务器基于域名的访问。

所需资源

3 台服务器，交换机和 PC 若干。拓扑结构和地址分配如图 12-2 和表 12-1 所示。

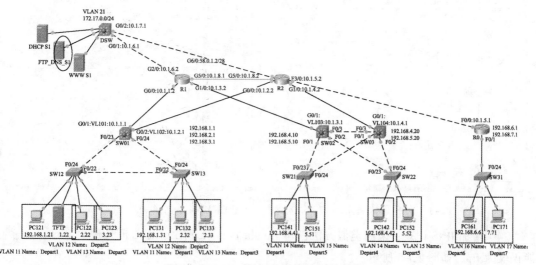

图 12-2　DNS 服务系统部署拓扑结构

表 12-1 地址分配

区 域	设 备 名 称	IP 地 址	DNS 记 录	
			主机域名	主机 IP
内网	FTP_DNS_S1	172.17.0.13	dhcp.abc.com	172.17.0.11
			ftp.abc.com	172.17.0.12
			www.abc.com	172.17.0.13

操作步骤

1. 基本信息配置

（1）配置服务器 IP 地址和网关。

（2）确保全网路由畅通。

2. DNS 服务器配置

（1）查看默认状态：单击 FTP_DNS_S1 服务器，进入 Service 标签，单击 DNS 服务；查看 DNS 服务系统默认状态，DNS 功能为关闭，如图 12-3 所示。

（2）开启 DNS 服务：选中 On 单选按钮即可。

（3）增加 DNS 记录：按照地址规划表中参数，增加 dhcp.abc.com 与 172.17.0.11 间的映射；在 Name 栏中输入 dhcp.abc.com，选中 Type 为 A Record，即主机记录；在 Address 栏中输入对应 IP 地址 172.17.0.11，单击 Add 按钮即可，创建 dhcp.abc.com 对应记录，如图 12-4 所示。

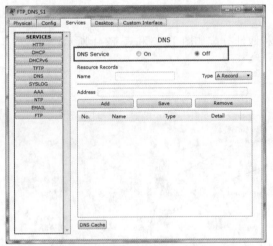

图 12-3 DNS 默认关闭

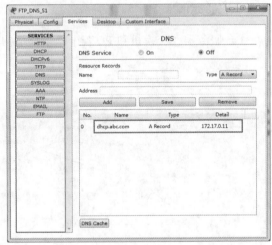

图 12-4 创建 dhcp.abc.com 对应记录

（4）增加 DNS 记录：采用类似方法创建 ftp.abc.com 与 172.17.0.12 间的映射记录，注意不能仅仅为 ftp，如图 12-5 所示。

（5）增加 DNS 记录：采用类似方法创建 www.abc.com 与 172.17.0.13 间的映射记录，注意不能仅仅为 www，如图 12-6 所示。

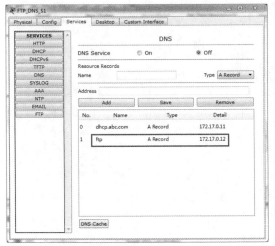

图 12-5　创建 ftp.abc.com 对应记录

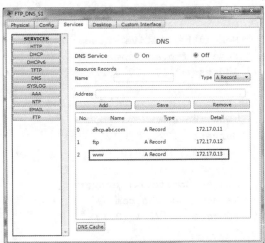

图 12-6　创建 www.abc.com 对应记录

（6）管理 DNS 记录：选中相应记录，可以对其编辑和删除。

3. DNS 客户端配置

（1）客户端配置要求：如果要成功解析相应域名，需要在 PC 的 TCP/IP 属性中，正确配置 DNS 服务器地址，本例服务器地址为 172.17.0.12，如图 12-7 所示。

（2）以 PC121 为例，配置 DNS 服务器地址。

（3）在 PC121 的命令行中，执行 nslookup 命令，可看到当前 DNS 服务器地址（172.17.0.12）;

```
Packet Tracer PC Command Line 1.0
PC>nslookup

Server: [172.17.0.12]
Address:  172.17.0.12


>
```

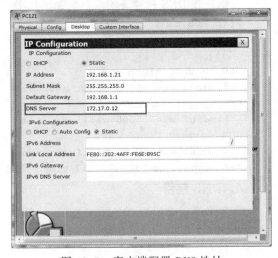

图 12-7　客户端配置 DNS 地址

（4）分别输入 dhcp.abc.com、ftp.abc.com、www.abc.com，查看解析结果。

```
>dhcp.abc.com
Server: [172.17.0.12]
Address:  172.17.0.12

Non-authoritative answer:
Name:  dhcp.abc.com
Address:  172.17.0.11


>ftp.abc.com
Server: [172.17.0.12]
```

```
Address:  172.17.0.12

Non-authoritative answer:
Name:  ftp.abc.com
Address:  172.17.0.12


>www.abc.com
Server: [172.17.0.12]
Address:  172.17.0.12

Non-authoritative answer:
Name:  www.abc.com
Address:  172.17.0.13
```

 提示

当服务器 DNS 功能关闭后，则会出现 DNS 解析请求超时，无法解析域名的问题。

```
>ftp.abc.com
Server: [172.17.0.12]
Address:  172.17.0.12
DNS request timed out.
  timeout was 15000 milli seconds.
DNS request timed out.
  timeout was 15000 milli seconds.
DNS request timed out.
  timeout was 15000 milli seconds.
*** Request to 172.17.0.12 timed-out
```

4. DNS 应用

当客户端正确配置 DNS 服务器后，即可通过域名进行服务器访问，如通过 www.abc.com 即可访问 WWW_S1 服务器，如图 12-8 所示。

图 12-8　基于域名访问 WEB 服务器

 提示

Packet 中 DNS 报文可以帮助读者分析 DNS 协议流程与数据包结构，建议使用仿真模式进行验证、分析 DNS 通信过程。

小　结

本章主要介绍了 DNS 服务器工作原理，通过实战训练，读者可以加深对 FTP 服务器应用系统部署的理解。DNS 系统的合理部署，减少了对 IP 的记录，直接通过识别特定字符串可以访问特定主机。在实际应用中，DNS 服务中除了有主机 A 记录外，还包括 Cname、Soa、Ns Name 等记录，读者可以参考相关资料进行配置。

第13章 DHCP 系统部署

DHCP（Dynamic Host Configure Protocol，动态主机配置协议）的目的在于统一规划和管理网络中的 IP 地址，减少地址冲突和手工配置工作量，适用于大型园区网络中的客户机 IP 地址的统一规划与管理。DHCP 工作过程中主要包括客户端和服务器端两个对象。DHCP 工作过程中，通过发送和接收相关信息，切换客户端和服务器端交互阶段，完成地址分配与管理，具体流程如图 13-1 所示，主要包括以下典型阶段。

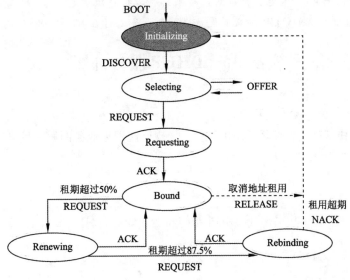

图 13-1　DHCP 工作流程

1. 初始化阶段（Initializing）

当 DHCP 客户端第一次启动，将进入 Initializing 阶段，由于客户端本身无 IP 地址，使用 UDP 67 端口发送 DISCOVER 广播，其中，源地址和目标地址分别为 0.0.0.0 和 255.255.255.255。同网段内所有主机都会收到广播报文。

2. 选择阶段（Selecting）

服务器对客户端的 DISCOVER 回复 OFFER 信息，其中包含提供的 IP 地址、地址租期，服务器同时锁定该地址，不再分配给其他客户端。客户端收到一个 OFFER（最快的服务器）并发送 REQUEST 信息选择该服务器，并进入 Requesting 阶段。如果客户端没有收到任何 OFFER 信息，将每隔 2 s 进行再尝试，共 4 次，如果没有收到任何 DISCOVER 的回应，客户端将停止，5 min 后继续尝试。

3. 请求阶段（Requesting）

客户端在收到服务器发送的 ACK 信息前都将处于 Requesting 阶段，ACK 信息中服务器会绑定客户端的 MAC 和分配的 IP 地址信息，当收到 ACK 信息后，将进入 Bound 状态。

4. 约束阶段（Bound）

客户端在租期内可以一直使用 IP 地址，在超过租期的 50%时，客户端将发送另一个 REQUEST 信息续租地址；客户端可以取消地址租用重新进入 Initializing 状态。

5. 续租阶段（Renewing）

当客户端重新计时，返回 Bound 状态，在超过 87.5%的租期还没有收到 ACK 时，将进入 Rebounding 状态，否则都将维持在该状态。

6. 重绑定阶段（Rebinding）

当客户端收到 NACK 或者超期，将进入 Initializing 状态尝试获取另一个 IP 地址；或者客户端收到 ACK 进入 Bound 状态重新计时，否则都将维持在该状态。

DHCP 通信通过可靠的 TCP 协议实现，DHCP 服务运行在 67 和 68 端口。

实战 36　DHCP 服务部署

实战任务

在第 12 章工作基础上，部署 DHCP 服务，实现园区网内业务网段主机自动获取 IP 和 DNS 信息。

所需资源

1 台服务器，交换机和 PC 若干。拓扑结构和地址分配如图 13-2 和表 13-1 所示。

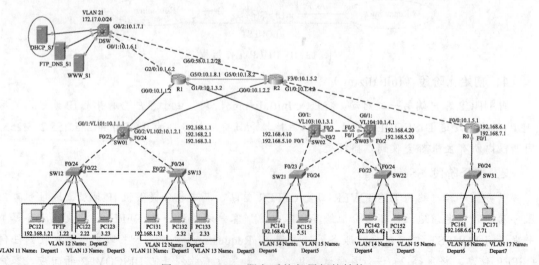

图 13-2　DHCP 服务系统部署拓扑结构

表 13-1　地址分配

设备名称	IP 地址	DHCP 参数						
		地址池名	VLAN	起始地址	子网掩码	地址数	DNS 地址	网关
DHCP_S1	172.17.0.11	P11	11	192.168.1.11	255.255.255.0	200	172.17.0.12	192.168.1.1
		P12	12	192.168.2.11	255.255.255.0	200	172.17.0.12	192.168.2.1
		P13	13	192.168.3.11	255.255.255.0	200	172.17.0.12	192.168.3.1
		P14	14	192.168.4.11	255.255.255.0	200	172.17.0.12	192.168.4.1
		P15	15	192.168.5.11	255.255.255.0	200	172.17.0.12	192.168.5.1
		P16	16	192.168.6.11	255.255.255.0	200	172.17.0.12	192.168.6.1
		P17	17	192.168.7.11	255.255.255.0	200	172.17.0.12	192.168.7.1

操作步骤

1．基本信息配置

（1）配置服务器 IP 地址和网关。

（2）确保全网路由畅通。

2．DHCP 服务器配置

（1）查看默认状态：单击 DHCP_S1 服务器，进入 Services 标签，单击 DHCP 服务，可以查看服务系统默认状态，DHCP 功能为关闭，如图 13-3 所示。

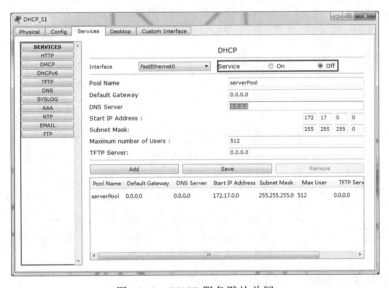

图 13-3　DHCP 服务默认关闭

（2）开启 DHCP 服务：选中 On 单选按钮即可。

（3）查看 DHCP 默认地址池：默认情况下，DHCP 服务器中存在一个名为 serverPool 的地址池，该地址池内容可以编辑，但无法修改，因此，新建其他地址池应避免与其重名。

（4）增加地址池：按照地址规划表中参数，如图 13-4 所示创建地址池 p1，主要涉及参数：

地址池名称、网关、DNS 地址、起始地址、掩码、最大主机数。

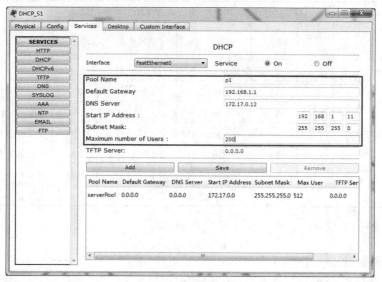

图 13-4　新建地址池

（5）增加地址池：按照上述方法，创建其他地址池，如图 13-5 所示。

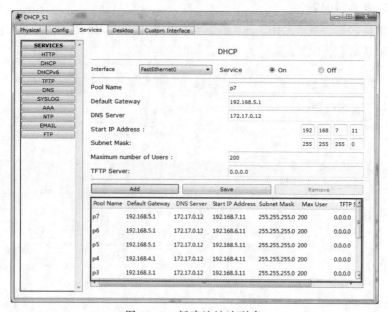

图 13-5　新建地址池列表

3．DHCP 客户端测试

（1）在客户端采用自动获取方式，尝试获取 IP 地址。

（2）在 PC121 上测试结果表明：未能成功获取 IP 地址，如图 13-6 所示。

（3）通过对 PC121 的 DHCP 申请报文分析，可以发现，申请报文无法跨越本地网段。因为 DHCP 申请报文采用广播方式发送，当 DHCP 服务器位于其他网段时，无法到达 DHCP，因此，无法获取相应 IP 地址，如图 13-7 所示。

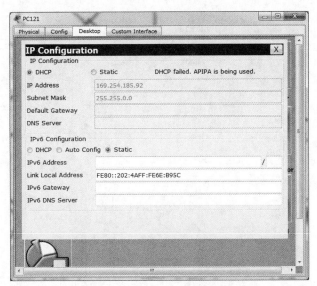

图 13-6　DHCP 自动获取失败

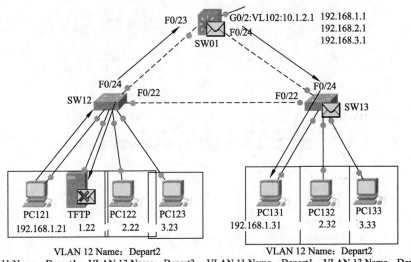

图 13-7　DHCP 申请报文广播

4．配置 DHCP 中继

（1）分析：需要让 SW01 等三层设备将 DHCP 申请报文转发至 DHCP 服务器。

（2）在 SW01 上，配置 DHCP 中继（172.17.0.11）。

```
SW01(config)#int vlan 11
SW01(config-if)#ip helper-address 172.17.0.11
```

（3）在 PC121 上，继续测试 DHCP 申请报文，如图 13-8 所示。

（4）查看 PC121，获取 IP 地址，由于地址池中没有地址租用出去，所以 PC121 将按照顺序申请较小的 IP 地址，如图 13-9 所示。

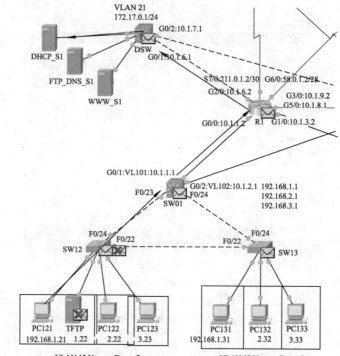

图 13-8　DHCP 中继转发

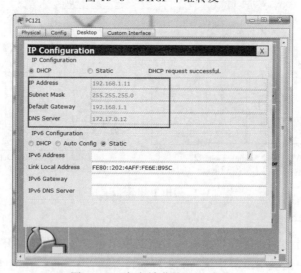

图 13-9　客户端获取地址成功

（5）在 SW01 上，配置其他网段的 DHCP 中继（172.17.0.11）。

```
SW01(config)#int vlan 12
SW01(config-if)#ip helper-address 172.17.0.11
SW01(config-if)#exit
SW01(config)#int vlan 13
SW01(config-if)#ip helper-address 172.17.0.11
```

（6）在 SW02 上，配置业务网段的 DHCP 中继（172.17.0.11）。

```
SW02(config)#int vlan 14
SW02(config-if)#ip helper-address 172.17.0.11
SW02(config-if)#exit
SW02(config)#int vlan 15
SW02(config-if)#ip helper-address 172.17.0.11
```

（7）在 SW03 上，配置业务网段的 DHCP 中继（172.17.0.11）。

```
SW03(config)#int vlan 14
SW03(config-if)#ip helper-address 172.17.0.11
SW03(config-if)#exit
SW03(config)#int vlan 15
SW03(config-if)#ip helper-address 172.17.0.11
```

（8）在 R0 上，配置业务网段的 DHCP 中继（172.17.0.11），注意是在子接口模式下配置。

```
R0(config)#int f0/1.16
R0(config-subif)#ip helper-address 172.17.0.11
R0(config-subif)#exit
R0(config)#int f0/1.17
R0(config-subif)#ip helper-address 172.17.0.11
```

 提示

　　DHCP 服务器在跨网段部署时，需要在业务网段的汇聚层交换机上配置中继，即直接将 DHCP 服务器地址作为中继地址，否则无法获取 DHCP 地址。当网络中存在多个 DHCP 服务器时，由于 DHCP 客户端无法鉴别哪个合法，采用最先响应的服务器申请获取地址，但往往不一定合理。因此，在 DHCP 部署中，网络中应对 DHCP 端口的信任度进行约束，以便隔离非法 DHCP 服务器对网络的影响。

小　　结

　　本章主要介绍了 DHCP 服务器工作原理，通过实战训练，读者可以加深对 DHCP 服务器应用系统部署的理解。

参 考 文 献

[1] 谢钧，谢希仁. 计算机网络教程[M]. 4 版. 北京：人民邮电出版社，2014.

[2] 刘福新，陈小中. 网络设备与集成[M]. 北京：中国铁道出版社，2010.

[3] 汪双顶. 网络互连技术：理论篇[M]. 北京：人民邮电出版社，2017.

[4] 李畅. 网络互连技术：实训篇[M]. 北京：人民邮电出版社，2017.

[5] 戴伊，麦当劳，鲁菲. 思科网络技术学院教程：CCNA Exploration：网络基础知识[M]. 思科系统公司，译. 北京：人民邮电出版社，2009.

[6] 刘易斯. 思科网络技术学院教程：CCNA Exploration：LAN 交换和无线[M]. 思科系统公司，译. 北京：人民邮电出版社，2009.

[7] 瓦尚，格拉齐亚尼. 思科网络技术学院教程：CCNA Exploration：接入 WAN[M]. 思科系统公司，译. 北京：人民邮电出版社，2009.